国家级一流本科课程教材

教育部高等学校材料类专业教学指导委员会规划教材

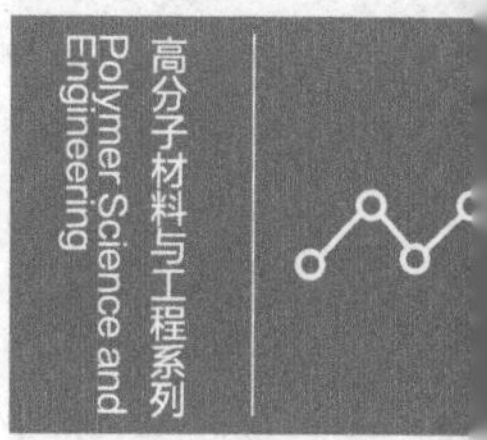

聚合物共混复合改性简明教程

A Brief Introduction on Polymer Blending and Compounding

傅 强 主编 王 勇 副主编

化学工业出版社

·北京·

内容简介

聚合物共混复合改性是拓展聚合物功能、降低成本、提高性价比，并获得新材料的重要方法。本书从聚合物共混改性热力学出发，在阐述共混物相容性、相形态和界面结构等基本概念和基本知识的基础上，重点介绍形态和结构的调控手段及其对性能的影响，以及共混物的制备方法和加工工艺，帮助读者建立高分子材料加工-结构-性能三者之间的紧密联系；在此基础上，进一步介绍聚合物复合材料相关知识，涵盖填料的类型和表面改性、界面设计及性能调控等，并以两类典型的复合材料体系（连续纤维增强和无机粉体改性）为例，深入浅出地介绍聚合物复合材料的结构设计方法和性能调控手段。由于聚合物共混复合材料的多尺度和多层次结构调控及定制是共混复合改性的核心，因此本书力求将“定构”的思想融入各部分内容。本书既包含有最基本的理论知识，又介绍了共混复合改性的最新研究进展，可以作为一本基础与应用紧密结合的教学和科研参考书。

本书可作为高等院校高分子专业及其相关专业的本科生教材，或硕士研究生的参考书，也可供从事高分子材料研究、成型加工、复合材料设计及新产品开发等领域的科研技术人员阅读参考。

图书在版编目（CIP）数据

聚合物共混复合改性简明教程 / 傅强主编；王勇副主编. —北京：化学工业出版社，2023.2（2024.5 重印）
ISBN 978-7-122-42536-2

Ⅰ. ①聚… Ⅱ. ①傅… ②王… Ⅲ. ①高聚物-共混-改性-教材 Ⅳ. ①TQ316.6

中国版本图书馆 CIP 数据核字（2022）第 218390 号

责任编辑：王 婧 杨 菁　　文字编辑：向 东
责任校对：李 爽　　装帧设计：张 辉

出版发行：化学工业出版社（北京市东城区青年湖南街 13 号　邮政编码 100011）
印　　装：北京七彩京通数码快印有限公司
787mm×1092mm　1/16　印张 13　字数 320 千字　2024 年 5 月北京第 1 版第 2 次印刷

购书咨询：010-64518888　　售后服务：010-64518899
网　　址：http://www.cip.com.cn
凡购买本书，如有缺损质量问题，本社销售中心负责调换。

定　　价：49.00 元

前言
PREFACE

聚合物共混改性主要是指通过物理的方法，将不同种类的聚合物或聚合物与无机粒子、有机物等混合，以改进原聚合物的各种性能，如成型加工性能、力学性能，或赋予原聚合物所没有的新的功能特性，如导电、导热、阻隔、形状记忆、自修复等，从而制备新型聚合物材料以满足各种应用需求的有效手段。聚合物共混改性既涉及共混过程中各组分之间的相互作用和调控以及最终产物的结构与性能关系的构建，也包含共混改性所必需的成型加工设备、混合工艺的设计和选择等，已发展成为聚合物材料与工程领域的一个重要分支。通过共混改性手段制备的各类聚合物材料，包括各种共混物或复合材料，已在航空航天、汽车、电子电器、食品包装、纺织、机械、建筑等诸多行业领域获得广泛应用，并推动了这些行业的快速发展。

我国在聚合物共混改性领域的研究起步相对较晚，20 世纪 80 年代这个领域才逐渐引起国内学者和工程技术人员的重视，并出现了一些具有针对性的专业教材，大大推动了共混改性技术的发展和应用。随着科技的发展以及聚合物材料应用领域的逐步扩大，新的共混理论、加工设备和共混新材料不断出现，聚合物共混改性这门学科近年来也获得了快速发展，得到越来越多的重视。目前，全国设立高分子材料与工程专业的高校接近 130 所，年均招收聚合物相关专业本科生近万人；如果加上从事与聚合物共混改性相关工作的研究所、工程中心以及企业研发人员，则数量巨大。高校所设置的高分子材料与工程专业培养计划中，大多数设有与聚合物共混改性相关的课程。然而，现有教材的内容尚不能很好地反映聚合物共混改性这门学科所取得的最新成果以及发展趋势。根据聚合物共混改性的实质和所涉及的知识要点，将影响聚合物共混物和复合材料的相容性、形态、界面结构、理化性能、成型工艺等内容有机整合，编写一本能够充分反映材料加工-结构-性能三者关系和聚合物共混改性的最新进展的专业教材，十分必要。

本教材是在四川大学高分子科学与工程学院为高分子材料专业本科生开设的“聚合物共混改性原理”这门课程的教学内容基础上，经整理而成的，书中的部分图表为授课时所用讲稿修改完善而成。众所周知，四川大学高分子材料学科是我国的品牌和优势学科，是国内规模最大的人才培养基地之一，也是全球四大高分子研究和教学中心之一。参与编写本书的各位人员均长期从事与聚合物共混改性相关的教学和科学研究工作，对聚合物共混改性具有一定的见解。本书的编写分工如下：第 1 章绪论由傅强编写；第 2 章由杨其、黄亚江、牛艳华等编写；第 3 章、第 4 章由王柯编写；第 5 章由白红伟编写；第 6 章由陈军编写；第 7 章由任显诚编写；第

8 章由蔡绪福编写；第 9 章由张琴、吴凯编写；由西南交通大学化学学院王勇对全书进行修改，傅强进行最后统稿并定稿。

与其他涉及共混改性的教材或专业图书相比，本教材的特点主要表现在如下几个方面：①内容编排更为全面，从影响共混物性能的最基本要素（相容性、形态结构、界面结构等）出发，再到共混物及其复合材料制备的共混工艺和技术，最后过渡到共混复合材料的制备、结构调控及功能化等内容；②突出了成型加工在聚合物共混物（或复合材料）制备中的作用，通过大量案例分析，有意识地强化对聚合物加工-结构-性能关系的理解；③除了基本的概念和基础知识外，尽可能引用目前国内外有关聚合物共混改性研究的最新成果作为案例；④通过设置大量启发性、开放性的思考题，鼓励读者思考高性能多功能聚合物共混物及复合材料的制备方法、结构调控手段，并预测材料的性能。

尽管我们作了很大的努力，但囿于编者的学识水平，书中不足及疏漏之处在所难免，敬请读者不吝赐教。

本书编写过程中得到了很多同仁的帮助，例如四川大学杨鸣波教授和李忠明教授、杭州师范大学李勇进教授、北京化工大学宁南英教授等，同时采纳了众多学者或工程技术人员的思想与成果，对此深表感谢。

傅强

于四川成都

目录
CONTENTS

第9章　聚合物纳米复合材料　175

第1章 绪论

1.1 聚合物共混复合改性的重要性

聚合物，又称高聚物、高分子化合物，是一类由一种或几种分子或分子团（结构单元或单体）以共价键结合而成的，具有多个重复单体单元且分子量在 10^4 以上的大分子。自 20 世纪 20 年代德国化学家施陶丁格（H. Staudinger）首次提出以来，在短短 100 年的时间里，聚合物获得了巨大的发展。如今，从体积上来说，聚合物材料的用量已经远远超过金属、陶瓷等其他材料，为人类社会的发展做出了巨大的贡献。在本学科领域，除了“聚合物”这个名词，“高分子”也是用得比较多的专业术语。本教材中，为确保全文的一致性，主要采用“聚合物”这个专业名词，只是在极个别地方，为了满足读者的阅读习惯，仍保留“高分子”这个名词。

根据物理/化学性质及应用的特点，聚合物材料大致可分为塑料、橡胶、纤维、涂料、黏合剂等几大类。总的来说，聚合物材料具有质量轻、密度小、易成型、比强度大、性价比高等突出优点，在国民经济、社会生活等各个领域有极其广泛的应用。聚合物材料的重要性可从其用量上体现出来。过去 60 年来，聚合物材料的年消耗量增加了 162 倍，目前已超过 3 亿吨。而我国每年仅消耗塑料就超过 8000 万吨，在国民经济中的比重已超过 4%，并在不断增长中，为我国社会经济发展做出了重要贡献。下面以聚乙烯为例来说明聚合物材料的广泛适用性。聚乙烯是化学结构最为简单的结晶性聚合物，根据分子链和凝聚态结构的不同，可细分为高密度聚乙烯、低密度聚乙烯、线型低密度聚乙烯、交联聚乙烯等。从应用领域来说，聚乙烯可以满足薄膜、瓶子、管材，直至防弹衣等多个方面的需求。显然，不同应用领域对制品的性能要求差别巨大，比如从日用品薄膜到防弹纤维，杨氏模量有几个数量级的差别。图 1-1 是聚合物结构-性能关系示意图。

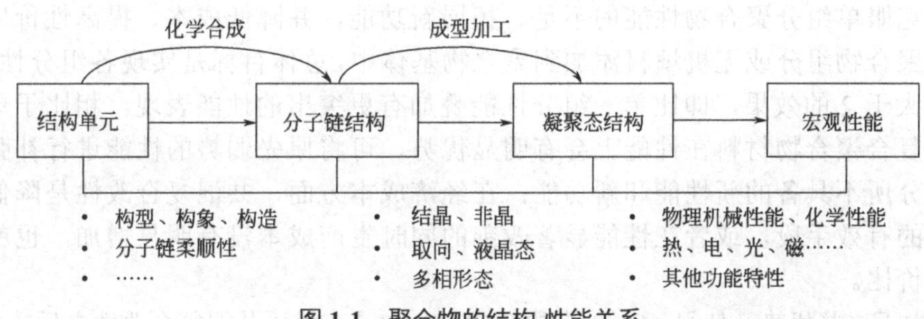

图 1-1 聚合物的结构-性能关系

为什么由同一种单体合成的聚合物生产的制品在力学性能上会有如此大的差异呢？一个主要原因是采用不同的成型加工方法，在聚乙烯制品中形成了如球晶、串晶、纤维晶等差异显著的结晶形态，即制品的凝聚态结构有显著不同，从而展现出巨大的性能差别。这充分体现了加工中形态结构调控的重要性。聚合物制品在实际应用中常常需要面对苛刻的条件及环境，对性能提出了更高要求，表现在不仅是力学性能，而且还有其他方面的性能需求。比如大家熟悉的汽车保险杠，除了要求好的强度、模量及低温韧性，还要求优异的热稳定性、耐光照老化、表面喷涂性等。

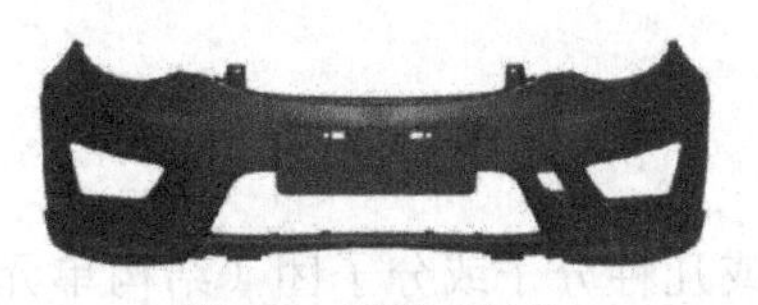

图 1-2　汽车保险杠

通常，依靠单一组分是无法满足多方面的性能要求的，需要构建多组分的材料体系，依靠各组分的贡献，实现对材料的增强、增韧和功能化。例如图 1-2 所示，汽车保险杠就是典型的多组分材料体系，基体树脂是热塑性聚烯烃，填充的组分有橡胶弹性体、无机填料、其他加工助剂等。由于组分和体系的复杂性，需要考虑的结构形态因素就比较多。

汽车保险杠是对塑料增韧的体系。而大家熟悉的汽车轮胎，则是典型的对橡胶基体进行增强的例子，如图 1-3 所示。从橡胶树上采集的生胶液是乳白色的，经过硫化交联后则是黄颜色。但实际轮胎制品是漆黑的，这是由于往橡胶基体中填充了大量的炭黑补强的缘故；图 1-3（c）的显微电镜照片清楚展现了炭黑填料在橡胶基体中的存在及分散情况。除了炭黑外，还有一定量的金属钢丝、尼龙纤维等进行增强。

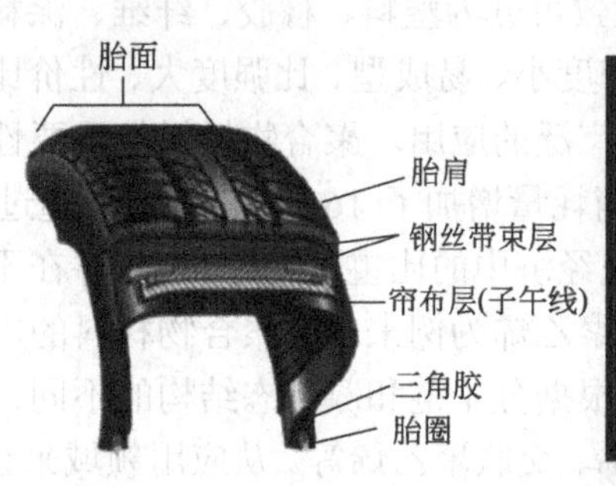

(a) 子午线轮胎结构

(b) 同步辐射断层扫描技术表征炭黑粒子在橡胶基体中的网络结构

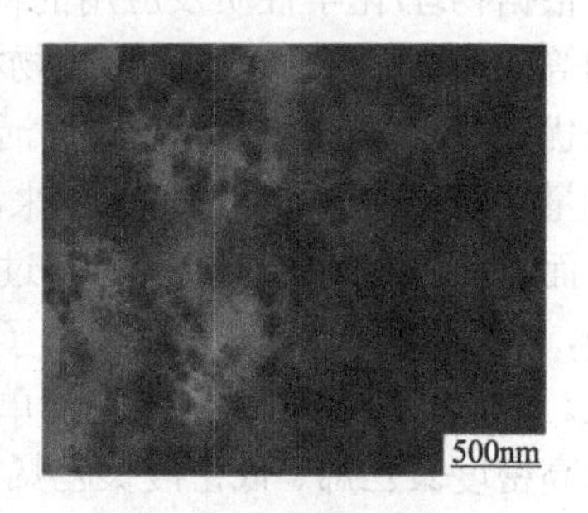

(c) 透射电子显微镜照片展现炭黑粒子在橡胶基体中的分散

图 1-3　汽车轮胎结构及炭黑在橡胶基体中的分散[1-3]

为了克服单组分聚合物性能的不足、拓展新功能，并降低成本、提高性价比，需要将第二种聚合物组分或无机填料添加到聚合物基体中，总体目标是实现各组分性能协同，即 1+1 要大于 2 的效果，即比单一组分性能叠加有更突出的性能表现。相比于单组分情况，共混复合聚合物材料在性能上会有明显优势，可将原先弱势的性能进行补强，还可赋予原组分所不具备的新性能和新功能；在经济成本方面，共混复合改性是降低聚合物制品成本的有效手段，或者在性能显著改善的同时生产成本没有明显增加，也就是产品具有高性价比。

正是由于这些优势，使得 60%以上的合成聚合物是在经历共混复合改性之后才面向实际应用的，而共混改性涉及了高分子物理、高分子化学、高分子加工等多个领域的知识，在一定程度上能够代表高分子学科发展的综合水平。

聚合物共混和复合材料区别于其他类型材料的最典型特征是它们丰富的多尺度、多层次结构，以及各尺度、各层次结构与复合材料微观、细观和宏观性能与功能之间丰富的关联，图 1-4 是聚合物共混材料多尺度结构示意图。正是这种组成-结构-性能-加工之间的关联性和复杂性为新型聚合物材料的开发提供了广阔的设计空间。

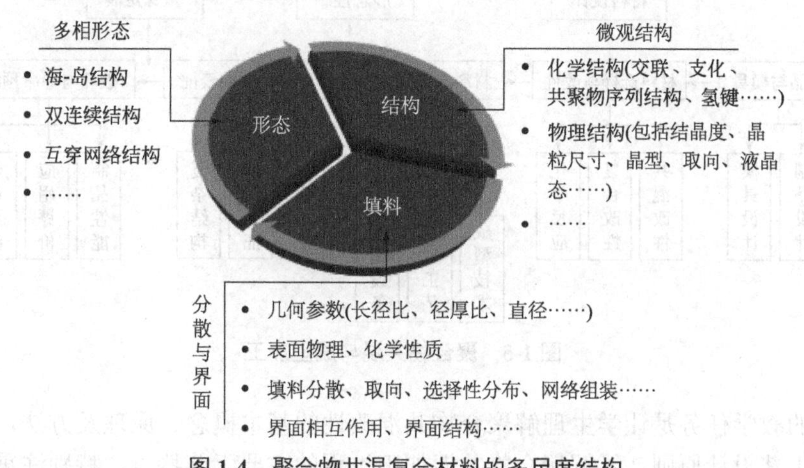

图 1-4 聚合物共混复合材料的多尺度结构

成型加工是连接高分子物理/化学性质与使用性能的桥梁。所有的聚合物材料都要经过成型加工成为具有一定形状和尺寸的制品之后才能体现出应用价值。显然，这对于共混复合聚合物材料也不例外。而聚合物成型加工的本质是利用温度、压力、剪切等多外场耦合作用，影响共混物及复合材料形态结构的形成和演变，控制获得特定的多尺度、多层次结构，并使这些特定的形态结构固定在制品当中。

但以当前聚合物成型加工的技术水平，精确调控制品内部形态结构仍难以实现，原因是：①成型加工是暗箱操作过程，结构发展、演变在很短时间内发生，无法进行有效干预；②加工外场（温度场、应力场等）对聚合物制品形态结构的影响规律认识还不够清晰；③聚合物材料通常都是热的绝缘体，在制品厚度方向上容易造成温度不均匀，即各部分经历的热历史、热条件不一样，造成厚度方向存在结构不均匀与不确定性等。

尽管如此，聚合物共混加工已从过去以组分、配方设计为主的传统方式，发展到目前以性能和应用需求为依据，对材料体系进行设计和对制品结构进行干预调控的量身定制新阶段。这是由于社会经济发展、科技进步对聚合物共混复合改性提出了更高要求。显然，要获得具有优异综合性能的共混复合材料并不容易实现。需要通盘考虑制品及模具、改性方法、成型加工设备及工艺、材料形态结构表征、制品性能和应用评价、寿命预测等多个方面的问题，并综合运用高分子物理、高分子化学、高分子加工、高分子成型机械、材料工程设计等领域的知识。

聚合物共混复合改性与成型加工是紧密相连的，本课程是对“高分子成型加工原理”的延续与深入，偏重于加工的重要应用领域——聚合物共混复合材料。聚合物加工全过程通常包括：从制品和模具设计开始，到材料选择与改性（这与共混和复合改性密切相关），然后通过加工得到各种形状和尺寸的制品；由于制品的最终性能是由内部结构决定，需要对加工过程中的形态发展和结构变化进行在线检测与控制，最后对制品的性能进行表征，使用寿命进行预测等，实现从材料设计，到形态和结构控制，再到根据使用需求的量身定制的终极目标。图 1-5 是聚合物共混与成型加工关系示意图。本课程将大量运用高分子物理、高分子加工、物理化学的基本知识，有助于对高分子物理基本原理的理解与融会贯通，使学生能够保持和加强在聚合物加工与共混改性方面的优势。这些都是这门课程的特色。

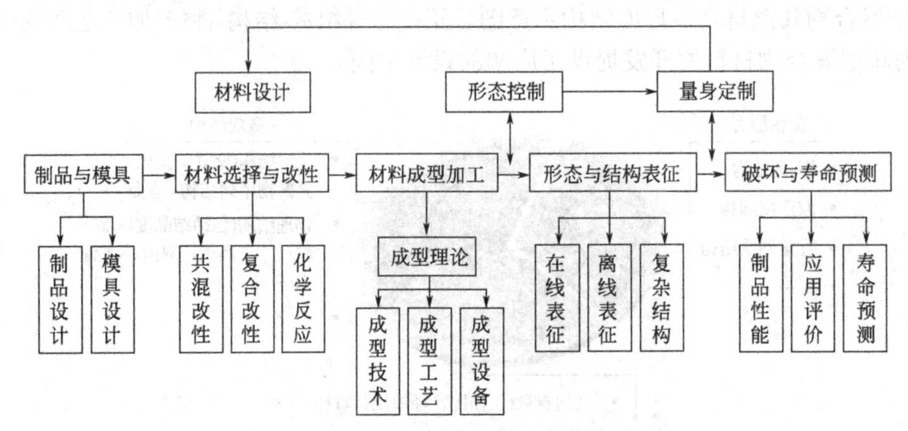

图 1-5　聚合物共混与成型加工

本课程的教学任务是让学生理解聚合物共混改性的基本概念、原理及方法，掌握共混改性的配方和工艺设计原则，了解聚合物共混加工过程的主要工艺特点，特别注重聚合物共混加工中所涉及的高分子物理基本问题。目的是能够让学生以共混改性的基本知识指导设计具有优异综合性能的聚合物共混复合材料，为开展相关科研或实际应用工作打下坚实基础。

本教材首先讲述共混物相容与相分离行为、共混物相形态、共混物界面及增容改性等基本内容；而进行共混改性离不开加工工艺、加工设备，因而接下来介绍共混改性的加工工艺学；聚合共混物的宏观性能是由其内部多尺度、多层次形态结构所决定的，包括相形态、界面结构、结晶结构、取向结构等，因此对共混物结构与性能关系进行了专门阐述。另一方面，无机填料加入聚合物基体中进行复合增强，是聚合物改性的重要手段，特别是无机纳米填料的发展，为聚合物功能复合材料的开发提供了广阔的空间，其核心是无机填料的分散、分布、网络结构和界面作用，以及功能实现。因此，本教材将围绕这些内容进行逐一阐述。本书的主要内容和学习要点如图 1-6 所示。

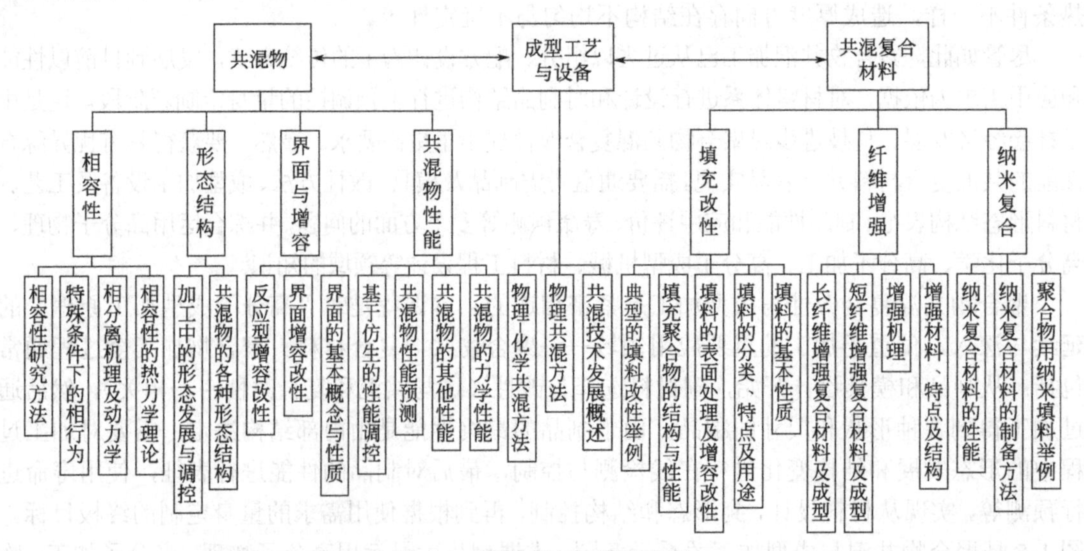

图 1-6　课程内容和学习要点

1.2 聚合物共混复合的基本概念

以聚合物A为基体主导成分，向其中混入数量和体积占比小的聚合物B，组分B就成了基体A中的分散相，构成了所谓的二元体系；当然，二元体系也可以是将无机填料添加到聚合物基体中；在更为复杂的情况中，聚合物B和无机填料同时混合到聚合物基体A中，成了由两种聚合物和一种无机填料构成的三元复合材料体系。多组分聚合物材料的组成示意图见图1-7。扩展开来，聚合物分散组分和无机填料的种类可以是两种、三种，甚至更多，成为真正意义上的多组分聚合物材料。

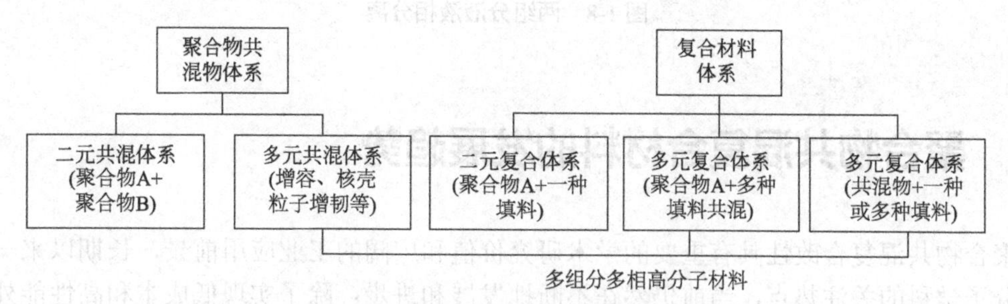

图1-7 多组分聚合物材料体系构成

① 聚合物共混物 是指多元体系中所有组分都是聚合物，当然聚合物组分可以是均聚物也可能是共聚物。对于聚合物共混物，需要强调的是各组分间结合主要是以物理作用为主，但是也有化学结合的情况，如通过反应性共混方式制备的共混物。

② 复合材料 指由聚合物基体与无机填料结合形成的材料体系。如图1-7示意图中，共混物与一种或多种无机填料共混的情况，严格上讲就应该是属于复合材料的范畴，只不过复合材料的基体组成情况较为复杂，有两种聚合物组分。

③ 聚合物共混热力学 聚合物共混物的相形态是否能稳定存在，首先是由体系的热力学条件所决定。当聚合物A和B的混合自由能小于零时，说明这两种聚合物是热力学相容的，形成均相状态后不会发生相分离。但在通常情况下，大多数聚合物共混体系的混合熵很小，使得混合自由能通常是大于零的，表明两种聚合物组分是热力学不相容的；当维持均相的条件撤销后，如温度降低、剪切作用停止，相分离将自发进行，直至达到热力学稳定的组分各自聚集形成分相状态。

④ 亚稳态 许多热力学不相容的共混物往往能够表现出优异的性能，这就要归功于所谓的亚稳态，其定义是聚合物共混物在达到平衡态前，因动力学原因或局部能量低而造成的暂时稳定状态。更直接的表述可以是聚合物共混物在达到严重相分离状态之前，存在着介于均相和完全相分离的中间态，而中间态在特定条件下能够长期稳定存在而不会变化（如在聚合物的玻璃化转变温度以下或熔点以下）；尽管已经发生了相分离，但程度不严重，形成的分相相畴尺寸很小；共混物相形态特征为在微观尺度可观察到有局部相分离，但在宏观尺度共混体系整体上是均匀的。正是亚稳态下这种微观相分离与宏观均匀性的相态特征，使得热力学不相容的共混物也能呈现优异的性能。

图1-8展现了具有高临界共溶温度（UCST）特征的两组分聚合物共混物所发生的液液相分离行为。曲线上方为均相区，下方则是相分离区，其最终平衡状态是两组分完全相分离；

在均一相和完全相分离两种极端情况之间，则是各种相分离的亚稳态。

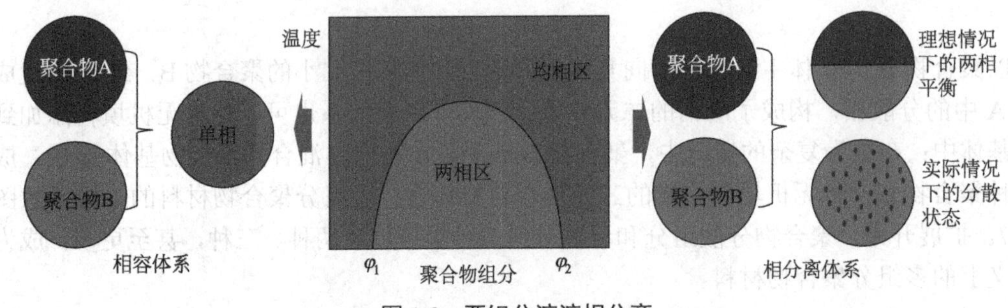

图 1-8　两组分液液相分离

1.3　聚合物共混复合材料的发展趋势

聚合物共混复合改性具有重要的学术研究价值和广阔的工业应用前景，长期以来一直都是高分子学科的关注热点，当前仍然在不断地发展和进步。除了实现低成本和高性能外，聚合物共混复合领域也越来越多地展现了结构-功能一体化、环境友好、结构仿生、环境响应、形状记忆、自修复等发展新趋势。

（1）聚合物结构-功能一体化复合材料

科技的发展对于材料提出多种特性需求，结构和功能一体化聚合物材料将成为未来聚合物共混和复合的重要研究方向。多组分复合和聚合物多组分精密加工成型是实现结构-功能一体化材料的主要途径。对于多组分复合而言，重要研究课题在于开发功能性（无机）纳米颗粒增容/增强的高性能聚合物共混物，实现各组分功能和性能在复合材料中的表达及协同增强，阐明组分材料在复合体系中功能实现的要因，实现聚合物复合材料结构和性能的主动设计。以高性能覆铜板材料为例，5G 技术的发展要求覆铜板材料能兼有低介电、低损耗、高耐热、高导热、可粘接、高强度和柔性好等多种性能，那么如何通过组分选择、界面设计、结构控制等来实现这些目的，则成为制备高性能多功能聚合物复合材料的重要课题。

（2）环境友好共混复合材料

聚合物材料的大量使用为人类的生活带来极大便利。但聚合物的化学性质相对稳定，废弃之后在自然界中不会很快降解，因而带来了巨大的环保压力。有数据显示，目前陆地上、海洋里的废弃塑料超过 50 亿吨，如果没有得到有效治理，到 2050 年地球上的废弃塑料将达到惊人的 120 亿吨！主要由废旧塑料引发的白色污染，已成为危害自然环境、破坏生态系统、威胁人类健康的重大问题。致力解决白色污染、聚合物材料应用要符合环境友好的发展理念，已成为全社会的普遍共识。一方面，发展天然聚合物和生物可降解聚合物共混复合材料；另一方面，对于使用后的废旧聚合物材料进行回收改性，增强增韧提高其力学性能或赋予其一定的功能特性，是聚合物共混复合材料未来发展的重要方向。

（3）结构仿生共混复合材料

长期以来，通过剖析自然界中各种生物的结构，给人们进行材料设计带来了许多灵感和启示。科研工作者通过模仿、构筑类似动、植物中的结构，开发出了不少奇妙新材料。如模仿竹子或骨骼结构，获得了具有优异刚-韧平衡性的结构材料；仿荷叶表面微纳结构，制备出自清洁超疏水材料；揭示龙虾嘴部的生理结构，开发出高效的过滤净化材料；从壁虎爪子上的微细刚毛结构得到启发，研制了可反复使用的新式干型胶带（其完全利用物理范德华力作用实现粘接功能）。而聚合物共混复合在仿生结构材料领域也得到了运用。一个典型的例子就是制备仿贝壳结构复合材料。海洋中贻贝的贝壳具有非常优异的综合力学性能，其刚性、强度和韧性都极高。微观结构研究发现，贝壳内部的主要结构特点是无数刚性片层进行紧密堆砌，并且层-层间以及片层边界间是由黏弹性的胶体物质黏合起来的。这种结构非常类似于建筑墙体的砖-泥结构，墙体由一片片砖块堆砌而成，而砖块间由水泥来粘接。受此启发，研究者开发出了一系列仿贝壳结构的纳米复合材料，除了改善结构复合材料的强度和韧性外，在其他领域也具有潜在应用价值，如过滤材料、传感器、能量存储、驱动器、有机光伏器件、电磁屏蔽等。

（4）智能响应共混复合材料

对环境响应的智能聚合物具有重要的应用价值，通过共混复合制备智能响应聚合物材料是一种简单低成本的有效方法。比如很多分子主链刚性的聚合物材料具有很高的刚性和强度，但是其韧性和延展性差，在很小的形变下就发生断裂破坏，很脆，如聚苯乙烯（PS）、聚乳酸（PLA）、聚甲基丙烯酸甲酯（PMMA）等。加入分子量相对较低的增塑剂是提高拉伸延展性的有效手段，但加入增塑剂也会使材料强度模量明显降低。所以提高韧性、延展性同时保持原有的高刚性和强度，长期以来都是聚合物材料改性的重要难题。以 PLA 的增韧改性为例，与过去直接将增塑剂分散到 PLA 基体中的方法不同，现在是先将小分子增塑剂封装在聚脲醛（PUF）微胶囊中，再把含有增塑剂的微胶囊混合到 PLA 基体中。由于 PUF 和 PLA 极性相近，具有很强的相互作用，微胶囊可以在 PLA 基体中实现良好均匀分散。对这种特殊共混物的拉伸行为进行研究发现，在拉伸应变较小时（<5%），增塑剂完全被封装在胶囊中，避免了力学弱化作用，材料展现出原来的高强度、高模量特性；而当形变大于 5%后，由于胶囊与 PLA 基体存在强的相互作用，微胶囊变形破裂，其中的增塑剂被释放到 PLA 基体中，起到了原位增塑的效果，在保持高强度、高模量的同时拉伸延展性提高了一个数量级，呈现出非常显著的自增韧效果[4]。

（5）形状记忆共混复合材料

形状记忆材料是一类能够在外界刺激下从临时形状回复到初始永久形状的智能材料的总称。聚合物以其丰富的多尺度结构特征，以及分子链自身所固有的“弹性记忆效应”（即在外力作用下伸长的高分子链有自发卷曲回复的趋势），被认为是获得形状记忆功能的理想材料。例如，交联聚乙烯用于热收缩管和薄膜就是利用了聚合物形状记忆的特点。聚合物的形状记忆效应与材料内部的两相结构，即决定永久形状的固定相和具有一定转变温度的可逆相相关。对单组分形状记忆聚合物而言，固定相可以是化学交联点也可以是物理交联点，同时其分子链可处于结晶态也可以是玻璃态的无定形区；相应地，可逆相也可以是结晶态或无定形态[5]。因此，玻璃化转变温度（T_g）和熔点（T_m）就成为形状记忆效应的转变温度。通过共混的方式，也可以在聚合物材料体系中构筑特定的固定相和可逆相，即一种聚合物组分起到固定相的作用，另一种组分起到可逆相的作用，当两种组分间具有较好的相互作用时，就可获得优异的形状记忆效应。如果构筑的固定相或可逆相是多尺度的，则可获得多重形状记忆效应。此外，在共混过程中还可以引入对光、电、磁、湿度、溶剂等外界刺激具有良好响应的纳米粒子，就可制备出光致形状记忆、电致形状记忆、磁致形状记忆、湿度或溶剂诱导形状记忆等。共混技术具有制备工艺简单、成本低、效率高、适合大规模生产等优点，被认为是形状记忆聚合物实现工业化的有效途径，因而引起了学术界和工业界的广泛关注。截至目前，已经开发出各种形状记忆聚合物材料，并在生物医用、微电子器件、航天航空、汽车、纺织等领域获得了广泛应用。

（6）自修复共混复合材料

聚合物材料在受到外部作用力时，大分子链很容易发生断裂，引发材料内部产生很多微裂纹，从而影响材料的强度和韧性；微裂纹持续发展的结果将导致材料完全失效。受生物体自我修复功能的启发，研究者开发出了具有自修复作用的智能复合材料，可自发地或借助外界刺激实现损伤部位的修复。开发具有自修复功能的聚合物材料意义重大，既能延长聚合物制品的使用寿命，减少资源浪费，又能大大提高材料的可靠性。通过非共价弱相互作用力及动态共价键的可逆性来实现自修复功能的聚合物材料称为本征型自修复聚合物材料，典型的例子包括自修复水凝胶、弹性体等[6]。但由于这种相互作用较弱，在修复具有高强高韧性的结构复合材料时存在一定的局限性。外援型自修复材料是通过在材料体系中引入修复剂来实现修复功能的。修复剂通常是装载在微胶囊、空心玻璃微球等微容器中，通过成型加工的方式预先埋置入聚合物基体，当材料中产生微裂纹时，分布在裂纹扩展路径上的微容器破裂释放修复剂，通过化学或物理作用使裂纹面重新结合[7]。因此，相较于本征型自修复聚合物材料，外援型自修复聚合物材料具有适用领域广、修复效率高等优点。类似地，也可以在共混复合体系中引入对光、电、磁等刺激响应的纳米材料，获得在不同外场作用下的自修复能力，从而实现远程非接触修复的目的。随着纳米技术和新型成型加工技术的发展，自修复共混复合材料必将得到更多的关注和应用。例如，将形状记忆聚合物用作手术缝合线，拉伸预取向的纤维在人体温度附近（37℃）自动收缩打结，缝合伤口；在飞行器的折叠接缝位置选用具有形状记忆功能的聚合物复合材料，可以实现可变形飞行器机翼的折叠与展开，等等。

参考文献

第2章 聚合物共混物的相容性理论

聚合物共混改性是从现有材料获得具有理想结构与性能的新材料的有效途径[1]。将不同种类的聚合物采用物理或化学的方法共混改性，不仅使各组分性能互补，还可根据实际需要对其进行结构设计，以期得到性能优异的新材料；同时，也可降低聚合物材料的开发和研制成本。一般而言，聚合物共混体系的宏观性能（例如力学性能）很难由其化学组分进行简单预测，因为它在更大程度上取决于共混体系的相形态结构。

而相形态则取决于共混体系达到热力学平衡时的相容性和未达平衡时的微相分离动力学及机理。因此，共混改性中最基本的问题是聚合物组分混合过程中的热力学和动力学问题，这是因为组分间的混合过程决定了聚合物的微观结构，而其微观结构又决定了共混物的最终性能。研究共混体系的热力学，探索各组分结构参数对体系相容性的影响和规律，是聚合物共混研究中的主要方向之一。而在特定热力学条件下，两种聚合物材料所形成的共混物是均相还是两相结构、相结构如何发展以及如何对两相结构进行优化控制都是共混改性需要重点关心的问题。特别是聚合物加工过程中，在温度场和拉伸-剪切流场作用下聚合物共混物的相容性与相行为，是聚合物共混物成型加工领域中尚待深入研究的课题，也是聚合物领域中重要的发展方向[2]。

2.1 聚合物共混物的热力学相容性概述

2.1.1 基本概念

（1）热力学相容性

从热力学角度而言，非晶相聚合物之间的相容性是指各组分以任何比例混合时，在平衡态下都可以形成分子状态分散的、具有热力学稳定状态的均相体系，各组分之间达到分子水平或链段水平的均匀分散。

（2）机械相容性

在实际应用中，对聚合物相容性的理解和评判方法有所不同。如果共混时聚合物各组分间存在一定的相界面亲和力且分散较为均匀，分散相粒子尺寸不太大，也能得到具有良好物理、力学性能的共混材料，这种相容性称为机械相容性或称为工艺相容性[3]。

（3）相图

聚合物共混物的相图可以方便地描述多组分聚合物的相容性与温度、压力和组成的关系。压力保持不变的情况下，自由能-组成曲线图可作为温度的函数来量度，此时稳定态和亚稳态极限随温度变化的轨迹就构成了不稳分相线及亚稳分相线。

图 2-1 列出了几种常见的聚合物共混体系的温度-组成相图。图 2-1（a）是一个具有最高临界共溶温度（UCST）行为的共混体系相图，当体系温度 $T > T_c$ 时，体系呈均相；而 $T < T_c$ 时，体系局部呈两相结构。图 2-1（b）为低温互溶，高温分相，即具有最低临界共溶温度（LCST）行为的共混体系的相图。图 2-1（c）为兼有 LCST 和 UCST 的体系，当体系温度处于 UCST<T<LCST 这个范围时，全部组成范围内的共混物都是均相的。此外，图 2-1（d）是哑铃形相图，图 2-1（e）是闭合式相图，图 2-1（f）表明共混物在所有组成及温度下都呈现均相[3]。

对于含三种聚合物的三元共混体系，其相容性可以用三元相图（即三角形相图）来表示，如图 2-2 所示。三个顶点分别表示三种不同的共混组分，其中任一点的组成可用平行线法加以确定。

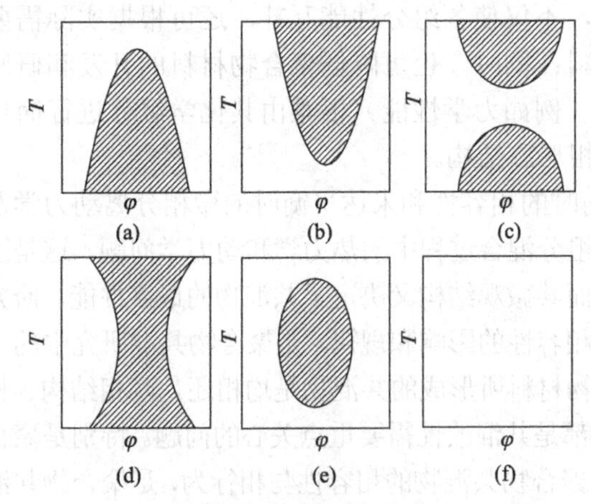

图 2-1 二元聚合物共混体系的温度-组成相图

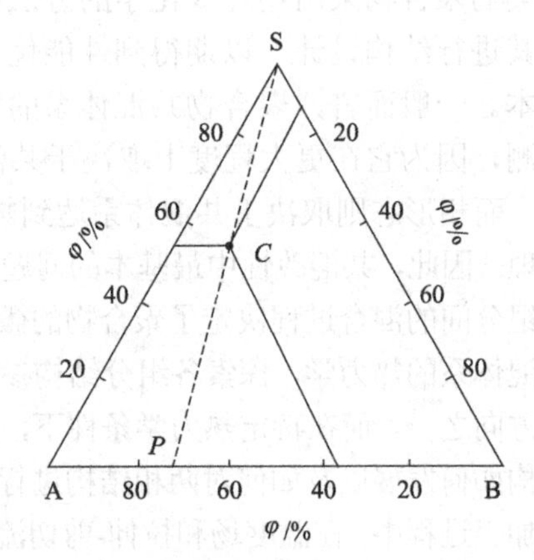

图 2-2 三元聚合物共混体系的三角形相图

2.1.2 相的热力学稳定性

根据热力学第二定律，两种液体等温混合时，混合能否自发进行可用混合过程的吉布斯自由能变化 (ΔG_m) 来衡量：

$$\Delta G_m = G_{AB} - (G_A + G_B) \tag{2-1}$$

在可溶混合的聚合物液体中，引起相分离的原因可能是由于温度、压力和/或混合物组分的变化。在一个稠相中存在两类主要的相转变：液-固相转变和液-液相转变。液-固相分离的机理一般为传统的成核和增长机理；而液-液相分离的机理则取决于体系的热力学稳定性。

相稳定性的临界条件往往决定了相转变的机理。图 2-3 列举了放在桌上的方块的四种可能的状态。势能曲线表示方块的重心连续通过这几种状态所对应的势能（G）：

① 状态 A，方块是稳定的，当它发生一个小的有限移动时，一旦造成移动的外力撤去，它即回复到状态 A。

② 状态 B，方块是不稳定的，即便受到一个无限小的移动也不能再恢复到状态 B，它将被更稳定的低势能状态所取代。

③ 状态 C 是最低的能态，因此也是最稳定的状态，在发生较大的移动时，状态 C 要比

状态A更稳定。

④ 状态D是介稳（或亚稳）的，它由方块切去一角而得到，它的势能曲线在最大值区域出现凹陷。处于状态D的方块，可以经受有限的移动，可移动的量取决于周围能垒的高度。这与状态B不同，状态B经受不了一个无限小的移动。

针对图2-3，考虑1mol组成为C_0的均相溶液的自由能与1mol分离成不同组成的两液相（但其平均组成仍为C_0）的自由能进行比较。平均组成为C_0的非均相体系的两相组成，可用自由能曲线上的各点的连接线C_a-C'_a、C_b-C'_b和C_c-C'_c表示。混合物的摩尔自由能等于连接线与平均组成交叉处的自由能G值。

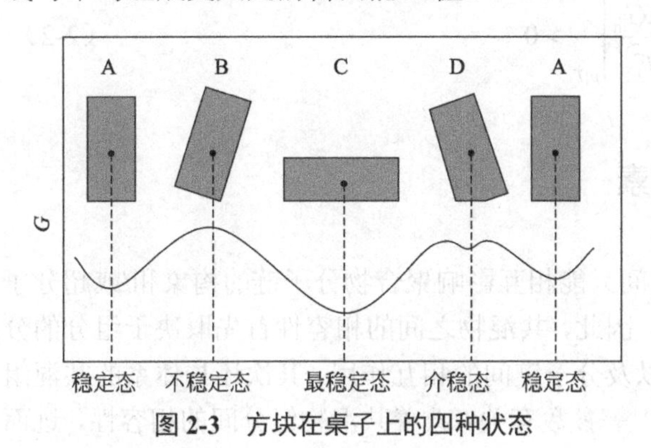

图2-3 方块在桌子上的四种状态

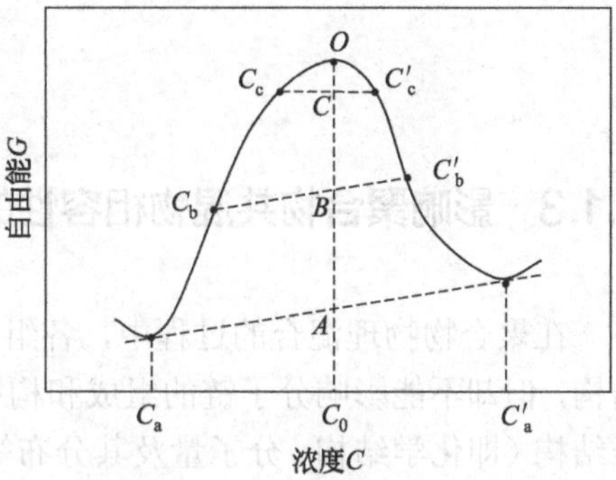

图2-4 不稳定相（非活化）的自由能-组分图

在图2-4中，组成为C_0的均相溶液的自由能为O点。在热能的扰动作用下，体系组成C_0的任意微小改变将导致生成两相，且其自由能较原来的均相体系低。如图2-3的状态B，此种相分离自发而连续地进行，依次通过以连接线C_c-C'_c和C_b-C'_b所代表的相，直到C_a-C'_a处的最低自由能为止。因此，一旦该体系发生相分离，就不能自发回复到初始的均相状态，因为这要求体系自由能自发升高。拐点表示自由能曲线的曲率有变化，从而与自发分离范围有关，这种自发不稳分相的边界定义为旋节线。

在图2-5中，当组分在C_0点稍有偏差，结果就会出现两相，并且自由能将会升高。为了使相分离伴有自由能降低的情况，组分必须向图右方向作较大的变化。因此，如图2-3中的状态D，组成为C_0的共混物是亚稳态的。造成体系不稳定所需的自由能的最小增量称为活化能，一般而言，这就是成核作用理论的基础。亚稳态的极限是以连接线C_a-C'_a所表示的最低自由能，它被称为双节线。

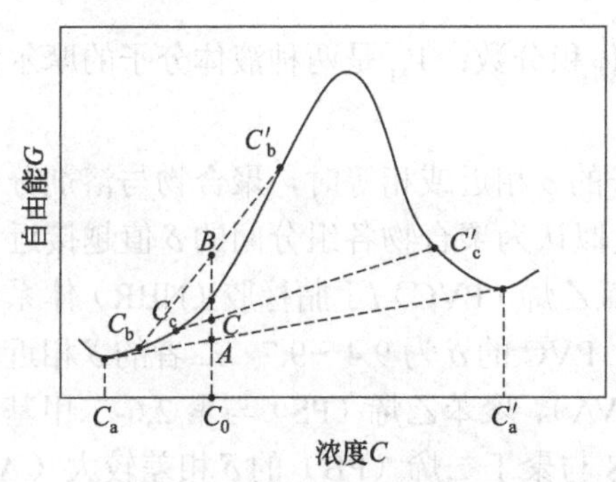

图2-5 亚稳相的自由能-组分图

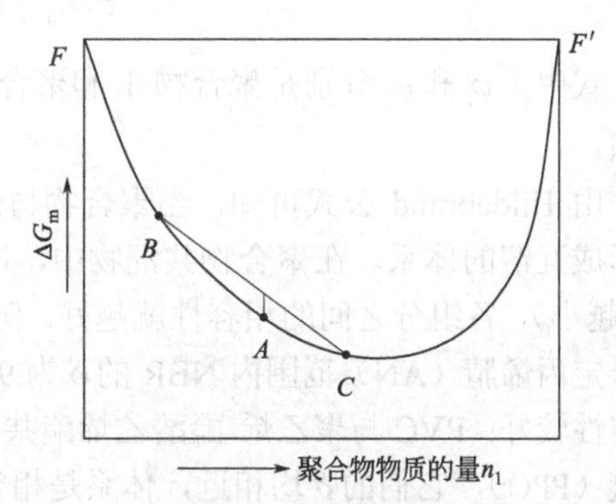

图2-6 二元体系中混合自由能作为组成的函数（完全相容体系）

下面利用图 2-6 来讨论一下能够满足聚合物共混物相容性的条件。该曲线向下凹，表示所有各点$[\partial^2 \Delta G_m / \partial \varphi^2]_{p,T} > 0$。如果选择曲线上任意一个组成点如 A，可以看出，此时不能发生相分离，即不能变成相当于 B 与 C 两点组成的两相，因为这将导致自由能的增大。因此，该体系在所有组成上都将相容，即共混体系所处的均相状态是热力学稳定的或介稳定的。

然而，共混体系的混合自由能$\Delta G_m < 0$仅是相容性的必要条件，并不能作为判断聚合物共混物相容性的充分条件。若考虑到混合自由能在体系全部组成范围内的可能变化和相态的稳定，相容的均相聚合物共混物存在的充分条件为：

$$\left.\frac{\partial^2 \Delta G_m}{\partial \varphi_1^2}\right|_{p,T} > 0 \tag{2-2}$$

2.1.3 影响聚合物共混物相容性的因素

在聚合物物理混合的过程中，各组分之间只能相互影响聚合物分子链的构象和/或超分子结构，但却不能影响分子链的组成和构型[4]。因此，共混物之间的相容性首先取决于组分的分子结构（即化学结构、分子量及其分布等）以及分子链间的相互作用，其次还与体系的共混组成以及成型加工条件（如温度、压力及流场）等参数有关。改善共混物组分间的相容性，进而设计和控制共混物的相态结构，对于开发高性能多功能的共混物材料具有重要的理论意义和应用价值，因而受到了学术界和工业界研究者的广泛关注。在原来不相容的聚合物对的分子链中，引入具有特殊相互作用的基团，如可使聚合物对形成分子间氢键、离子-离子、离子-偶极、偶极-偶极以及电荷转移络合、分子内排斥等作用，以及引入接枝、嵌段共聚物作为增容剂，均可使共混体系的相容性得到不同程度的改善。

（1）溶解度参数δ

聚合物的共混过程实际上是聚合物各组分分子链与分子链之间相互扩散的过程，这一过程受聚合物分子链间作用力的影响和制约[5]。内聚能密度（CED）是衡量分子间作用力大小的量度参数。由于聚合物不能通过汽化而测定其 CED，因而我们通常采用溶解度参数δ（CED 的平方根）来表征分子链间作用力的大小。聚合物共混物可视为聚合物的浓溶液，可通过聚合物与溶剂分子混合时热量变化的 Hildebrand 公式来推导两种聚合物共混时的热量变化。

$$\Delta H_M = V_M \varphi_1 \varphi_2 \left(\delta_1 - \delta_2\right)^2 \tag{2-3}$$

式中，φ_1和φ_2分别是聚合物 1 和聚合物 2 的体积分数；V_M是两种液体分子的摩尔混合体积。

由 Hildebrand 公式可知，当聚合物与溶剂分子的δ相近或相等时，聚合物与溶剂分子有望形成互溶的体系。在聚合物共混物中，同样可近似认为聚合物各组分间的δ值越接近（即$\Delta\delta$越小），各组分之间的相容性就越好。例如，聚氯乙烯（PVC）/丁腈橡胶（NBR）体系中，在一定丙烯腈（AN）范围内 NBR 的δ为 9.3～9.5，PVC 的δ为 9.4～9.7，二者的δ相近，故相容性较好；PVC 与聚乙烯-醋酸乙烯酯共聚物（EVA）、聚苯乙烯（PS）与聚 2,6-二甲基-1,4-苯醚（PPO），它们的δ均相近，体系是相容的。PS 与聚丁二烯（PB）的δ相差较大（$\Delta\delta>$ 0.7），因此相容性较差；PVC 与 PB 的$\Delta\delta>1$，为不相容体系[4-5]。

但是，聚乙烯（PE）与丁基橡胶（IIR）的δ值相近却不相容。

由此可知，可以通过$\Delta\delta$较为准确地预测非晶态聚合物共混物之间的相容性；但对于含有结晶聚合物的共混体系的相容性，则需要考虑采用其他方式[4]。

（2）分子量

根据共混物相容性的热力学理论，临界 Huggins 相互作用参数（χ_{1c}）与两相聚合物的分子量相关，满足如下关系式：

$$\chi_{1c}=\frac{1}{2}\left(\frac{1}{x_1^{1/2}}+\frac{1}{x_2^{1/2}}\right)^2 \tag{2-4}$$

式中，x_1和x_2分别代表聚合物1和聚合物2的链段数（即分子量）。

一般而言，聚合物共混物在全部组成范围内形成热力学均相体系的条件是$\chi_1<\chi_{1c}$。这表明对于某一确定的共混物体系，减小两相聚合物的分子量χ_{1c}，即增加体系的相容性。反之，增大分子量，则不利于组分之间相容的动力学过程的进行。例如，PS分子量降低，则其在异戊橡胶（IR）中的溶解度提高；酚醛树脂在硫化胶中的溶解情况也类似[5]。对于均聚物（如PS、PB、IR）与相应接枝共聚物（PS-*g*-PB）或嵌段共聚物（PS-*b*-IR）间的相容性，则还取决于均聚物和共聚物中相应嵌段的分子量大小，均聚物分子量较小时相容，否则不相容。

（3）表面张力γ

与乳状液相似，界面两相的表面张力γ决定了聚合物熔融共混体系的结构稳定性与分散度[5]。对于聚合物体系，当两相的接触角为零时，其表面张力γ_{12}可用式（2-5）来表示：

$$\gamma_{12}\leqslant\gamma_2-\gamma_1(\gamma_2>\gamma_1) \tag{2-5}$$

利用上式可以简单地估计共混物的两相界面性质。

例如，聚丙烯（PP）的γ为2.2 mN/m，橡胶中顺丁橡胶（BR）、天然橡胶（NR）及三元乙丙橡胶（EPDM）的γ分别为23.67mN/m、33.4mN/m和3.21mN/m，而氯丁橡胶（CR）、丁苯橡胶（SBR）和NBR-40的γ都高达40mN/m左右。由于PP/EPDM的γ_{12}较小，界面结合较好。因此，与其他橡胶相比，采用EPDM与PP共混来改善PP的断裂韧性，具有更明显的增韧效果[5]。

由此可见，共混组分的γ愈接近（γ_{12}愈小），两相间的浸润、接触和扩散就愈好，界面结合也愈好。

（4）极性

在制备聚合物溶液时，通常应该选用与聚合物极性相近的溶剂才能得到均匀的聚合物溶液。同样，两种聚合物在共混时应选极性相近的组分才能获得相容性好的聚合物共混体系。共混体系各组分间的极性越相近，组分间的相容性就越好。另外，分子间作用力与组分的极性成正相关，组分的极性越大，分子间作用力也就越大。通过量热法和光谱分析表明，聚合物分子间作用力是决定各组分间相容性的重要因素之一[4-5]。

因此，极性聚合物共混体系的相容性一般较好，如在一定AN含量范围内的PVC/NBR体系，在一定醋酸乙烯酯（VAC）含量范围内的PVC/EVA体系，以及PVC与苯乙烯-二甲基丙烯酸甲酯共聚物（SMMA）共混物、聚醋酸乙烯酯（PVAC）和聚丙烯酸甲酯（PMA）共混物等。

而两种非(弱)极性聚合物共混体系的相容性一般不佳，如PB/IIR、NBR/乙丙橡胶(EPR)、

PE/PP、EPR/PP、PS/PB 和 PS/PP 等。

极性/非极性聚合物进行共混时热力学上一般不相容，如 PVC/PB、PVC/PE、CR/NR、CR/IR、PVC/NR、PVC/PS、聚碳酸酯（PC）/PS 和聚酰胺（PA）/PP 等体系。但也存在例外的情况。一个典型的共混物体系即聚偏氟乙烯（PVDF）/PMMA，这是由于 PVDF 与 PMMA 分子链间存在较强的特殊相互作用，因此在熔体中是均相的。

需要注意的是，极性相近相容的原则不是绝对的。例如，极性聚合物共混时也可能会不相容，如 PVC/CR 和 PVC/氯化聚乙烯（CPE）；而非（弱）极性聚合物共混时也会相容，如 PS/PPO。

（5）结晶能力

聚合物的结晶能力是指其是否能够结晶、结晶难易程度和最大结晶程度。凡是能使分子链排列得更紧密又规整的因素（包括构型和构象因素）都有利于聚合物的结晶[5]。

对于聚合物而言，结晶能力愈大说明分子间的内聚力也就愈大。因此，对于结晶性聚合物材料而言，共混组分的结晶能力愈相近，组分之间通常相容性愈好。

在非晶态聚合物共混时常有理想的混合行为，如 PVC/NBR、PVC/EVA 和 a-PS（无规聚苯乙烯）/PPO 等；在晶态/非晶态（或晶态）聚合物进行共混时，体系通常只在出现混晶的情况下才相容，如 PVC/聚己内酯（PCL）、聚对苯二甲酸丁二醇酯（PBT）/聚对苯二甲酸乙二醇酯（PET）和 EPR/PE 等体系[4-5]。

（6）黏度

在部分相容的聚合物体系中，由于聚合物组分分子链的相互缠结，体系黏度较大，相分离速度极为缓慢，在加工过程中其微观结构由于动力学上的限制，很容易冻结在相分离过程的初始阶段，无法进一步粗化，从而得到尺寸较小的相区。对于不相容体系，研究表明两种熔体组分的黏度越接近，在流场下加工时所形成的微相结构尺寸也就越为细微。例如，研究发现在 NR/IR 共混物中，虽然两组分的分子链结构相似，但两者之间的黏度差异极大，造成该体系在热力学上的不相容；在 NR/BR 共混物中，当二者的分子量正好相当时可以出现最小微相结构；而在 NR/SBR 中，两组分的门尼黏度愈接近，共混体系的微相结构愈小。可见，组分的黏度主要是从动力学角度对共混体系的微观结构和机械相容性产生影响[4-5]。

（7）共聚物的组成

对于含有共聚物组分的聚合物共混体系，各组分之间的相容性与共聚物的组成也密切相关[4-5]。

例如，NBR 和 PVC 的相容性与 AN 的含量有关。AN 含量为 20%～40%时，NBR/PVC 的相容性随其含量的增加而不断增加。

当对氯苯乙烯含量为 23%～64%的对氯苯乙烯-邻氯苯乙烯共聚物与 PPO 共混时，采用量热法只能测量到一个单一的 T_g，表明该对氯苯乙烯含量下，对氯苯乙烯-邻氯苯乙烯共聚物与 PPO 是相容的。

同样，当 AN 含量为 9%～27%的苯乙烯（St）与 AN 的无规共聚物（SAN）和 PMMA 共混时，形貌观察和力学性能测试表明两者是相容的。

2.2　聚合物共混物相容性的热力学理论

在对聚合物共混体系相容性的热力学理论研究中，经历了从经典的 Flory-Huggins 平均场理论到 Prigogine-Flory 现代状态方程（EOS）理论及其他相容性理论的发展历程。采用 Flory-Huggins 平均场理论和 EOS 理论都可以定量地描述聚合物共混体系的相行为，下面我们详细介绍这两种理论。

2.2.1　Flory-Huggins 平均场理论

多组分聚合物体系热力学理论研究中，为了描述体系的热力学性质，Huggins 和 Flory 等[6-7]借鉴了金属的晶格模型，同时考虑到聚合物链的连接性，分别独立提出了适用于不可压缩聚合物混合物体系的统计热力学模型，即经典的 Flory-Huggins（F-H）晶格模型理论。

（1）基本理论

Flory-Huggins 晶格模型将聚合物溶液看成由 n_1 个溶剂分子和 n_2 个高分子链组成（如图 2-7 所示），其中每个溶剂分子在体系中占有一个格子，而每个高分子则占有 x 个格子，此处 x 是聚合物的摩尔体积与溶剂的摩尔体积之比。聚合物溶液的混合熵为：

$$\Delta S_{\mathrm{m}} = -R\left(n_1 \ln \varphi_1 + n_2 \ln \varphi_2\right) \tag{2-6}$$

式中，R 是气体常数；φ_1 和 φ_2 分别是溶剂和聚合物的体积分数。

在一个聚合物溶液中，每摩尔的构型混合熵 ΔS_{m}^*，归因于分子链活动的自由程度的改变和溶液中溶剂分子自由程度的改变。由于聚合物链是由 x 个链段组成，且聚合物链具有柔性，因此，聚合物溶液的混合熵 ΔS_{m} 比理想溶液的混合熵要大得多，但又小于相同数量的小分子化合物与溶剂混合时的熵变。

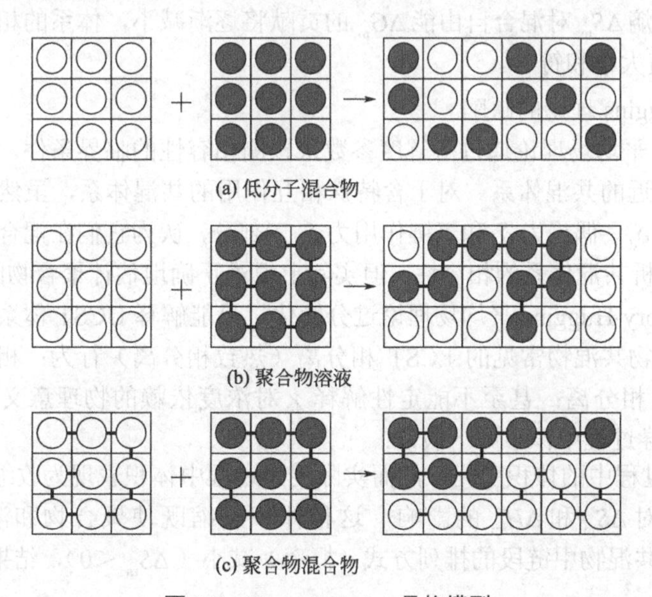

图 2-7　Flory-Huggins 晶格模型

考虑最近邻格子之间的相互作用，聚合物溶液的混合焓可写为：

$$\Delta H_{\mathrm{m}} = RT\chi_1 n_1 \varphi_2 \tag{2-7}$$

式中，T 是热力学温度，K；χ_1 是 Flory-Huggins 相互作用参数，无量纲，表征溶剂分子和大分子的链段之间的相互作用。相互作用参数 χ_1 的分子间作用力起源包括随机偶极-诱导偶极作用、偶极-诱导偶极作用、偶极-偶极作用、离子-偶极相互作用、氢键、酸-碱相互作用、电荷转移等[8]。

对于聚合物溶液体系，Flory 和 Huggins 等[6-7]得到混合自由能（ΔG_{m}）等于理想溶液的自由能（体现为结合熵-$T\Delta S_{\mathrm{m}}$）与混合焓 ΔH_{m} 之和，即：

$$\Delta G_{\mathrm{m}} = \Delta H_{\mathrm{m}} - T\Delta S_{\mathrm{m}} \tag{2-8}$$

通常，由于共混使体系的无序性增加，混合熵为正值。如果混合时放热，则 ΔH_{m} 为负值，否则为正值。

根据式（2-6）和式（2-7），得出聚合物溶液的 ΔG_{m} 表达式，如式（2-9）所示：

$$\Delta G_{\mathrm{m}} = RT(n_1 \ln \varphi_1 + n_2 \ln \varphi_2 + \chi_1 n_1 \varphi_2) \tag{2-9}$$

Scott 和 Tompa 将 Flory-Huggins 聚合物溶液理论推广到聚合物共混体系，对聚合物 1 和聚合物 2，它们的混合自由能 ΔG_{m} 如式（2-10）所示：

$$\Delta G_{\mathrm{m}} = \frac{RTV}{V_{\mathrm{r}}}\left(\frac{\varphi_1}{x_1}\ln \varphi_1 + \frac{\varphi_2}{x_2}\ln \varphi_2 + \chi_1 \varphi_1 \varphi_2\right) \tag{2-10}$$

式中，V 为聚合物共混物的总体积；V_{r} 为参比体积；φ_1，φ_2 为共混物中两种聚合物的体积分数；x_1，x_2 为以参比体积 V_{r} 为基准的两种聚合物的聚合度。

对于低分子量物质，相容性在大多数情况下决定于熵效应而不是焓效应；随混合组分分子量的增大，混合熵 ΔS_{m} 对混合自由能 ΔG_{m} 的贡献将逐渐减小，体系的相容性将主要取决于混合焓 ΔH_{m} 的数值大小和符号。

（2）Flory-Huggins 理论的缺陷

Flory-Huggins 平均场理论通过溶解度参数来预测相容性的临界条件，只适用于仅存在色散力或极性非常接近的共混体系。对于含特殊相互作用的共混体系，虽然原则上可将溶解度参数分解为色散力 δ_{d}、偶极力 δ_{p} 和氢键作用力 δ_{h} 三部分，认为它们在混合过程中是独立起作用的，并以此来分析共混体系的相容性，但实际上很难正确地估计聚合物的 δ_{d}、δ_{p} 和 δ_{h} 的数值。实验证明，Flory-Huggins 平均场理论过分简化，只能解释 UCST 体系，不能解释大多数聚合物溶液和聚合物共混物常见的 LCST 相分离（热致相分离）行为：相容的聚合物共混物随着温度升高发生相分离；甚至不能定性解释 χ 对浓度依赖的物理意义，这是由于 Flory-Huggins 理论在推导过程中作了如下假设：

① 忽略混合过程中的体积变化，然而实际混合过程中体积表现为收缩（$\Delta V_{\mathrm{m}} < 0$）；

② 忽略 ΔV_{m} 对 ΔS_{m} 和 ΔH_{m} 的影响，这种体积收缩既使聚合物和溶剂相互作用增强（$\Delta H_{\mathrm{m}} < 0$），又使共混物中链段的排列方式（概率）减小（$\Delta S_{\mathrm{m}} < 0$），结果使 $\Delta G_{\mathrm{m}} > 0$，不利于共混相容。

因此，经典的 Flory-Huggins 模型是一个不可压缩模型，它不能描述温度或压力升高时体系可压缩性的变化对体系相行为的影响。但是，值得指出的是，尽管目前已经得到了许多较为完善的各种相容性理论，Flory-Huggins 理论还是由于其简单性和普适性得到了众多研究者们多年来的延续应用。

2.2.2　EOS 理论

经典的 Flory-Huggins 理论虽然可以成功地描述许多聚合物共混体系的热力学性质，但是由于该理论忽略了混合过程中体系的可压缩性，因此在处理具有 LCST 类型相图的共混体系的热力学时遇到了难以克服的困难。

状态方程最初是研究简单液体时描述热机体系的基本方程。达到平衡时，状态方程仅与热力学变量即压力、体积和温度有关。Flory 等结合 Tonks 理论和 Prigogine 的 3c 参数理论，对具有 N 个链长为 r 的纯聚合物体系提出了如下配分函数形式：

$$Z(T,V)=\text{const}\left(v^{1/3}-v^{*1/3}\right)^{3crN}\exp\left[-E_0/(kT)\right] \tag{2-11}$$

式中，每个链节的平动自由度为 3c（0<c<1）；v 和 v^* 分别是每个链节的体积和硬核体积；k 是 Boltzmann 常数；E_0 是体系的 Van der Waals 相互作用能。

在 Flory-Orwoll-Vrij 理论中 E_0 可写为：

$$E_0=-rNs\eta/(2v) \tag{2-12}$$

其中，s 是每个链节与其周围非键接链节间的接触数目（体系中共 $rNs/2$ 个）；η 是相邻非键接链节对之间的相互作用能量常数。定义体系的对比体积、对比密度、对比温度和对比压力分别为：

$$\tilde{v}=V/\left(rNv^*\right)=v/v^* \tag{2-13}$$

$$\tilde{\rho}=1/\tilde{v}=v_{\text{sp}}^*/v_{\text{sp}}=\rho/\rho^* \tag{2-14}$$

$$\tilde{T}=2ckTv^*/(s\eta)=T/T^* \tag{2-15}$$

$$\tilde{p}=2pv^{*2}/(s\eta) \tag{2-16}$$

式中，ρ 和 ρ^* 分别是聚合物的密度和紧密堆积聚合物的密度；v_{sp} 和 v_{sp}^* 分别是单位质量聚合物的体积和单位质量紧密堆积聚合物的体积，满足：

$$p^*v^*=ckT^* \tag{2-17}$$

将上述公式代入配分函数式（2-11）可得：

$$Z(T,V)=\text{const}\,v^{*crN}\left(\tilde{v}^{1/3}-1\right)^{3crN}\exp\left(crN\tilde{\rho}/\tilde{T}\right) \tag{2-18}$$

Flory 利用上述 Prigogine 构型配分函数的形式，用简单液体的 Van der Waals 势能修正晶格能，推导出相应的纯流体组分的状态方程：

$$\tilde{p}\tilde{v}/\tilde{T}=\tilde{v}^{1/3}/\left(\tilde{v}^{1/3}-1\right)-1/\left(\tilde{v}\tilde{T}\right) \tag{2-19}$$

使用实验测定的聚合物 pVT 数据就能够获得纯聚合物体系相应的状态方程参数，进而可以计算聚合物及混合物的热力学性质。

2

常压下，液体的 $p\rightarrow 0$，式（2-19）变为

$$\tilde{T}=\left(\tilde{v}^{1/3}-1\right)/\tilde{v}^{4/3} \tag{2-20}$$

其中，对比体积 $\tilde{v}$ 与热膨胀系数 α 有如下关系：

$$\tilde{v}^{1/3}=1+\left(\alpha T/3\right)/\left(1+\alpha T\right) \tag{2-21}$$

对状态方程式（2-19）进行微分有

$$p^{*}=\gamma T\tilde{v}^{2} \tag{2-22}$$

式中，γ 为热压系数；α 和 γ 有如下关系：

$$\alpha=\left(1/v\right)\left(\partial v/\partial T\right),\quad \gamma=\left(1/v\right)\left(\partial v/\partial p\right)_{T} \tag{2-23}$$

由 α 和 γ，根据方程式（2-20）～式（2-22）就可算出单组分体系的 T^{*}、V^{*} 和 p^{*}。

2.2.3 两种相容性理论的比较

前面讨论的两种最常见的相容性理论（即 F-H 晶格模型和 EOS 状态方程）都可定量地描述二元聚合物混合物的相行为。如果 $G(T,\varphi_2,p)$ 的函数性由适当的实验数据来规定，那么常规的 F-H 晶格理论可以描述所有观察到的相行为。也就是说，函数 G 不能单独从晶格理论推导，此理论既无助于了解已观察到现象的原因，也没有任何预测能力。

EOS 理论则用最少的基本参数来确定 $G(T,\varphi_2,p)$ 函数。它企图描述由于两个不同堆积密度或“自由体积”的流体而引起的局部液体结构的瓦解。对于任一个混合物，上述理论被概括成下列预测：

① 即使当每个组分有相同的对比体积（当然混合时有体积变化）仍将有一个不为零的“自由体积”过剩焓。

② 若各组分的对比体积不相同，即使过剩体积为零，也将有一个不为零的“自由体积”过剩焓。

③ 当过剩混合体积为零，剩余熵不为零。

这些观点与正规溶液理论是完全不同的，因而与 Flory-Huggins 晶格理论也是不同的，因为 Flory-Huggins 晶格理论首创并保持着严格正规溶液理论的重要假定。

2.2.4 其他相容性理论

其他的共混物相容性理论包括格子簇模型（LCT）、聚合物参照位相互作用位置模型（PRISM）以及统计络合流体理论（SAFT）等。格子簇模型是 Flory-Huggins 晶格模型的扩展

模型，它能够在分子链结构水平上对共混组分进行区分。例如，这个模型可以描述支化聚合物与线型聚合物的混合热力学。同时它还发展了一个从链折叠对共混热力学的贡献以及针对晶格模型局部校正的方式，使相互作用参数带有熵的贡献，从而可同时用于描述可压缩形式和不可压缩形式的聚合物体系[9]。

2.3 聚合物共混物相分离机理及动力学

实际的聚合物共混物体系黏度通常较高，很难达到其热力学平衡状态。因此，相分离的机理及动力学过程对共混体系的形态及最终性能有着重要影响。也就是说，共混物的热力学决定了体系的分相可能性或相的热力学稳定性，而共混物的相分离动力学则决定了共混物在特定的条件下将通过何种机理和途径分相、生成何种类型的和多大尺寸的结构以及这些结构形成速度的快慢。

2.3.1 成核与生长机理

将共混物稍稍过冷到亚稳分相区域内，母相中将产生一些新的、更稳定相的原始粒屑，该过程称为成核。如图 2-8 所示，这种原始核的形成需要自由能的增加，是一个活化过程。所形成的核具有过量的表面能，Gibbs 指出这种过量的能量是在均相流体中形成不同相所需要的功。这种功包括两方面：其一为形成界面所消耗之功，与核的面积成正比；其二为形成能量较低核内质所获得的功，与核的体积成正比。Gibbs 提出在没有很强的特殊相互作用的情况下，总的活化能公式为：

$$W = \frac{1}{3}\gamma S \tag{2-24}$$

式中，γ 为两相界面张力；S 为新生成相的核的表面积。

这些核一旦形成，体系再行分相，自由能就减小，而核不断增长。增长过程及相应的相结构可由图 2-9 表示。给定一个组成为 C_0 的均相溶液，如果核的组成是 C_a'，那么根据两相体系的热力学，紧接核周围的母相组成应是 C_a，稍离核处的母液其浓度仍保持 C_0。由于成核过程本身的活化本性，组成核的各个分子较强地聚集在一起不会扩散。浓度为 C_0 的母相中的分子将向低浓度的 C_a 相扩散（即下坡扩散），由此建立的化学位梯度有助于培育幼核，这就是增长机理。在增长过程中，核内的浓度保持 C_a'，而其周围的第二相保持 C_a，而两相间的界面则随时在移动着。与此同时，其他的核也在同一母相中生长，最后形成细分散的两相体系。最终颗粒的尺寸及颗粒间的距离取决于粗化时间和扩散速率增加。核的净增长速率最大值处于亚稳分相线以下几摄氏度处。因此，假定扩散速率是有限的，那么在开始阶段，核由增长而变大，而后阶段则由凝聚、粗化、熟化而变大，直到最后变成两大相，一相的组成是 C_a'，另一相是 C_a。通过成核-生长机理所形成的共混物，通常为典型的珠滴/基体型形态，又称为海-岛形态，如图 2-10 所示，其中球形的颗粒为分散相（岛相），连续的部分为基体相（海相）。

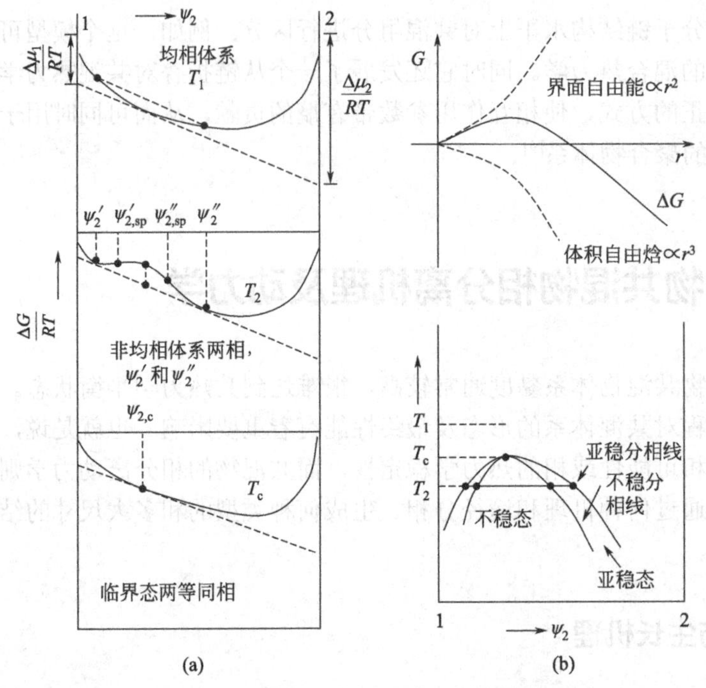

图 2-8　部分相容的二元液体体系中，浓度-混合自由能函数关系（$T_1 > T_c > T_2$）

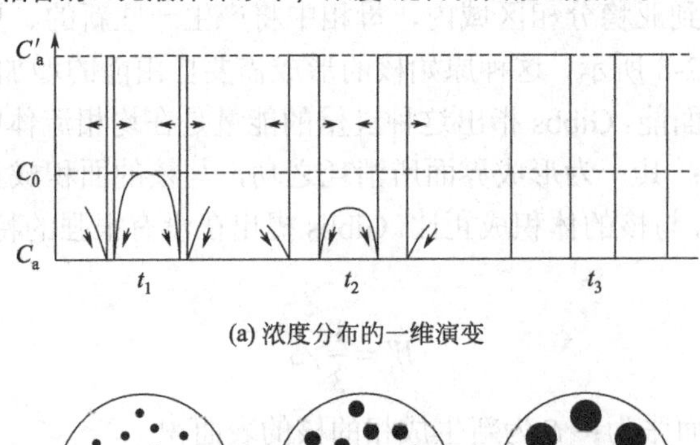

(a) 浓度分布的一维演变

(b) 所形成相结构的二维图

图 2-9　相分离的成核和增长机理

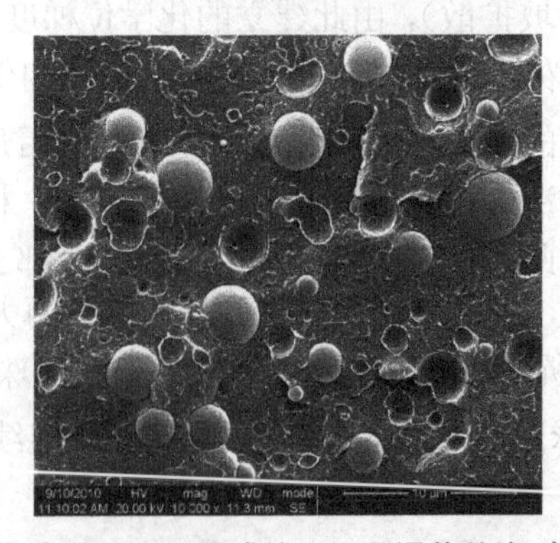

图 2-10　通过成核-生长机理所形成的二元共混物的海-岛相形态的 SEM 图

2.3.2　不稳分相机理

不稳定相分离是在不稳定母相中自发而连续地产生两相的动力学过程。相的增长起源不是核，而是由于组成有幅度不大的涨落，这种涨落统计地促使组成以某种最大波长的正弦变化连续而迅速地增长。这种结构使材料具有一些特殊的力学和渗透性能。这种分相过程和相应的相结构，如图 2-11 所示。

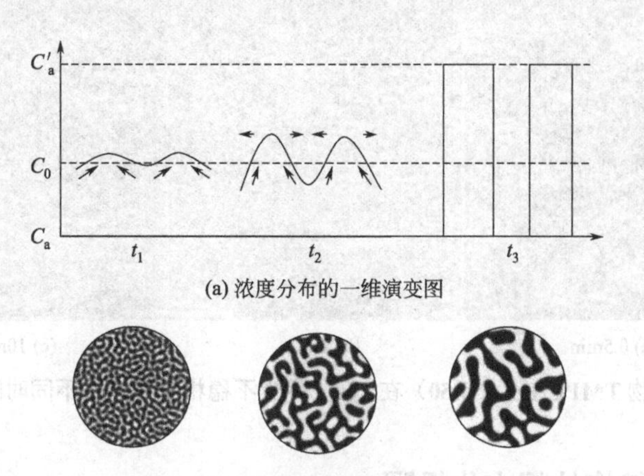

(a) 浓度分布的一维演变图

(b) 所形成相结构的二维图

图 2-11　不稳分相机理

同样考虑一组成为 C_0 的共混物体系 A/B，它的组分 A 具有浓度涨落，其中的个别分子有结合成永久的分子簇的倾向。如果组分 A 的分子从围绕统计涨落的低浓度区不断地上坡扩散而进入分子簇，那么体系将自发而连续地分解为组成分别为 C_a 和 C'_a 的两相，这种体系处于不稳定态。因为高浓度区域具有较低的能量，所以组分 A 的分子向着分子簇方向运动，附近的分子簇就会发展。根据这个机理，建立一个振荡的浓度场，振荡的波长由相结构决定，而相结构则由最小自由能决定。在增长过程中，即使浓度波动的振幅增加，相结构的规模仍是不变的。然而，随着浓度梯度接近它的平稳状态，体系通过缩小它的表面积来缩小体系的界面自由能。由于相同体积下球体具有最小的表面积，交织结构将通过界面能驱动的流体流动机理而粗化。即使球形分散结构没有形成，上述规律也遭到破坏。如果两相的黏度足够低，最终体系将形成两层结构，密度较轻的那一相漂浮在密度较大的那一相的上面；如果黏度比较高，最终得到的两相结构将可能与原始的交织结构有些类似。有时，相分离体系中并没有互连性结构，但这并不说明分相遵循成核和增长机理。当其中一个组分的含量较少时，该组分的富集相在粗化过程中将会在界面张力的作用下发生破碎，最终形成纤维状和球形的分散相，这个过程称为逾渗-液滴转变。因此，不稳分相机理的最令人信服的证明是不稳分相动力学，也就是观察是否存在某种小振幅组成变换的连续增长。总之，不稳分相机理的基本特征如下：

① 它是一个不稳定的过程，不需要活化能。

② 不稳分相体系的局部浓度遵循一个连续性方程，其扩散系数是负的。

③ 它是一个等温过程。

④ 两个共存相的交织结构的形成是相关发生，且是均匀而无规的。

当二元共混物通过不稳分相机理发生相分离时，往往形成两相交错的双连续相形态。如

图 2-12 所示，四甲基双酚 A 型聚碳酸酯（TMPC）与 PS 共混物（50/50）在 260℃发生相分离时的微观形貌随相分离时间增加而发展的扫描电镜图。在相分离初期，共混物呈均相体系，无明显的相分离发生。随着时间延长，相分离的程度逐渐加剧，直至达到平衡状态，共混物呈现双连续结构特征。通过不稳相分离形成双连续结构与通过相反转形成双连续结构的区别，将在第 3 章中做详细比较。

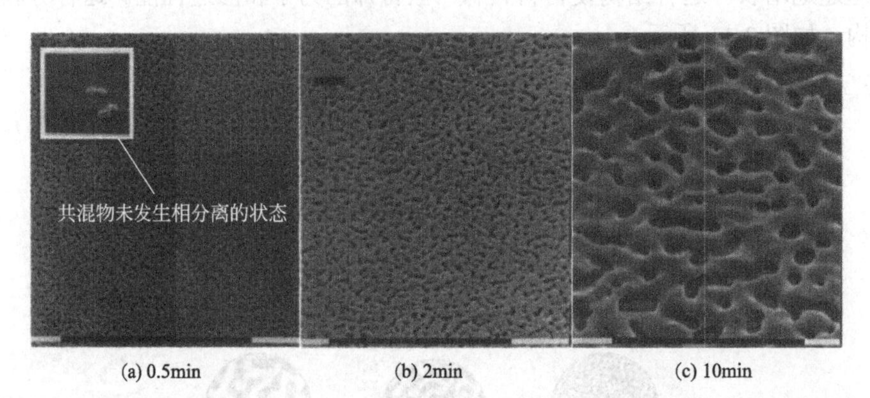

图 2-12 共混物 TMPC/PS（50/50）在 260℃发生不稳相分离时在不同时间的微观形态[10]

2.3.3 相分离后结构的粗大化机理

相分离晚期相结构的典型粗大化机理包括以下几种：

（1）蒸发和凝聚机理

由于界面的不规整性，有些区域的局部曲率是无规的，在曲率小的区域附近压力及化学势相对较大，这样此处的粒子就会蒸发，而其他粒子则凝聚。

（2）流体中的增大机理

依靠流体的对流进行，当两粒子相互缠结时，粗化一直进行到完全相分离；相反地，若粒子并不是相互缠结时，则粗化依赖于粒子间的相互碰撞概率。

2.4 特殊条件下聚合物共混体系的相行为

2.4.1 黏弹相分离

多组分体系中的相分离模式按照物质的迁移方式通常可分为固体相分离和流体相分离两大类[11-12]。其中，固体相分离通常发生在金属合金中，其唯一迁移机理是扩散；而流体相分离中的迁移机理通常包括扩散和流动，在对称组成下可以生成两相相互贯穿的共连续结构，在非对称组成下含量较高的相形成连续相，而含量较低的相则形成分散相，呈现所谓的海-岛结构。根据分相过程中各组分在动力学性质上的差异，共混体系可分为动力学对称体系和动力学不对称体系两类[13]。传统的固体和流体相分离理论主要针对动力学对称的混合体系。

20 世纪 90 年代初期，Tanaka 在聚合物溶液[14-17]中发现了一种不能用固体或流体相分离模型来解释的新的相分离模式。与普通相分离相似，这类体系相区增长的最初和最后阶段分别遵循扩散机理和流体力学机理，但其中间阶段却受到一种黏弹机理的控制，此时体系的微观形态由弹性力平衡决定而不是界面张力。因此，Tanaka 将这类看似特殊的相分离模式称为“黏弹相分离”[18]。但是，Tanaka 等[13,19-24]随后又在蛋白质溶液[25-26]、乳胶悬浮液[24,27]和聚合物共混物[13,28]等多种聚合物混合体系中发现了类似的现象。经过分析发现，发生黏弹相分离的关键在于共混物中两组分间是否具有动力学不对称的特征。动力学过程可反映分子的扩散性及运动性，组分动力学的快慢可由其分子特征流变时间 τ_{ti} 来反映，如下所示：

$$\tau_{ti} \propto \exp[-K/(T - Tg\varphi_i)] \tag{2-25}$$

其中，K 是常数；φ_i 是该相的组成。

τ_{ti} 越大，该种组分的黏弹性越大；τ_{ti} 越小，黏弹性越小。若两组分分子特征流变时间相差较小，则该体系具有动力学对称性，组分间黏弹差异较小；反之则体系具有动力学不对称的特点，组分间黏弹差异较大。存在黏弹相分离的多相聚合物体系均由大尺寸粒子和小分子液体构成，具有较大的尺寸差异，其中动力学过程快的小分子的松弛比动力学过程慢的大分子的松弛快几个数量级[29]。而发生黏弹相分离的聚合物共混物体系的组分间通常具有很大的玻璃化转变温度的差异[13,18,27,29-30]。

分子结构或玻璃化转变温度上的差异使得多相聚合物体系呈现出显著的动力学不对称性，其相分离动力学过程及形态受到组分黏弹效应的强烈影响，具有与常规相分离不同的特征[18]。值得提及的是，迁移机理的不同是黏弹相分离与普通相分离形态演变区别的根源。例如，扩散和流动在流体相分离中是由渗透压梯度引起的，而在黏弹相分离中还有机械应力梯度的贡献[29]。可移动液滴相、相反转、相区增长不遵循自相似性等都是黏弹相分离区别于普通相分离的特有现象[18]。可移动液滴相[21]是指在黏弹相分离过程中，形成的小尺寸的液滴分散相，可以通过布朗运动相互碰撞，但不会凝聚，这是由于排除体积效应和渗透压效应会使吸附了高分子的分散粒子具有空间稳定性，同时疏水性也会使得分散液滴间具有相互排斥作用。例如聚甲基乙烯基醚（PVME）/水溶液体系，分相后的空间排斥和疏水排斥作用共同使得细小的分散相液滴处于动力学平衡状态且保持稳定，但此时体系热力学却处于非稳定状态[21]。

分相过程中相反转[23]的出现是黏弹相分离区别于普通相分离的最大特征。研究表明，即使动力学过程较快的一相含量较高，也能形成岛相分散在动力学过程较慢且含量较低的一相中。这种组分的含量虽低于相图中所能形成共连续相的临界体积分数，但以它为主要成分的富集相却形成了连续相（反转相结构）[31-32]。这是因为相分离本身产生的特征形变速率和动力学过程较慢组分的富集相的特征流变速率之间存在一个转折，这里的特征流变速率可看作形态演变中的黏弹松弛[29]。这一现象有悖于一般相分离中含量较高一相形成基体相的情况。从这个动力学角度可将黏弹相分离分为三个阶段[13]：①初始的冻结阶段，该阶段主要由扩散控制，没有宏观相区出现，之后动力学过程较快那一组分的富集相形成宏观尺寸的孔洞，并随着时间而长大；②弹性机理控制阶段，该阶段动力学过程较快一相的孔洞进一步扩大，形成网络结构；③流体力学控制阶段，该阶段发生相反转，即动力学过程较慢一相形成分散相（岛相），分散在动力学过程较快的一相中。图 2-13 就给出了 PS/PVME 共混体系中的典型黏弹相分离过程。

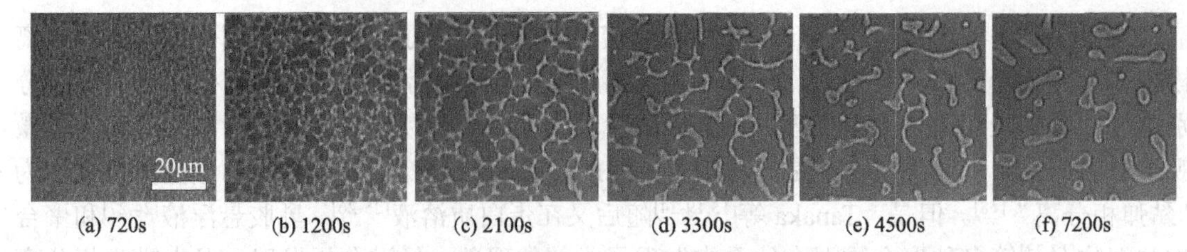

图 2-13 PS 含量为 20%（质量分数）的 PS/PVME 共混体系中黏弹相分离过程[13]

（其临界组成为 PS/PVME=30/70）

自相似性[13,18]是指相分离晚期形成尖锐的界面后，相分离过程中仅是相区尺寸的变化而不会引起相区结构形状的改变，相反转的出现标志着黏弹相分离过程相区增长自相似特性的消失。

后来，Tanaka 等[33]又发现当黏弹相分离过程中相区的形变速率远远高于动力学过程较慢的组分内部结构的松弛速率时，体系表现为弹性固体，相分离进行过程中伴随有机械破裂的发生，出现所谓的破裂相分离行为。破裂相分离和材料破裂之间的唯一区别在于，前者形变是由相分离自身产生，而后者形变由外部施加载荷产生。机械破裂是破裂相分离中主要的粗化过程[29,33]。黏弹相分离向破裂相分离的转变可以视为共混体系在分相过程中由韧性破裂向脆性破裂的转变。Tanaka 指出，破裂相分离可看作是满足 $\dot{\gamma}\tau \gg 1$ 的黏弹相分离的一种特殊情况，此时 $\dot{\gamma}$ 为剪切速率，τ 为材料的最终松弛时间[33]。

2.4.2 剪切流动对相分离的影响

在过去的数十年中，聚合物共混物在静态平衡态条件下的相行为得到了广泛的研究[34]。然而，大多数实际应用的聚合物共混体系在加工过程中（例如注射成型和挤出成型）都要不可避免地经历剪切流场的作用。剪切流场诱导聚合物共混物相行为的变化以及对制品最终结构与性能的影响，无论从理论研究还是产业应用来说都具有重要的实际意义[35-37]。大量的研究结果表明，剪切作用可以显著影响聚合物共混物的相容性，甚至当剪切速率小于 $1s^{-1}$ 时仍可使共混体系的相行为发生改变。

与小分子混合物在剪切作用下有利于混合的情况不同，聚合物共混物在剪切作用下的相行为较为复杂。Hashimoto[38-42]、Wolf[43-47]、Higgins[48-52]等在剪切对二元聚合物共混物或溶液体系相行为的影响方面做了大量开拓性研究。对于具有部分相容性的聚合物共混物而言，剪切流动的作用主要是使体系的临界共溶温度发生改变。目前，剪切诱导相容和剪切诱导相分离的现象都有发现，前者通常指剪切流动使体系的分相区域缩小、相容区域扩大，而后者则相反。例如 Rangel-Nafaile 等[53]发现剪切作用使最高临界共溶温度改变的幅度多达 28℃，甚至在剪切速率低至 $10s^{-1}$ 时，就能造成 UCST 的显著改变。

当共混物中的组分在剪切作用下发生形变（如拉伸或取向）时，形变有利于提高两相的特殊相互作用，从而有利于焓的增加，其结果是改变两相的相容性；但同时，形变还可使体系的混合熵减小，不利于相容性的提高。因此，剪切作用改变相行为可视为焓和混合熵对吉布斯混合自由能贡献的竞争。对于剪切场下的共混物，Katsaros 等[54]认为在低温下，混合熵对两相行为的贡献起着主要作用，而高温下以焓的贡献为主。Mani 等[55-56]发现当剪切速率低于临界值时，分散相仅仅发生取向，只有高于临界剪切速率时体系才会出现剪切诱导相容现象。

另外，剪切场下体系的相分离通常还具有明显的各向异性[57]，这体现为速度、速度梯度以及涡流三个方向上体系可经历不同的相分离过程。Katsaros 等[58]的研究表明，剪切力作用下聚合物共混物的相行为还与所受到的剪切力的方向以及剪切速率有关：具有 LCST 行为的共混物在平行于流动方向上随着剪切速率的增加，其临界共溶温度有明显的增加，而垂直于流动方向上则未观察到同样的现象；但对于具有 UCST 行为的共混物，在平行于流动方向和垂直于流动方向上都观察到剪切诱导混合的发生。Hindawi 等[59]的研究也表明剪切速率对相行为具有重要的影响：在较低的剪切速率下，剪切导致相分离的发生；但当剪切速率超过某一临界值时，将发生剪切诱导共混物相容。我国学者通过控制聚合物共混物在注射成型过程中的工艺参数，成功观察到高剪切诱导共混物相容、低剪切诱导共混物相分离的现象。图 2-14 所示为通过极高压力将 PP 和线型低密度聚乙烯（LLDPE）共混物注射入模具型腔，然后施加低剪切往复应力作用直至样品完全冷却固化后，注塑样条从皮层到芯层的形态发展演化图。高压注射成型赋予共混物熔体高的剪切速率，在此条件下，不相容的 PP/LLDPE 甚至能形成近似均相的体系，两相相畴尺寸较小，难以明显区分［见图 2-14(a)］，随后在低剪切应力作用下发生相分离形成典型的两相形态，且相畴尺寸随剪切时间的增加而逐渐变大，表明相分离的程度逐渐增加［见图 2-14(b)，(c)］[60]。需要说明的是，该形貌是采用原子力显微镜的敲击模式观察得到的，图中颜色较深的为 LLDPE，较浅的为 PP。

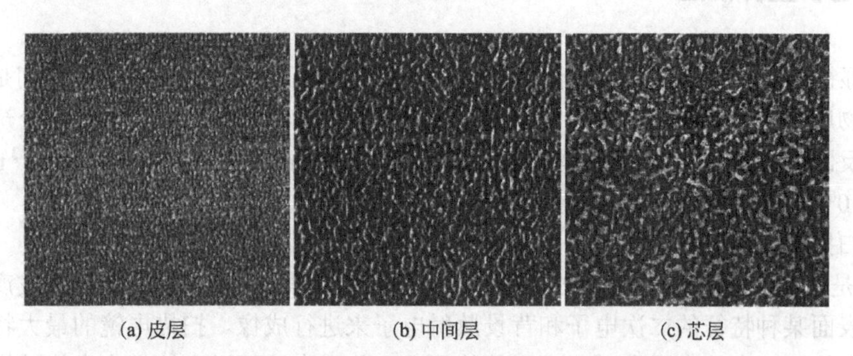

(a) 皮层　(b) 中间层　(c) 芯层

图 2-14　经高剪切注射和低剪切保压固化的 PP/LLDPE 共混物注塑成型样条从皮层到芯层的形貌发展演化

2.5　聚合物共混物相容性研究方法

从实验的角度来研究一个共混物的热力学相容性及相分离动力学，一般都基于分相后两相物理化学性质上的差异（例如折射率、玻璃化转变温度等），或在分相过程中的一些物理化学现象（例如吸热/放热、模量变化等）来进行。

2.5.1　浊度法

一般而言，均相共混物是透明的；非均相共混物由于各组分的折射率差异，可见光在穿过相区时会在两相界面处发生散射现象，导致共混物通常都是混浊的。一种热力学稳定的均相共混物，通过改变其温度、压力或组成，就能实现由透明到混浊的转变。这个转变点称为浊点，对应着相分离的起始点。上述现象并不一定是一种平衡过程，但是从温度-压力-组成做相反变化时乳白色几乎总是消失这一事实，有力地表明了这种转变的推动力是起源于热力学的。

2.5.2 光学显微镜法

相分离过程中，两相在折射率及密度上通常具有一定的差异，这种差异可以通过光学显微镜，包括透射光显微镜、反射光显微镜、暗场显微镜、偏光显微镜、相差显微镜和干涉显微镜进行直接观察，图像中明暗不同的部位可显示分散相的形态和相区尺寸的大小。光学显微镜的分辨率受光波衍射的限制，最多仅能提供微米数量级的形貌细节（约 200nm），相当于最高放大 1000～2000 倍。聚合物材料的结构尺寸大部分落在该尺寸范围内，例如部分结晶聚合物的结晶形态、共混或共聚物的微相结构、薄膜和纤维的取向结构、复合材料的多相结构以及聚合物液晶态和织态结构，等等。此外，光学显微镜法在聚合物材料的各种仪器分析方法中最为简单，具有价格低廉、形貌分析较容易等优点，因此其应用相当广泛。

2.5.3 电子显微镜法

电子显微镜主要指扫描电子显微镜（SEM）和透射电子显微镜（TEM）。它们是利用电子束射线与物质的相互作用来对物质的组成和表面形貌进行观察。电子显微镜的分辨本领与所用波长成反比。波长愈短，分辨本领愈高。100 万电子伏特的电子波长约 1.0×10^{-13} m，约为可见光的 $1/10^{6}$，这样的电子显微镜能直接得到零点几纳米的分辨本领。

（1）扫描电子显微镜（SEM）

SEM 是利用聚光镜汇聚后形成的细聚焦电子束在试样上逐点扫描，通过激发产生的能够反映试样表面某种特征的二次电子和背景散射电子来进行成像。扫描电镜的最大特点是焦深大、图像立体感强，特别适合于表面形貌的研究。扫描电镜可以直接观察大块试样，放大倍数范围广，从十几倍到 2 万倍，几乎覆盖了光学显微镜和 TEM 的范围。同时，SEM 制样简单、样品的电子损伤小，这些方面优于 TEM，是聚合物材料形貌分析的重要手段之一。进行测试时，先将试样表面进行适当的处理，如磨平、抛光等，试样用真空法喷涂上一层 20nm 的金或其他适用的金属薄层，以防止在电子束中带电。这种方法避免了复制法中常常遇到的复制技术上的困难。SEM 法主要是用于对样品断裂面和表面的表征。

（2）透射电子显微镜（TEM）

TEM 是利用透过试样的电子进行成像，其基本构造与光学显微镜相似，主要由光源、物镜和投影镜构成，其分辨率与加速电压有关系，最高可达 0.1～0.2nm 左右。由于电子射线的穿透能力很弱并且试样通常很小，一般需要制备聚合物的超薄片试样，主要有薄膜浇铸法、复制法和超薄切片法等制备方法。

电子显微镜法可用于聚合物结构的半定量分析，以获得有关粒子尺寸、形状、分布、体积比和其他特性的近似数据。当然，进一步的定量数据可由分析大量的形貌图来获得。值得指出的是，对于超薄切片中粒子的真实半径，只有当切片正好切在粒子的赤道平面时才能观察到。显然，厚度为 50nm 的切片，对一直径为 2μm 的粒子任意切割，是不大可能切在赤道平面上的。Holliday 曾建议把观测到的平均直径乘以 4/π以消除这一误差。但应当注意的是，切片不可能无限薄，所以误差的大小随粒子尺寸对切片厚度之比的减小而减小。

2.5.4 玻璃化转变温度测定法

确定聚合物共混物的相容性或共混物的部分相容性，最常用的方法是通过测定共混物的玻璃化转变温度（T_g），并与组成共混物的均聚物的T_g相对照来进行判别。简单的均聚物和无规共聚物尽管在精细测定的情况下也存在一个或多个次级转变，但只表现出一个主要的T_g。热力学相容的聚合物共混体系，同样也只有一个T_g，其值介于两共混组分的T_g之间，且与两组分相对体积含量成正比。这说明两种聚合物完全达到分子级的混合，形成均相体系。当两种热力学不相容的聚合物共混时，形成了两相体系，则两相分别保持原组分的T_g。

大多数共混物、嵌段共聚物、接枝共聚物以及互相贯穿聚合物网络都呈现出两个主要的T_g。若两种聚合物部分相容时，随具体条件的不同可以看到有两个或三个玻璃化转变区。两个玻璃化转变区对应于两相，其中每一相内都由两种相混的聚合物中的一种聚合物占据优势。当相互混溶的程度较小时，聚合物共混物的玻璃化转变区与相混前各原组分的玻璃化转变区相吻合，呈现与均聚物相似的T_g。当共混物部分相互混溶时，体系中两相的每一相都是一种聚合物在另一种聚合物中的溶液。在这种情况下，聚合物共混物的各个玻璃化转变区相互靠近，即T_g与共混前相比变为相互靠近。位移的大小取决于两组分的比例关系。当共混物两相存在较强的相互作用，即混溶性较好，但又不能形成完全的均相体系时，共混物两组分分子链在界面区域相互扩散，形成较厚的界面层（或过渡区域），此时界面层亦呈现较为明显的玻璃化转变，即出现第三个T_g。

可用表征松弛性质与温度关系的各种方法来测定聚合物的T_g。常用的有动态力学法（DMA）、介电松弛法（DRS）、差示扫描量热法（DSC）、核磁共振法（NMR）等，其精度取决于混合方法和所选择的测定方法。

2.5.5 散射法

散射法是利用体系对不同波长辐射的散射，测定体系内部某种水平上的不均匀性，以此推断共混体系混溶性和分散程度的方法，包括可见光散射、小角 X 射线散射和小角中子散射。物质中存在某种不均匀结构，可引起相应的散射。例如，介质折射率的涨落，引起可见光散射；介质电子密度的涨落，引起 X 射线散射；在中子散射时，基本的散射体是原子核而不是电子。中子散射在聚合物中的应用主要是根据氢（H）原子和重氢（D）原子对中子散射的振幅差别很大而进行的，当体系中不存在 D 原子时，则往往需要对某一相实施氘代修饰。尽管引起这三种散射的辐射和结构因素不同，但从它们都是体系的不均匀结构对某种辐射的散射的角度出发来考虑，则这几种散射的本质是相同的，其理论分析和试验数据的处理方法也是相似的。

用于检测聚合物共混体系相结构的光散射原理如下：光散射对于区域尺寸大于 50nm 相当敏感，所以其测得的相容性是分子尺度上的相容，而对于不相容的体系，则可获得表征体系分布均匀性等信息。当一束光与一非均匀物质相接触时，该物质会使光偏离原入射方向射出，这即为光散射现象。对于均匀体系，光只能沿着折射光线方向传播，光朝各个方向散射是不可能的，这是因为光通过光学均匀的介质（即折射率到处一样）时，介质中偶极子发出的次波具有与入射光相同的频率，并且偶极子之间有一定的位相关系。它们是相干光，在跟折射光不同的一切方向上，互相抵消，因此为了能够散射必须有能够破坏二次波干涉的不均匀结构。在激光散射实验中，如果仅考虑散射光强及其对散射角度的依赖性，这种散射称为弹性光散射。图 2-15 给出了散射过程示意图，散射波的振幅由式（2-26）给出：

$$E(q) = E_0 \sum_{n=1}^{N} f_n \exp(iqr_n) \tag{2-26}$$

式中，E_0 为入射光的振幅；f_n 为单个粒子散射能力；r_n 为散射元素在选定空间坐标中的位置；i 为虚数单位；q 为散射矢量，$q = \frac{4\pi}{\lambda_m}\sin\frac{\theta}{2}$；$\lambda_m$ 为入射激光在样品中的波长；θ 为散射角。

由式（2-26）可看出，f_n 及 r_n 是描述散射物体结构的参数，这样在分析散射大小的角度依赖性基础上，即可给出散射体的结构信息。但是，通常从实验中得到的数据是散射强度 $I(q)$，而不是 $E(q)$。不过，它们两者间存在以下关系：$I(q) \propto E(q)E(q)^*$［其中，$E(q)^*$ 是 $E(q)$ 的共轭复数］，所以实验中仍可间接地获取结构方面的信息。

Debye 给出了散射强度 $I(q)$ 与结构因子 $S(q)$、形状因子 $P(q)$ 之间的关系：

$$I(q) = C_0 V_p P(q) S(q) \tag{2-27}$$

式中，C_0 为常数；V_p 为分散相体积分数；$P(q)$ 描述单个粒子的散射，其依赖于粒子的几何尺寸；$S(q)$ 则描述由粒子间的干涉引起的散射：

$$S(q) = N^{-1} \sum_{j=1}^{N} \sum_{i=1}^{N} \exp\left[iq\left(r_i - r_j\right)\right] \tag{2-28}$$

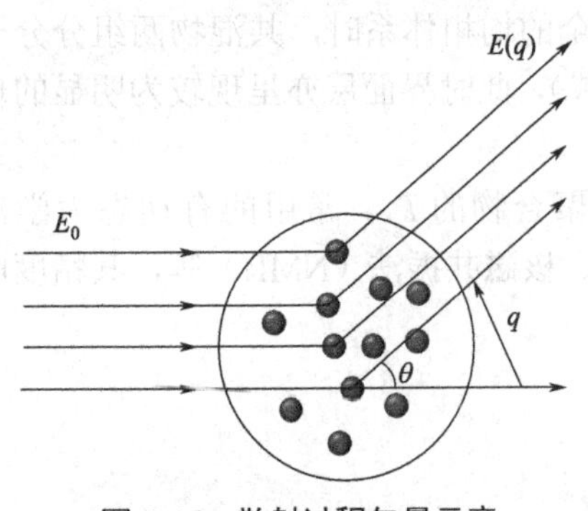

图 2-15　散射过程矢量示意

由此可知，描述一个体系的散射的主要任务就是确定其结构因子。目前有两种方法来分析体系的散射：一种是模型法，即假设粒子具有某种特定的形状，由该形状粒子的散射光强等于实验光强来确定粒子大小，主要用于球晶等晶体的计算；另一种是统计法，即描述散射体密度与取向或组成波动的相关函数。相比于模型法，统计法的适用范围更广，可用于描述不规则体系的散射现象。

2.5.6 动态流变学方法

2.5.6.1 流变学基本原理

当物体受到外力作用时，会发生流动与变形，产生内应力。流变学所研究的就是流动、变形与应力之间的关系。以小振幅振动剪切为例，假定给样品施加一个角频率为ω的正弦应变：

$$\gamma(t)=\gamma_0\sin(\omega t) \tag{2-29}$$

式中，γ_0为振幅。一种情况，如果材料是理想的弹性固体，应力与应变的关系可通过虎克定律来描述：

$$\sigma(t)=G\gamma(t)=G\gamma_0\sin(\omega t) \tag{2-30}$$

式中，$\sigma(t)$为t时刻的应力；G为模量。

对于虎克固体，应力和应变同相位，如图2-16（a）所示。

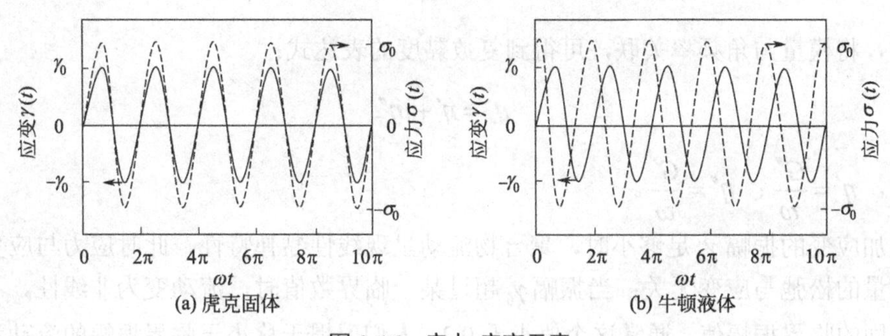

图2-16 应力-应变示意

另一种情况，如果材料为黏性牛顿液体，应力的变化与剪切速率相关，可通过牛顿定律来描述：

$$\sigma(t)=\eta\frac{\mathrm{d}\gamma(t)}{\mathrm{d}t}=\eta\gamma_0\omega\cos(\omega t)=\eta\gamma_0\omega\sin(\omega t+\frac{\pi}{2}) \tag{2-31}$$

式中，η为液体黏度；此时应力仍以角频率ω呈周期性变化，但应力和应变的相位差为$\pi/2$，即反相位，如图2-16（b）所示。

以上是两种极端情况，对高聚物及大多数材料来讲，则同时具有黏弹性特征。此时若施以一定的应变，应力和应变的变化具有同样的角频率ω，但二者既非同相位，亦非反相位，而是存在一定的相位角δ，其值介于0和$\pi/2$之间，

$$\sigma(t)=\sigma_0\sin(\omega t+\delta) \tag{2-32}$$

一般情况下，δ具有频率依赖性。由于应力随时间变化是一个与应变具有相同角频率的正弦函数，我们可将其分解成两个频率相同的正交函数，即一部分与应变同相位，另一部分与应变相差$\pi/2$：

$$\sigma(t)=\gamma_0\left[G'(\omega)\sin(\omega t)+G''(\omega)\cos(\omega t)\right] \tag{2-33}$$

式中，$G'(\omega)$为储能模量；$G''(\omega)$为损耗模量。

利用三角函数变换，可得如下关系：

$$\sin(\omega t+\delta)=\cos\delta\sin(\omega t)+\sin\delta\cos(\omega t) \tag{2-34}$$

将式（2-32）和式（2-33）联立，可以得到储能模量和损耗模量与相位角之间的关系：

$$G' = \frac{\sigma_0}{\gamma_0}\cos\delta \tag{2-35}$$

$$G'' = \frac{\sigma_0}{\gamma_0}\sin\delta \tag{2-36}$$

损耗模量和储能模量的比值为损耗角正切 $\tan\delta$：

$$\tan\delta = \frac{G''}{G'} \tag{2-37}$$

将储能模量和损耗模量分别看作复数模量的实部和虚部，则复数模量可表示为：

$$G^*(\omega) = G'(\omega) + iG''(\omega) \tag{2-38}$$

此外，将模量与角频率关联，可得到复数黏度的表达式：

$$\eta^* = \eta' + i\eta'' \tag{2-39}$$

其中，$\eta' = \dfrac{G''}{\omega}$；$\eta'' = \dfrac{G'}{\omega}$。

当施加应变的振幅 γ_0 足够小时，聚合物流动呈现线性黏弹特性，此时应力与应变呈线性关系，模量的松弛与应变无关；当振幅 γ_0 超过某一临界数值时，流动变为非线性。不同聚合物具有不同的临界振幅值，通常这个值小于 0.2。人们习惯于称小于临界振幅的流动为小振幅振动剪切流动。在小振幅振动剪切条件下，聚合物的内部结构不会因剪切而受到破坏。

2.5.6.2　流变学方法在表征共混体系相容性中的应用

聚合物流变学是联系聚合物微观结构、加工特性与宏观性能之间的重要纽带。对聚合物共混体系而言，由于相分离过程中导致的浓度涨落或界面张力可引起流变学参数的特殊响应，因而通过动态流变学方法研究聚合物共混体系相容性及相行为已成为流变学领域的重要研究方向。与其他方法相比，动态流变学方法具有其独特的优点，如线性范围内聚合物熔体结构几乎不受影响；对于两组分折射率相近的体系，如聚烯烃共混体系等，光学方法（显微镜、光散射等）受到限制，而流变学方法则更为敏感[61]；此外，动态流变学方法反映的是近宏观条件下的相行为，得到的结果较其他微观结构表征方法更具可靠性。

对具有临界相行为（LCST 或 UCST）的聚合物共混体系或者微相分离行为的嵌段共聚物体系，在临近相分离温度时，体系呈现显著的浓度涨落或界面张力，并具有明显的弹性本质，可引起体系内部附加应力的变化。因此，在小振幅振动剪切条件下，且在某一临界频率以下，某些流变参数，如储能模量 G'、损耗角正切 $\tan\delta$、复数黏度 η^* 等均随相分离过程中形态和结构的形成与发展呈现特殊响应，且偏离经典的线性黏弹理论模型。与均相聚合物体系相比，多相聚合物体系一般在低频区呈现出特殊的黏弹行为，表现为显著的附加弹性和长时间松弛峰的出现，以及时间-温度叠加（TTS）原理失效等，这均与界面形成及其慢松弛有关。在线性范围内，共混体系的相行为在流变学参数上有许多指纹特征，如低频区 TTS 失效、Han 曲线、Cole-Cole 曲线等的特殊变化[62]，通过这些低频末端行为的变化可以定性地确定共混体系的临界相分离温度，并作为分相与否的判据。此外，还可通过某一固定频率下温度扫描曲线的特殊变化，更为定量地确定相分离边界并计算旋节相分离温度[63]。如图 2-17 所示为共混物 PS/PVME（80/20）在不同测试温度下得到的 Cole-Cole 曲线（即曲线）。在 130℃测试时，曲线为半圆弧形状；当测试温度增加到140℃，在圆弧的末端（曲线右边）出现向上翘的情况，即拖尾现象；进一步降低测试温度，拖尾现象变得更加明显，甚至出现第二个圆弧。因此可以判断，共混物的相分离起始温度为140℃，且随温度降低相分离程度愈明显[64]。

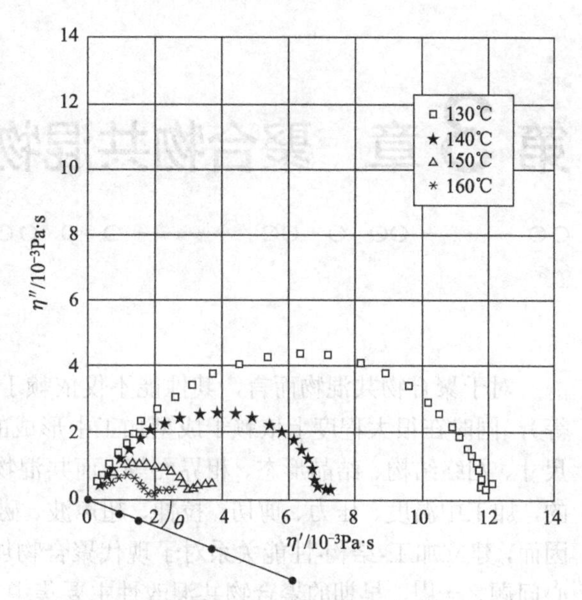

图2-17　共混物PS/PVME（80/20）的Cole-Cole曲线（$\eta''-\eta'$）对测试温度的依赖性[64]

表征共混物相容性的方法还很多，包括傅立叶变换红外光谱（FTIR）法、荧光光谱法和核磁共振波谱（NMR）法等，这些方法通过获得聚合物共混物组分间的化学特殊相互作用的定量信息，如氢键，从相互作用能的角度阐述共混物的相容性。具体细节可参阅相关专业书籍和文献[65]。

思考题

1. 什么是两种聚合物共混的先决条件？在什么情况下聚合物共混物会发生相分离？
2. 解释共混物发生相分离时为什么会存在亚稳相，对共混物制品的最终结构和性能有何影响？
3. 影响共混物相容性的因素有哪些？
4. 根据Huggins相互作用理论解释二元共混物相容性随共混物组分分子量增加而减小的原因。
5. 对于具有LCST行为的二元共混物，为什么升高温度会发生相分离现象？
6. 思考一般共混物的相分离与嵌段或接枝共聚物的微相分离在本质上有何不同。
7. 聚丙烯和聚乙烯的分子链均为碳-碳键，这两种聚合物的共混物相容吗？为什么？
8. 解释成型加工条件是如何影响共混物的相容性和相分离的。
9. 研究共混物的相容性的方法有哪些？各有何优缺点？

参考文献

第3章　聚合物共混物的形态结构

对于聚合物共混物而言，其性能不仅依赖于各组分的化学结构（链结构、分子量及分布等），同时在很大程度上依赖于成型加工中形成的凝聚态结构，包括相形态、相结构、形状、尺寸、网络结构、结晶形态、相界面等。而共混物的相形态、相结构是在共混加工过程中形成的，加工中温度、压力、剪切、拉伸、超声波、磁场等外场作用将对最终形态产生显著影响。因而，建立加工-结构-性能关系对于现代聚合物加工具有重要意义，也是聚合物共混改性的核心问题之一[1]。早期的聚合物共混改性主要集中于通过机械共混、共溶剂、乳液共混、共聚-共混以及各种互穿聚合物网络（IPN）等技术来调节共混物的微观结构与性能。近年来，在加工中有意识地引入某些特殊化学或物理的作用，加强对共混物形态结构的控制，设计制备出性能更为优良或具有特殊功能的聚合物共混材料已逐渐成为研究和发展的重要方向。

加工过程中最常见的外场作用为温度场与外力场，特别是外力场（包括剪切、拉伸、压力等）会改变体系原有的自由能，使体系处于热力学非平衡态；静态平衡条件下总结得到的多组分聚合物共混物的热力学理论及相行为规律往往会失效。因此，考察聚合物熔体相形态结构在加工流动场下的形成及演变过程，明晰加工外场作用下形态调控规律并最终达到“定构”的目标，是充分挖掘聚合物材料性能潜力的必要条件，也是发展新的成型方法和理论的重要基础之一[2]。20世纪60年代以来，国际上对聚合物在加工中的形态控制研究一直给予了高度重视。60～70年代主要研究对象为单一聚合物在常规加工过程中的形态控制；70～80年代以后注重于常用聚合物共混物相形态形成和演变规律以及单一聚合物材料在特殊加工条件下的形态控制；90年代以来，研究人员基于新型聚合物或发展新型加工技术，通过形成新形态及特殊形态，获得了具有独特性能或新功能的聚合物材料[3-4]。我国自20世纪90年代在这一领域的研究也逐渐兴起。近年来，国家自然科学基金委在“加工过程中聚合物材料形态控制”领域给予了高度重视，资助了多项重点和面上项目，研究内容涉及聚合物材料加工过程中的多个重要科学问题，包括在复杂加工外场作用下聚合物形态结构演化、形成规律以及聚集态结构的特点，不仅取得一系列理论成果，还发展了多种聚合物加工新技术，产生了良好的社会经济效益。

在共混物中最终形成怎样的相形态、相结构，是由聚合物共混体系的多相、多组分特性，以及共混加工过程中多种外场作用、多种工艺参数等复杂影响因素决定的。为了较全面阐述聚合物共混物形态结构的普遍特点和规律，本章将按照共混体系由简单到复杂的顺序，首先以组分最为简单的二元共混物为例，介绍二元不相容共混物的典型相形态及其特点，包括单相连续结构、两相连续结构、相反转行为的发生机制等；其次，引入结晶行为的影响，探讨含结晶组分二元共混物形态结构的特点；接下来从二元体系过渡到组分更为复杂的三元体系，阐明多组分共混物相形态的复杂性及影响因素；最后，鉴于“加工过程中形态结构调控”是目前聚合物加工的重要趋势，将分别介绍共混加工中影响相形态的因素、相形态结构调控加工新技术及其典型实例。

3.1 聚合物共混物的形态结构

3.1.1 共混物相形态的类型

聚合物共混物是复杂的材料体系，从组分物理性质的角度考虑，可分为多种类型，如根据二元共混物的组分是否具有结晶性，可分为非晶-非晶、非晶-结晶、结晶-结晶等三类共混物。类似地，也可基于组分的力学性质进行分类，从组分是强硬的或是柔韧的，可以分成四类：

① 分散相软（橡胶）-连续相硬（塑料），包括丙烯腈-丁二烯-苯乙烯三元共聚物（ABS）、高抗冲聚苯乙烯（HIPS）、PP/EPR 等，多为橡胶增韧塑料体系或具有优异抗冲性能的共聚物等。

② 分散相硬-连续相软，包括部分热塑性弹性体如苯乙烯-丁二烯-苯乙烯嵌段共聚物（SBS）和塑料增强橡胶体系。

③ 分散相软-连续相软，如天然橡胶与合成橡胶的共混体系。

④ 分散相硬-连续相硬，常见的为不同塑料的共混体系，如 PC/PE、PPO/PS 等。

在上述四种体系中，橡胶增韧塑料是非常重要的改性塑料品种，在社会生产、生活中有着广泛的应用，如汽车保险杠。而不同类型的共混物体系，其形态结构特征也会有明显差别。

聚合物共混物的形态结构类型丰富多样。当体积分数不占优势的某一组分分散在基体组分中，根据分散相的几何结构特点，可分为球粒状、椭球状、纤维/棒状、片层状、无规形状等相形态，如图 3-1 所示。分散相的几何结构，除了与两相间相容性、含量组成比、黏度比有关外，还受到加工力场作用的显著影响。比如椭球状、棒状、片层状结构，具有各向异性的结构特点，通常是由于加工中拉伸、剪切等力场作用使得分散相发生取向变形而形成的。所以，不相容聚合物共混物的微观形态可用相尺寸、相形状以及相取向等参数进行描述。而组分改变的一系列共混物中形成的相形态特点也会发生很大变化。例如图 3-2 中，由聚酰胺 6（PA6）和 PS 这两种不相容聚合物构成的共混物[5]，随着组分 PA6 的含量不断增大，体系的微相形态遵循从分散结构（PA6 分散在 PS 连续相中，也称为海-岛结构）、纤维相结构（拉长的 PA6 相区分散在 PS 的连续相中）、相互贯穿的共连续结构（PA6、PS 两相均形成连续相）再到分散结构（组分 PS 分散在组分 PA6 的连续相中）的转变过程。

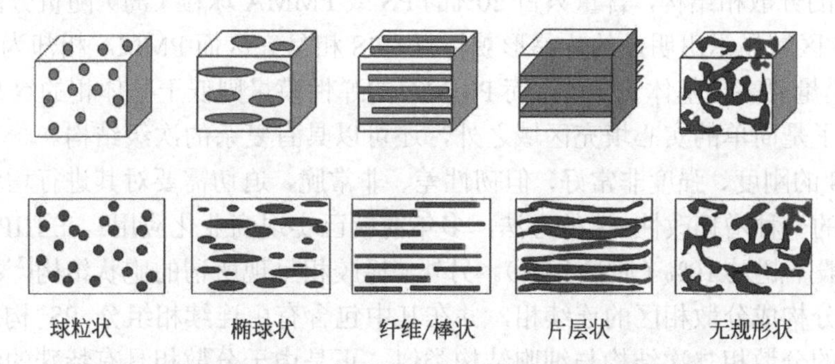

图 3-1 按分散相的几何结构特点对共混体系相形态进行分类

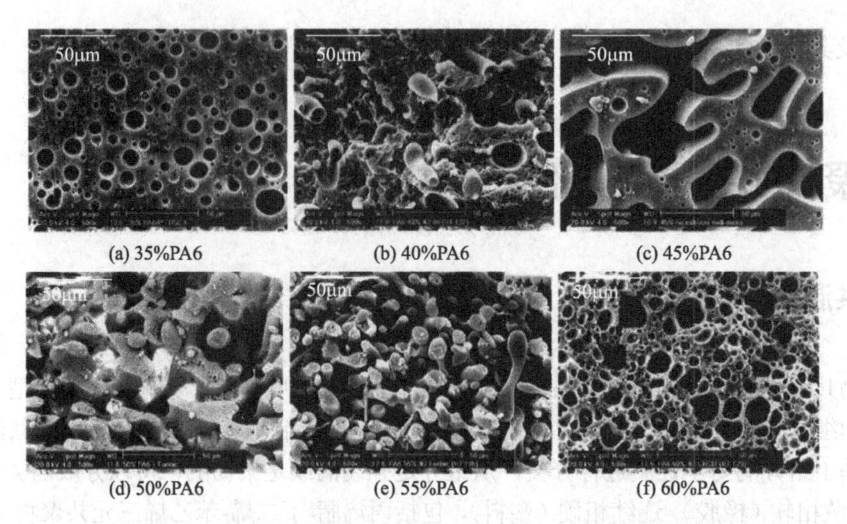

图 3-2 不同组成比的 PA6/PS 共混体系的相形态结构[5]

图（a）、（b）、（c）采用甲酸刻蚀掉 PA6 相、图（d）、（e）、（f）采用氯仿刻蚀 PS 相后经扫描电镜观察获得

另一种更普遍、更常见的形态结构分类方式，是基于相的连续性进行区分，可将各种相态结构分为：单相连续、两相连续、两相交错及互锁结构等几种类型。其中，单相连续结构还包括了分散相具有核-壳形、细胞状等特殊次级结构，两相连续结构则包括了 IPN 结构。除了这些常见的相形态类型之外，还有梯度型和阶跃型两种相结构，但是这两种类型目前比较少见。

下面就以不相容二元共混体系为例子，介绍几类典型的相态结构。

3.1.2 二元共混物的典型相形态

（1）单相连续结构（海-岛结构）

单相连续相形态特征的通常表现形式就是所谓的海-岛结构，即体积分数不占优势的聚合物组分作为分散相以多个独立相区随机、无规分散于基体组分中，基体组分就成了唯一的连续相。从相分离机理角度来说，海-岛型结构是遵循成核-生长模式形成的相态类型。在性能改性方面，海-岛结构非常利于实现增韧效果，例如橡胶增韧塑料共混物中就经常呈现出这种相结构。图 3-3 的原子力显微镜照片展现了不相容共混物高密度聚乙烯（HDPE）/PS 和 HDPE/PMMA 的分散相结构，含量只占 20%的 PS 或 PMMA 球粒（岛）随机分散在 HDPE 基体中[6]。HDPE 区域显示出明显的片晶形貌特点；PS 相呈亮区而 PMMA 相却为暗区，这是由于 PS 的弹性模量要高于基体 HDPE，而 PMMA 的弹性模量则低于基体相的缘故。

分散相除了是简单的实心填充区域之外，还可以具有复杂的次级结构。一个有趣的例子就是 HIPS。PS 的刚度、强度非常好，但韧性差、非常脆，迫切需要对其进行增韧改性。HIPS 就是非常成功的一种增韧改性 PS 的方法，多年前就已实现商业化应用。在 HIPS 中橡胶相的含量很低，一般不超过 10%（质量分数）。另外，橡胶相呈现所谓的胞状结构[7-8]，如图 3-4 所示，即橡胶组分构成分散相区的连续相，并在其中包含有由连续相组分 PS 构成的细小包容物，这种特殊的分散相二次结构与细胞结构类似。正是由于分散相具有特殊的细胞状次级结构，实际上增加了橡胶分散相的有效体积，确保了 HIPS 能够兼顾良好的刚性与韧性平衡。

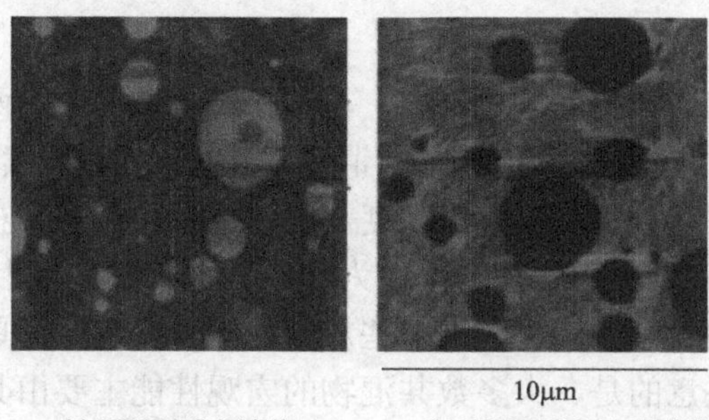

图 3-3 不相容共混物 HDPE/PS（80/20）和 HDPE/PMMA（80/20）中形成的海-岛型相形态[6]

（其中基体为 HDPE，亮的相区与暗的相区分别为 PS 和 PMMA）

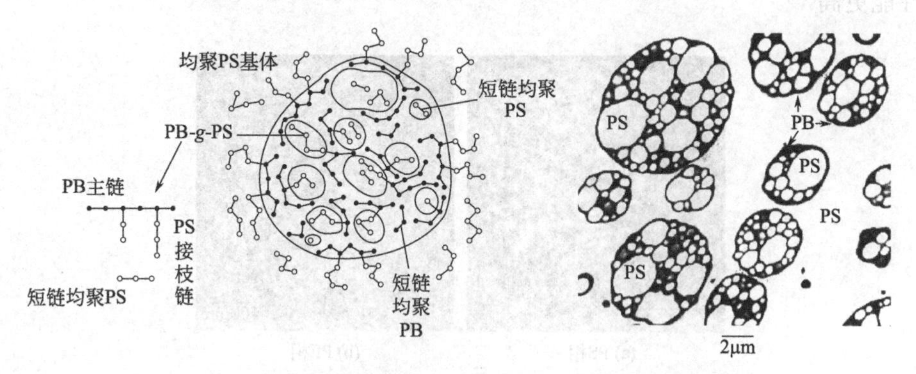

图 3-4 HIPS 的组成特点及其分散相次级结构特征[7-8]

（其中聚丁二烯接枝共聚物 PB-*g*-PS 含量为 6%）

反应性共混是聚合物共混改性的重要方法。反应性共混过程中通常会原位形成嵌段、接枝共聚物等新组分，共混体系的组成比、黏度比不断发生变化，可以获得许多特殊的分散相结构。例如，Koulic 等[9]将酸酐官能化的苯乙烯-异戊二烯二嵌段共聚物（PS-*b*-PIP-anh）与 PA12 反应性共混，原位生成 PS-*b*-PIP-*b*-PA 三嵌段共聚物，该共聚物在 PA12 基体中呈现核-壳结构特征，其中 PA12 为核、PIP 为壳，两层外壳中间为 PS 中间层，如图 3-5 所示。通过改变混合条件，壳层的厚度可以变得很薄，并且相区尺寸非常小，甚至可以达到纳米级。除了这种核-壳结构之外，还能够得到诸如多层界面结构、囊泡结构等在非反应共混中非常少见的分散相结构类型[10-11]。

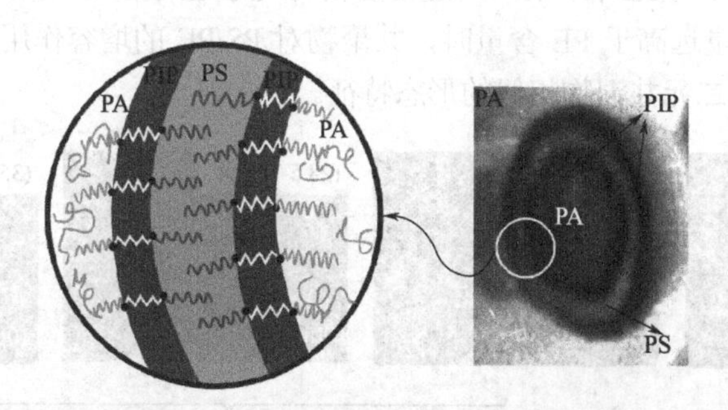

图 3-5 PA12/PS-*b*-PIP-anh 共混物经反应性共混在 PA12 基体中生成复杂的核-壳结构的 TEM 照片及其结构示意图[9]

（2）两相连续结构（双连续结构）

与只有一种组分作为连续相的情况不同，在两相连续结构中，两种组分的相区都是各自贯通的，难以区分哪一相是分散相，即成了所谓的双连续（或共连续）结构。对于不相容二元共混物，当两个组分的含量接近且彼此间黏度差别较小时，很容易获得这种双连续结构[12]。如图 3-6 所示，不相容共混物 PS/PE 在含量比为 50/50 时即呈现典型的双连续结构。具有两相连续结构特征的共混物的力学性能可以由一些加合法则公式进行简单预测，相关内容在第 5 章会有详细介绍。值得注意的是，大多数共混物的宏观性能主要由其中的连续相所决定。当共混物呈双连续结构特征时，两相结构彼此交织在一起，两组分都能很好地发挥作用，产生协同效应，因而有利于材料性能的提升或者在性能上呈现更有趣的变化，往往比加合法则所预测的性能更高[13]。

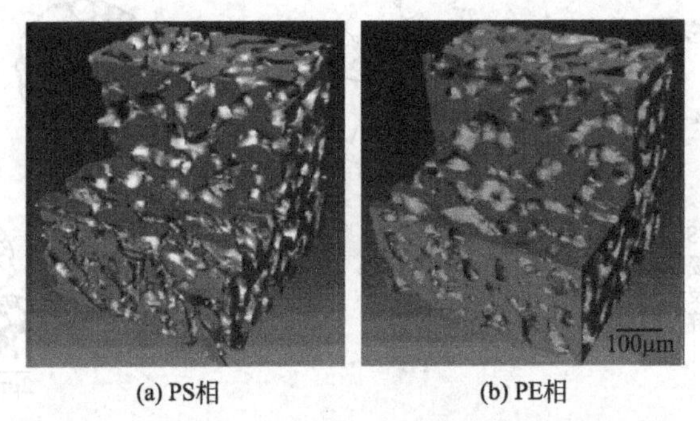

图 3-6　PS/PE 共混物（50/50）的双连续相形态三维示意图[12]

此外，两组分之间的相容性会对相区尺寸或相畴产生重要的影响，当相容性增加时会形成更为精细的两相结构。例如，对于 PS 和 SAN 的 50/50 共混物而言，尽管两种组分都成为连续相，但 PS 相区的连续性程度更高。特别地，由于 PS 与 SAN 是不相容的，两组分相分离程度明显，所形成的相区尺寸比较大。而加入了少量接枝共聚物 PS-*g*-PMMA 作为增容剂，增加了 PS 与 SAN 两组分间相互作用，尽管仍旧是两相连续结构，但相区尺寸显著降低，两组分间相互贯穿程度增加，形成了更为精细的双连续结构[14]。图 3-7 的例子进一步表明，通过调控两组分的相容性可实现对共混物微观相形态的有效调控[14-15]。如图 3-7 所示，以 PS-*b*-PE 嵌段共聚物作为 PS/PE（50/50）共混物的增容剂，随着嵌段共聚物中 PS 含量的增加以及 PE 含量的减小，其增容改性效果发生相应变化，呈现出好、中、差三种结果，共混物的相畴尺寸逐渐增大，相区结构变得越来越粗糙；当嵌段共聚物中 PS 含量远高于 PE 含量时，共聚物对 PS/PE 的增容作用就变得很微弱了，三元共混物呈现与未增容的二元共混物相似的形态特征。

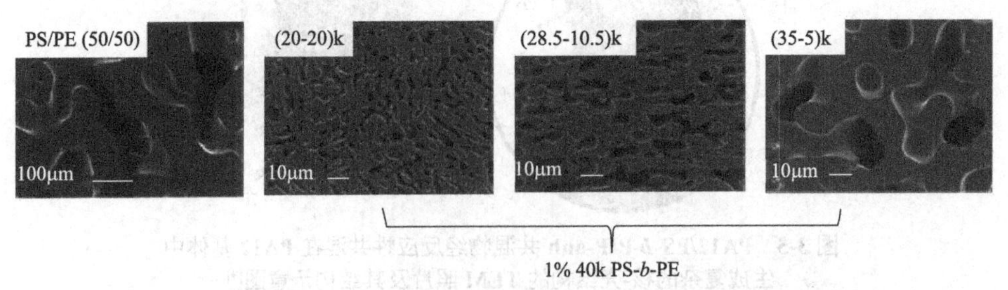

图 3-7　加入不同嵌段共聚物后 PS/PE（50/50）共混物相形态的变化趋势[14]

（图中数字代表嵌段共聚物中 PS 与 PE 的分子量）

在聚合物共混改性中，两相双连续结构引起了人们的极大兴趣。研究人员通过很多办法来获得双连续结构并调节双连续结构特征。通过组分设计、运用特殊共混方法可以进一步降低双连续结构的相畴尺寸，得到更为精细的相形态。Leibler 等[16]将 PA6 和带极性官能团的 PE 进行反应性共混，在共混过程中部分形成 PE-*g*-PA6 接枝共聚物，在 PE、PA6 及特定的共聚物含量下，所形成的双连续结构其相区尺寸是在纳米尺度范围内，形成了特殊的纳米双连续相形态。与纳米尺度海-岛结构相比，这种纳米尺度的双连续结构在力学性能上有着明显优势。

互穿聚合物网络（IPN）结构是两相连续结构的特殊形式，其定义是两种聚合物通过分子链网络相互贯穿并以化学键方式在不同组分中各自交联，即由两种聚合物网络高度贯穿、穿插构成的共混物体系。如图 3-8 中 NBR 和聚环氧乙烷（PEO）组成的具 IPN 结构的共混物中，相畴尺度达到了纳米级（白色 PEO 相区尺寸小于 30nm）[17]。而 IPN 与嵌段或接枝共聚物的区别在于不同聚合物组分之间不存在化学键结合；与常规机械共混物的差别在于聚合物组分内各自通过化学键形成交联网络，两种交联网络相互贯穿造成了混合状态。

而通过了解 IPN 共混物的制备过程，能进一步理解 IPN 的组成及结构特点。图 3-9 的示意图展现了 IPN 共混物的一种典型制备方法。通过溶剂溶胀方式向已存在的聚合物网络中分散另一组分单体小分子，在单体完全进入到聚合物网络后引发单体发生交联聚合，在原有网络中原位形成另一种聚合物网络，从而使得两种网络能够相互贯穿。需要注意的是，尽管两种聚合物网络是相互贯穿的，但在 IPN 内部，还是会在小尺度范围内发生局部的相分离，形成细微的相分离结构。由于相分离的发生，使得 IPN 内部不是分子级的完全均匀分散，而是在特定尺度上展现出分相结构，具有多尺度的结构特征，主要包括：①两种组分发生相分离而形成的细胞状结构，尺寸在 100nm 左右；②对“细胞壁”进一步剖析，可发现细胞壁内是由两种聚合物分子链相互贯穿形成更精细的网络结构，尺度在 10nm。IPN 共混物的相结构特点使其具有特殊的物理性质：如相区尺寸很小，通常在纳米尺度范围内，远小于可见光波长，因此 IPN 共混物通常具有很好的光学透明性；另一方面，由于两相组分相互贯穿、高度混合，使得共混物的玻璃化转变区域很宽，动态力学损耗峰非常显著，适合于用作阻尼、降噪材料。

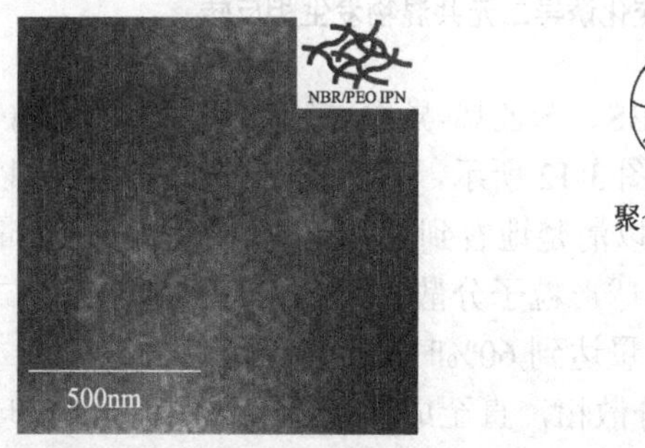

图 3-8　NBR/PEO 共混物中 IPN 结构的 TEM 照片[17]

（利用 OsO_4 进行染色，黑色区为 NBR 富集相，白色区为 PEO 富集相）

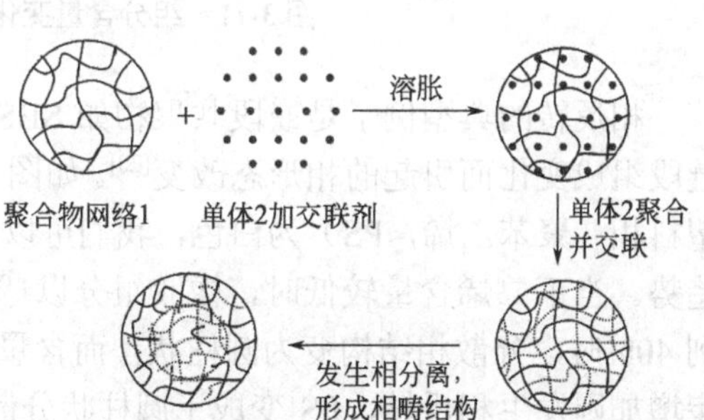

图 3-9　IPN 共混物的制备过程示意图

（3）两相交错及互锁结构

二元共混物的第三种相结构类型是交错及互锁结构。这类相结构的特点是两组分相区以层状形式进行交替排列，而每个相区都贯穿整个观察范围，使得无法区分哪一相是连续相、哪一相是分散相，与上面介绍的单相连续及两相连续结构类型都有明显差别。两相交错及互锁结构常在嵌段共聚物中形成，比如嵌段共聚物产生旋节相分离以及当两嵌段组分含量相接近时容易生成这种结构[18-19]，图 3-10 的 TEM 展现了一个两相层状交错结构的例子。而以嵌段共聚物为主要成分的共混物体系中也较容易形成这类相结构。

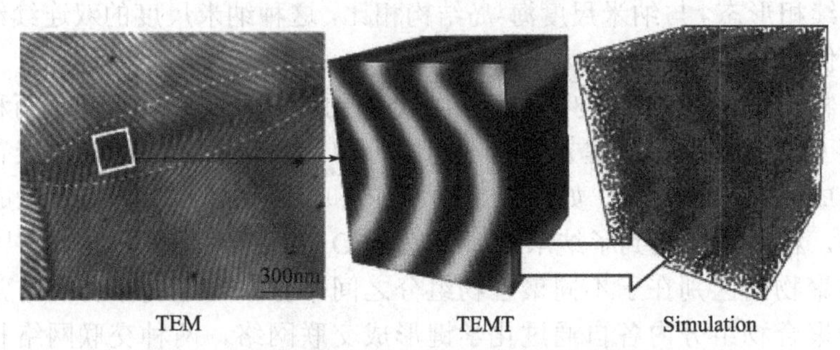

图 3-10　嵌段共聚物中形成的两相层状交错结构[18]

TEM—透射电镜形貌；TEMT—透射电子断层形貌；Simulation—模拟形貌

3.1.3　共混物的相反转行为

相反转（也叫相逆转）是聚合物共混改性的一个重要概念，其定义为共混物在一定组成范围、一定条件下发生相连续性的转换，原来的分散相组分变成连续相，相应的原来连续相组分则成为分散相的过程。图 3-11 中这组示意图显示白色组分和灰色组分随着彼此间含量变化而发生相反转的过程。在相反转组成范围内，容易形成两相交错、互锁或双连续结构。所以，相反转过程涉及了如前所述的几种相结构类型。

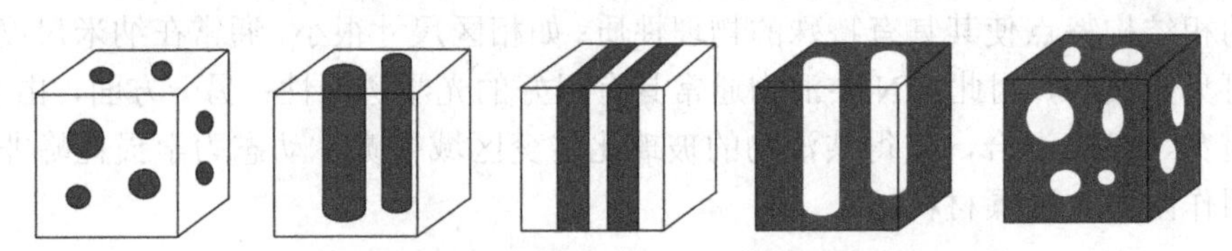

图 3-11　组分含量变化诱导二元共混物发生相反转

相反转的典型例子是嵌段共聚物如 SBS、苯乙烯-异戊二烯-苯乙烯共聚物（SIS）等由于链段组成变化而引起的相形态改变[20]。如图 3-12 所示，橡胶相（聚丁二烯，PB）以黑色表示，塑料相（聚苯乙烯，PS）为白色，我们可以清楚地看到 SBS 相形态随丁二烯含量高低的变化趋势。当丁二烯含量较低时，橡胶组分以球形粒子分散在塑料相基体中；当丁二烯含量增加到 40%时，分散相结构变为圆柱状；而含量达到 60%时形成交错层状结构；丁二烯含量进一步增加则发生相反转，PS 变成了圆柱状分散相，直至成为球形粒子。而当 PS 球形粒子分散在橡胶连续相时，是硬的塑料组分分散在软的橡胶基体中，就成了一种应用广泛、非常重要的多相聚合物材料——热塑性弹性体（TPE）。这是一类兼顾了橡胶和塑料性能优势的聚合物材料，既有橡胶的弹性和高韧性，又具有塑料的热熔融加工性，可以反复利用[21]。热塑性弹性体之所以会有塑料和橡胶的优点，是由其内部形成的微相分离结构决定的[22]。还是以 SBS 为例子，这一嵌段共聚物的链结构特点是两端 PS 段为硬段，中间 PB 段为软段。当 PS 含量

（质量分数）小于 15%时，相结构特点是 PS 球形粒子作为分散相存在于 PB 基体中。基体软相呈橡胶态，在室温下使用时提供高弹性；而 PS 硬相起到物理交联点作用，在高温下会熔融解开，提供加工热塑性。这样即使没有经历橡胶硫化过程，在室温下通过物理交联点也能构建类似橡胶的交联网络结构，而在高温下物理交联点热熔消除，像塑料一样能够被反复多次成型。

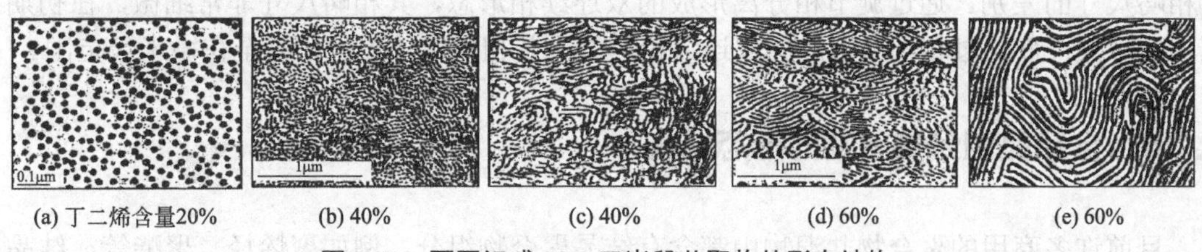

图 3-12　不同组成 SBS 三嵌段共聚物的形态结构

相反转可在聚合物共混改性中发挥重要作用，比如 PP/乙烯-丙烯-二烯烃三元共聚物（EPDM）的动态硫化加工。在图 3-13 的示意图中[23]，制备 PP/EPDM 动态硫化胶（TPV）的原料是 PP 和未交联的 EPDM，并且 EPDM 含量比 PP 高很多，是主导成分，在初始状态下 EPDM 是连续相、PP 塑料为分散相；而经过动态硫化过程之后，含量低的塑料成了连续相，高含量的 EPDM 则成了分散相；即便 EPDM 橡胶含量高达 80%，TPV 中 EPDM 仍作为分散相存在，因而可对 PP 起到很好的增韧效果。显然，在动态硫化过程中发生了相反转，其在优化结构-性能方面起到了关键作用。随之带来一个有趣的问题，即相反转在动态硫化过程中是怎样发生的呢？在动态硫化加工中有两种作用值得关注，一是 EPDM 支链中含有不饱和双键，能够被引发进行交联反应；二是加工中的剪切场对相结构的影响。由于 EPDM 相发生了交联，使得体系黏度会急剧增加，组分间的黏度比发生了显著变化，为相反转的发生提供了条件；而剪切外场破坏了初始 EPDM 相的连续性，使大块的橡胶区域或橡胶连续相破碎成为分散相，并且能使橡胶相区尺寸不断减小。正是由于交联和剪切外场的共同作用，使得体系的相对黏度和相区结构发生改变，诱导了相反转行为的发生。

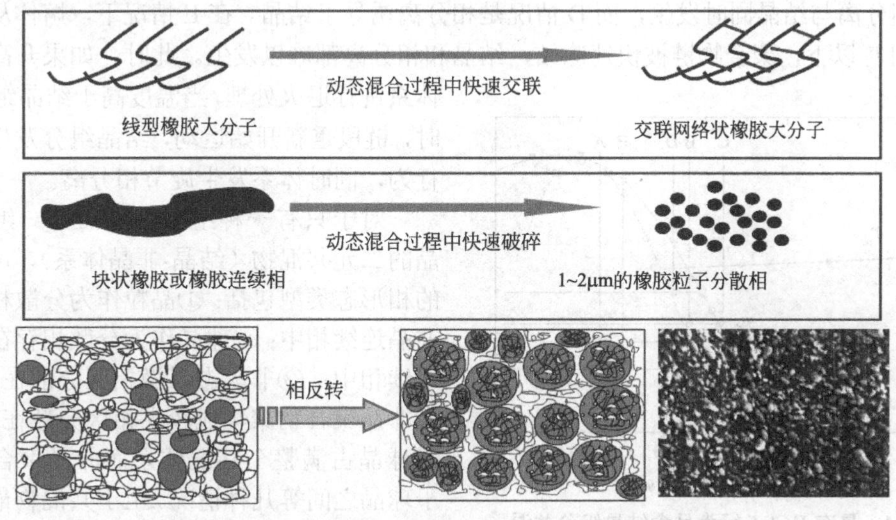

图 3-13　PP/EPDM 动态硫化胶（TPV）的制备示意[23]

需要强调的是，相反转与第 2 章提到的不稳定相分离（即旋节相分离），都涉及了双连续相形态，但两者形成双连续相形态的过程和结构特征是存在明显差别的，主要体现在：①发生机理不一样。旋节相分离起始于均相状态，由于冷却进入到旋节区，产生相分离；相反转是不相容共混物中的形态结构变化，是随着共混物组成比的连续变化而发生的。②适应的浓度范围不同。旋节相分离在很宽的组分范围中都会发生；而相反转常常限制在高浓度附近。③相畴尺寸的差别。通过旋节相分离形成的双连续相形态，其相畴尺寸非常细微，在初期甚至为纳米级；而通过相反转形成的双连续相形态，其相畴尺寸较大，甚至在微米级范围。

3.1.4　含结晶组分共混物的形态结构

目前许多商用的聚合物共混物中都含有结晶聚合物组分，例如聚烯烃、聚酯等，结晶行为对共混物形态结构必然会产生重要影响。理解结晶与相分离的关系，以及含有结晶组分共混物相形态的特点是非常必要的[24-25]。首先，通过含有结晶组分共混体系的相图来讨论结晶行为与相分离行为是怎样相互影响的。与非晶-非晶共混物的情况比较，这里所展示的相图（图 3-14）要更为复杂[26]。由于引入了结晶聚合物，相图中多了两条线，分别是结晶组分的玻璃化转变温度（T_g）线和熔点（T_m）线。T_g 线、T_m 线分别确定了能够发生结晶的下限温度与上限温度，即在 T_g 线和 T_m 线之间，能够满足结晶需要的温度条件。这是由于高分子结晶是与链段运动紧密相关的，当温度高于 T_g 时链段运动被激活，从而为结晶的发生提供了条件。聚合物发生结晶，除了满足温度条件外，还需要满足浓度条件，即组分要发生一定程度的相分离。双节线、旋节线划定了均相区、亚稳态区和不稳态区（SD 相分离区），在不同区域相分离发生的难易程度不一样。所以，当共混物经由图 3-14 中 A、B、C、D、E 几种途径从熔体冷却时，相分离和结晶发生的机制各不相同。A 情况中，熔体从均相降温至 SD 区（不稳态区），这时相分离能够自发进行，而且温度高于结晶组分 T_g 温度，所以在 A 点旋节相分离和结晶同时发生；在 C 情况中，降温到双节线上，体系处于亚稳态，相分离继续发生需要克服一定的能垒，而此处温度比结晶组分熔点低很多，结晶容易发生。结晶可扰动破坏体系暂时平衡状态，推动相分离进一步进行，所以在此情况下是结晶诱导相分离。类似地，可分析出 B 情况是双节相分离与结晶同时发生，而 D 情况是相分离诱导了结晶。在 E 情况下，熔体从高温直接降温到 T_g 以下，聚合物链被快速冻结，结晶和相分离都难以发生。此时，如果升高温度对体系进行退火处理，当温度高于结晶组分的 T_g 时，链段重新开始运动，结晶组分发生冷结晶行为，同时体系发生旋节相分离。

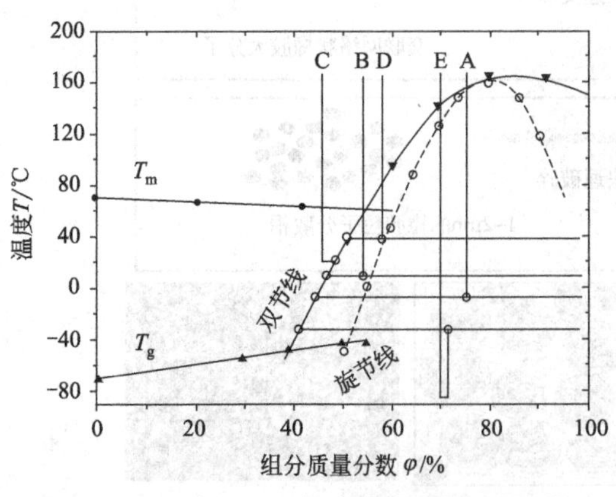

图 3-14　具有 UCST 行为且含结晶组分共混体系的温度-组成相图[26]

对于只有一种组分结晶而另一组分为非晶的二元共混物（结晶-非晶体系），可能存在的相形态类型包括：①晶粒作为分散相存在于非晶连续相中；②球晶作为分散相存在于非晶连续相中；③非晶态以微相区分散在球晶中；④非晶聚合物聚集成较大相区分散在球晶中；⑤球晶占满整个共混体系而非晶聚合物存在于球晶之间等几种情况。至于共混物最终形成哪种相形态，是受多种因素共同影响的结果，例如结晶和相分离的速度、晶体生长的速度以及非晶聚合物分子链的扩散速度，等等。而结晶热历史，是能够决定相形态的一种重要因素。图 3-15 展现了通过改变结晶热历史获得不同的共混物形态的过程[27]。在这个实例中，PP 和乙烯-辛烯共聚物（POEc）组成结晶-非晶共混物，其中 POEc 弹性体为非晶相，而共混物在 200℃下是相容的。将 200℃均相体系通过两种热历史进行结晶，并采用偏光显微镜观察 POEc 非晶相存在于 PP 球晶中的情况。条件 A 是从 200℃直接降温至 140℃，并在此温度下进行等温结晶；条件 B 是从 200℃先降温到 160℃，并在该温度下保持较长时间，然后再降温到 140℃进行等温结晶。两种热历史条件下，结晶和相分离行为是不一样的。条件 A 中，从 200℃直接降温到 140℃，结晶和相分离同时进行；而条件 B 中，当温度从 200℃降到 160℃并保温时，由于该温度非常接近于 PP 的熔点，过冷度极小，因而 PP 的结晶变得非常困难，此时体系只会发生液-液相分离，待进一步降温至 140℃时相分离继续进行并伴随着 PP 结晶。对于结晶和相分离同时进行的情况，PP 球晶中 POEc 的数量较少，并且 POEc 相颗粒尺寸细微；而在先发生液-液相分离再进行结晶的情况中，PP 球晶中含有大量的 POEc，且 POEc 相颗粒尺寸要大很多。由此可见，通过改变结晶热历史，可以在同一个共混体系中形成两种相形态：即非晶态以微相区分散在球晶中，或者是非晶态聚集成较大相区分散在球晶中。至于球晶之间的区域，在 A 情况下，球晶片晶之间聚集了大量的橡胶相，而 B 情况中橡胶相在球晶间聚集较多。

(a) 等温结晶伴随相分离

(b) 先液-液相分离再进行等温结晶

图 3-15 PP/POEc 体系的结晶和液-液相分离对相形态的影响[27]

相应地，二元共混体系中两种组分都具有结晶性（结晶-结晶体系），那么可能形成的相形态包括：①两种晶粒分散在非晶区中；②两种结晶组分分别形成晶粒和球晶分散在非晶区中；③两种组分生成不同的球晶；④两种组分共同生成混合型球晶；⑤原来结晶的两种组分均不发生结晶，如聚对苯二甲酸乙二醇酯/聚对苯二甲酸丁二醇酯（PET/PBT，50/50）共混体系。而结晶热历史对结晶-结晶共混物相形态同样会产生重要影响。图 3-16 为聚丁二酸丁二醇酯（PBS）和聚对苯酰胺（PBA）构成的结晶-结晶共混物在不同组成、不同结晶热历史条件下共混物相形态的特点[28]。对于两组分间相容性，纯 PBS 的 T_g 在-20℃左右，而纯 PBA 的 T_g 更低，接近-60℃。在整个共混物组成范围内，共混体系只呈现一个 T_g，并且共混物 T_g 是随着 PBS 含量降低单调递减的。除了可以从 T_g 判断组分间相容性外，晶体 T_m 的变化也能反映组分间的相容性，而共混物中 PBS 组分的平衡熔点是随着其含量的增加而单调递减。通过 T_g 和 T_m 变化趋势可以判断 PBS 和 PBA 是相容的，在熔融状态下两组分可以形成均相体系。并且需要注意的是，PBS 比 PBA 的结晶能力更强，PBS 可以在更高温度下发生结晶。

同样地，让 PBS/PBA 共混物在两种热历史条件下发生结晶。第一种条件是将均相熔体冷却到 75℃进行等温结晶，然后降温到 30℃。在 75℃下 PBA 不能够结晶，但却是 PBS 球晶成核-生长的适合温度，共混物被 PBS 球晶占满；当降温至 30℃后，PBA 在此温度下能够结晶，但由于空间已被PBS球晶占据，没能形成新的球晶，PBA结晶在已生成的PBS球晶中发生，形成了PBS-PBA两组分混合型球晶。第二种条件是将均相熔体冷却到100℃进行等温结晶，之后降到30℃。PBS虽然在100℃下还是能够结晶，但结晶速率变慢，球晶不能够占满共混物的全部区域；当降温到30℃，PBA能够结晶的时候，PBS球晶之间有足够空间让PBA生成新的球晶，所以这种情况下是两组分分别生成不同的球晶。通过细致的电镜观察可发现，在30℃下PBS球晶中，片晶簇甚至是片晶间生成了PBA的晶体，说明在100℃时熔融的PBA链不仅存在于PBS球晶之间，还存在于球晶中的片晶簇和片晶之间，进一步证明了PBS和PBA之间很好的相容性。为了方便直观理解，图3-16中还通过示意图总结了在不同热历史条件下获得的共混物结晶相形态的特点，即100℃→30℃两步结晶主要形成不同的球晶；而75℃→30℃两步结晶最终生成的是混合型球晶。

图3-16　不同组成和结晶热历史对结晶-结晶共混物（PBS/PBA）相形态的影响[28]

3.1.5　三元共混物的复杂形态结构

在这部分内容中，将以三元共混物为例，阐述多组分共混物形态结构的复杂性，以及决定复杂相结构的热力学和动力学因素。对于三元不相容共混体系，一般至少存在两种分散相组分和三个不同的界面张力。这种体系的形态结构较为复杂，包括分离分散结构、堆栈结构以及核-壳结构等不同形式[29-30]，如图3-17所示，包括：①B和C各自独立形成相区，分别分散在基体A中，构成分离分散结构；②组分B完全包裹C，或者C完全包裹B，形成核-壳结构；③B和C不能完全容纳对方，B、C部分接触，成为堆栈结构。这几种相结构对应的实际共混物体系，例如：能够形成核-壳结构的是HDPE/PS/PMMA[31]，形成堆栈结构的共混物有PP/PS/SBS[32]，具有分离分散结构的共混物为PP/HDPE/PS[33]（这些共混体系均是第一组分为基体相）。

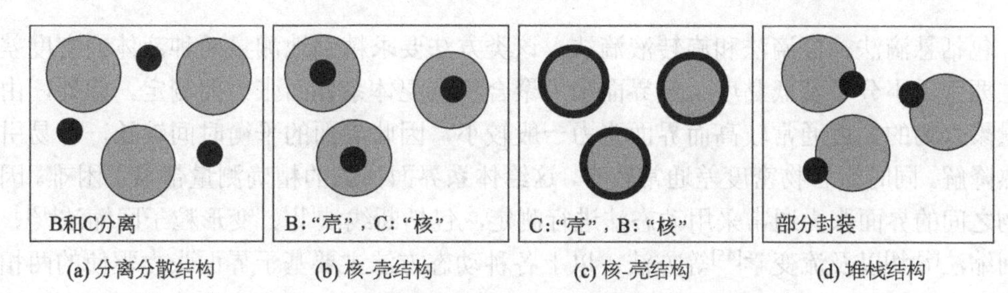

图 3-17　三元共混物 A/B/C 中的分散相形态示意图[29]

A 为基体相；B（灰色）和 C（黑色）为分散相

在某种三元共混物中会形成哪一种分散相结构，或者说三元共混体系的热力学平衡态对应哪一种结构，可以依据热力学条件进行理论预测。最常用的方法就是基于组分界面张力铺展系数来进行判定[33-34]。

$$\lambda_{ABC} = \gamma_{AC} - (\gamma_{AB} + \gamma_{BC}) \tag{3-1}$$

$$\lambda_{ACB} = \gamma_{AB} - (\gamma_{AC} + \gamma_{BC}) \tag{3-2}$$

$$\lambda_{BAC} = \gamma_{BC} - (\gamma_{AB} + \gamma_{AC}) \tag{3-3}$$

其中，λ 为三相体系的铺展系数；γ 为两相间界面张力。上述公式中，每一个铺展系数均表示某一相铺展到另外两相的界面处并形成连续的中间层的趋势。例如，λ_{ABC} 就表示聚合物 B 铺展到聚合物 A（连续相）和聚合物 C（分散相）的界面并形成中间层的趋势。如果聚合物 B 能完全润湿铺展聚合物 A 和 C 的界面，则 $\lambda_{ABC}>0$，而 λ_{ACB} 和 λ_{BAC} 均<0。

基于上述分析，三元共混物体系中两种分散相之间的堆砌（或分散）形态及相应的铺展系数主要存在四种情况，如图 3-18 所示。需要说明的是，图 3-18 中，聚合物 A 和聚合物 C 为分散相，聚合物 B 为连续相基体。通过总结可以发现，在核-壳结构中，其中一种分散组分的界面铺展系数要大于 0；形成分离分散结构，两分散相之间的界面张力要大于分散相与基体的界面张力之和；如果三种组分的界面铺展系数都小于 0，则共混物形成的是堆栈结构[33-35]。

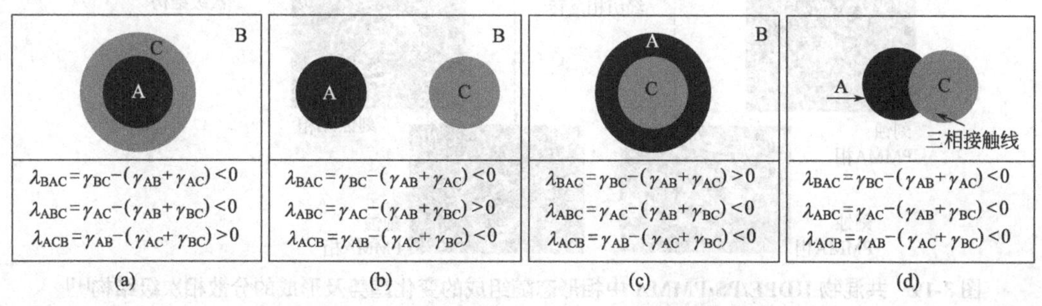

图 3-18　三元共混物形成各种相形态的热力学条件[33]

（A 和 C 为分散相；B 为基体相）

由于界面张力非常重要，研究人员已发展了许多方法来测定熔体状态下的界面张力[36-37]。目前测定不相容聚合物之间界面张力的方法可以分为平衡法和动态法两类[38-40]。平衡法主要基于作为回复力的界面张力与重力、旋转力等变形力相抵消时分散相液滴所取得的形状进行测定，包括悬滴法、停滴法和旋转液滴法。该类方法要求精确地测量两种液体的密度差。平衡法主要用于小分子及低黏度、低界面张力聚合物共混体系界面张力的测定。此外，由于高分子量聚合物的黏度通常较高而界面张力一般较小，因此界面的平衡时间较长，容易引起材料的热降解。同时聚合物密度差通常较小，这给体系界面张力的精确测量带来了困难。因此，聚合物之间的界面张力通常采用动态法进行测定，包括断线法[41]、变形粒子回缩法[42]、包埋纤维回缩法[43-44]以及流变学[45]等方法。以上各种动态方法主要基于界面张力驱使的两相界面松弛过程中界面形状随时间的改变或对应的黏弹响应。其中，动态流变法是利用小振幅往复剪切，快速、准确测定不相容共混体系界面张力的有效方法，近年来得到了快速发展，应用也越来越多。

除了核-壳结构、堆栈结构、分离分散结构这三种由热力学条件确定的相结构外，三元共混物中的分散相还可能具有复杂的次级结构。例如，对于以 HDPE 作为基体、PS 和 PMMA 为分散相组分的三元共混物，组分界面铺展系数决定了共混物结构是由 PS 组分包裹 PMMA 形成具有核-壳结构的分散相存在于 HDPE 基体中[46]。但是，随着 PS/PMMA 组分比例的改变，分散相内部结构会发生明显变化。图 3-19 的示意图及电镜照片表明[47]，在整个组分含量范围内，PMMA 都是被 PS 所包裹；当 PMMA 含量较低时，PMMA 是 PS 相区内的分散相；随着 PMMA 的含量逐渐增加，PMMA 相区尺寸增大，直至在 PS 相内成为连续相，即在 PMMA 相区内分散着部分的 PS 相。而最后所形成的这种分散相结构，即在分散相区中还形成了分散相，就是我们通常所说的次级包裹物结构，属于相中相结构类型。进一步研究还发现，HDPE/PS/PMMA 三元共混物中次级结构的形成及演变，与混合过程的时间因素相关，是受动力学条件控制的[31,47-48]。例如，通过 SEM 观察表明，延长共混时间可形成更多的次级包裹物结构；而随着退火时间的延长，次级包裹物结构的程度会逐渐减弱，直到最后完全消失，演变成为热力学稳定的核-壳结构（PS 组分为壳，PMMA 组分为核）。

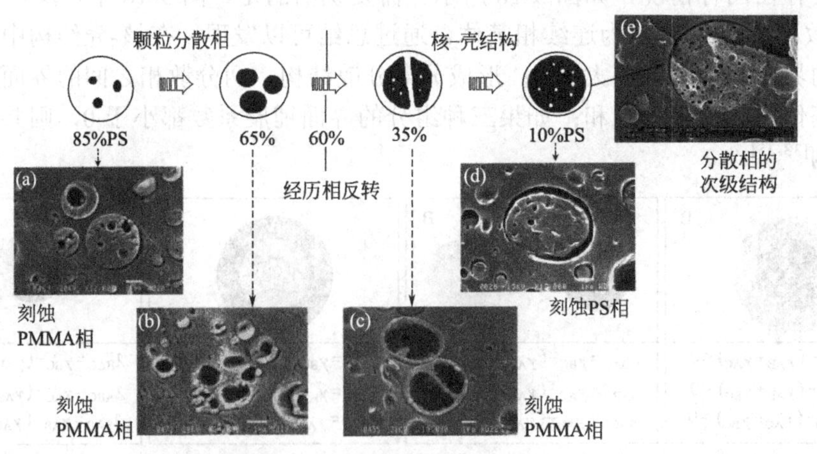

图 3-19 共混物 HDPE/PS/PMMA 中相形态随组成的变化趋势及形成的分散相次级结构[47]

3.1.6 共混物相形态的表征技术

由于很多共混物中分散相结构复杂，需要强有力的研究技术、先进仪器设备才能将其表征清楚。

透射电子显微镜（TEM）是表征复杂相结构常用的科研仪器。其原理是电子束穿透不同组分区域的能力不一样，使得不同区域呈现有差别的明暗度，从而达到区分不同组分区域的目的。在图3-20中使用TEM清楚地观察到了PP/PS/PA6和PP/PA66/离聚物三元共混物中的核-壳分散相结构[49]。但体系中组分、相态增多之后，很可能组分间、相区间的明暗差别不明显，这时就需要借助重金属离子染色技术，增强组分间、相区间的像差。例如，橡胶分散在塑料中，常常会将橡胶进行染色，以达到更好的观察效果。

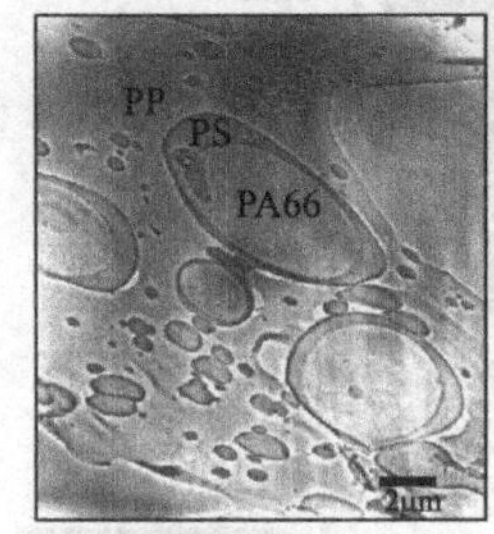

PP/PS/PA66 (60/20/20)

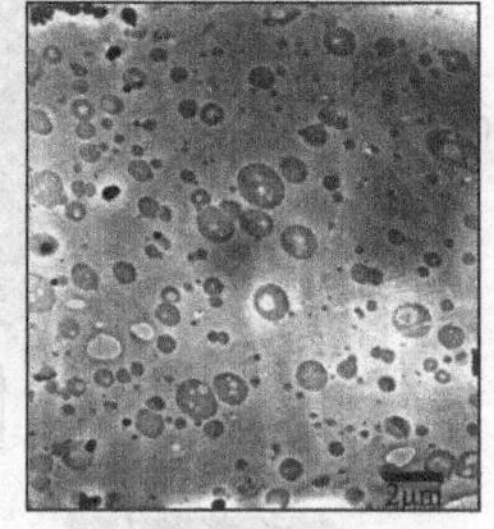

PP/PA66/离聚物 (80/20/5)

图3-20　TEM表征三元共混物的复杂相形态[49]

除了TEM之外，还有两种常采用的表面显微技术，即扫描电子显微镜（SEM）和原子力显微镜（AFM）。AFM是利用组分表面力学性质即软硬程度不同来区分不同组分区域的，而SEM则需要表面拓扑结构要有一定的高度差。通过SEM表征三元共混物相结构，需要采取特殊处理来提高像差。如图3-21中所示[50]，利用共混物中不同组分对电子束的抵抗能力不一样，可通过电子束刻蚀，在样品表面构造出不同组分区域的深浅差别，继而通过SEM进行观察；还可以采用特定试剂，将共混物中某一组分选择性刻蚀掉而保留其他组分，被刻蚀组分的原来位置会产生明显的孔洞或凹坑，即可通过SEM进行观察。所以，提高组分间、相区间的对比度及像差在很多时候是获得高质量实验数据的关键。

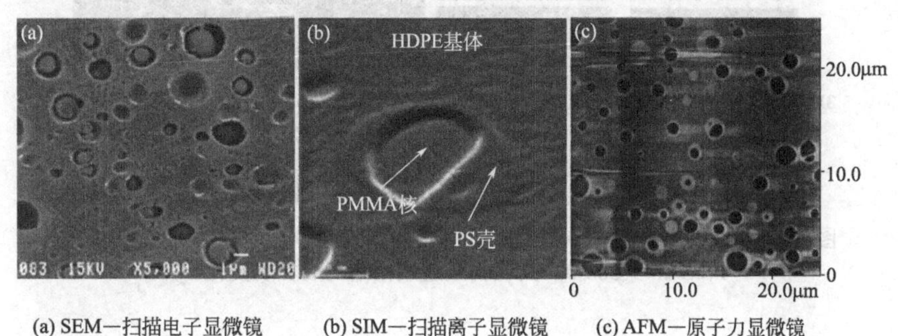

(a) SEM—扫描电子显微镜　(b) SIM—扫描离子显微镜　(c) AFM—原子力显微镜

图3-21　表面显微技术+选择性刻蚀辅助表征三元共混物［HDPE/PS/PMMA（80/10/10）］相形态[50]

但是，通过二维平面观察技术不能充分表现复杂相结构的所有特征。为此，研究人员又开发出了更先进、更精细的立体三维表征技术，以便更全面深入了解共混物相结构的特点及规律。Macosko等[12-51]运用CT断层扫描技术，沿着样品厚度（深度）方向获得一系列微观相形态电镜照片，利用特殊算法对图片进行转换处理，构建出共混物相形态的三维全息图像，如图3-22所示。三维全息成像技术还被应用于一些在线过程的相结构变化研究。例如，图3-23展现了PS/SAN（50/50）共混物在拉伸形变、剪切形变两种状态下双连续结构所发生的变化[52]。通过对比可以发现，在相近的外场强度下，拉伸形变使得双连续程度明显降低，而剪切形变下双连续特性得以大幅度保留，也就是说拉伸场比剪切场更容易破坏双连续结构。可见，先进的三维全息表征技术能够提供更多、更细节的结构变化信息。

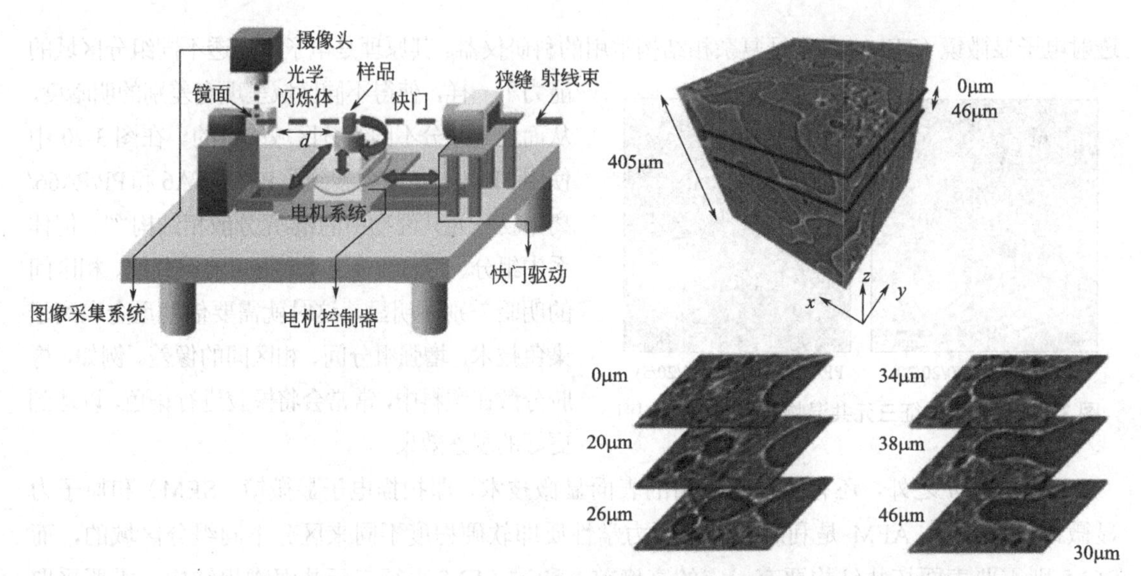

图 3-22　通过三维成像技术研究共混物相形态：PS/PE（50/50）共混物的 CT 全息图像[12]

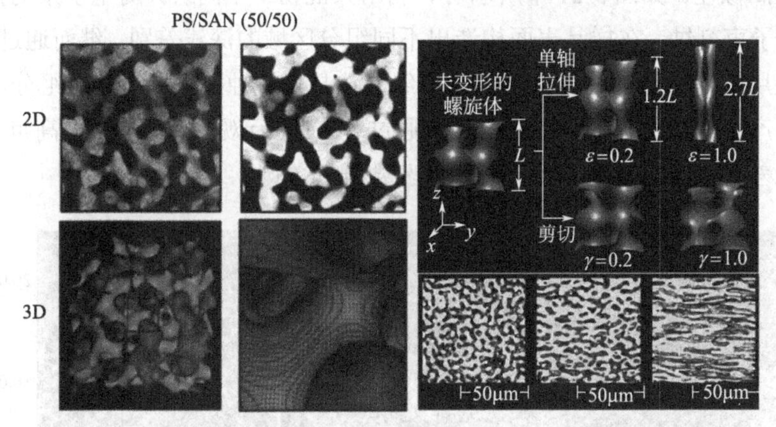

图 3-23　采用三维全息表征技术对比研究剪切、拉伸两种不同形变条件下 PS/SAN（50/50）共混物双连续相结构的发展变化[52]

3.2　加工中共混物的形态发展与调控

3.2.1　影响共混物相形态的因素

在加工流场下共混物的形态发展，界面张力、黏弹性和组成比例是几个重要的控制参数。此外，组分间相容性、聚合物的物理性质、加工温度、加工时间、共混次数、加料混合顺序、外场的类型及强度、共聚物增容剂和无机填料粒子、化学反应以及体系的受限程度也都会影响共混加工过程中不相容共混物的微观形态结构。在前面的阐述中，已对组成比、黏度比、剪切外场、聚合物结晶的影响作用有不同程度的涉及，这部分内容将对各种影响因素进行集中阐述。

（1）界面张力

界面张力可理解为当不同聚合物接触时，共混体系增加单位界面面积所需要做的功，其量纲为［功］/［面积］，即 N/m。在熔融共混时，界面张力的存在可驱使多相聚合物体系的微观结构朝界面自由能最小的方向进行演变。在共混的不同阶段，界面张力对共混物形态变化甚至有完全不同的影响。例如，增大共混组分间界面张力可以在一定程度上减小分散相的变形和破碎行为，但会加速多相结构的松弛及粗化过程。聚合物共混物体系的界面张力数值一般在 10^{-1}～10^{2} mN/m 之间，它与聚合物本身的性质（链结构、分子量大小及分布）、温度、压力等因素有关[53]。

（2）黏弹性

在流场中混合时，作用于分散相液滴上的剪切力是通过基体相进行传递的。因此，提高基体相的黏度或降低分散相的黏度通常可使分散相更容易变形、破碎，形成尺寸更小的分散体。但是，分散相的黏度也不是越小越好。当由体积相近的两种流体进行混合时，体系中熔体黏度较低的一相更倾向于形成连续相。典型的例子为在 HDPE/PA6（50/50）共混体系中没有形成双连续结构，而是形成海-岛结构，其中低黏度的 PA6 为连续相，高黏度的 HDPE 为分散相[54]。大量实验表明[55-57]，当共混体系的黏度比接近 1 时，体系往往能够获得较为精细的相结构以及良好的综合力学性能。这一现象被称为混合分散的“等黏度原则”。

熔体弹性对体系形态的影响则较为复杂[58]。Vanoene[59]最早指出，分散相液滴的变形除了与体系的黏度比和界面张力有关之外，还与聚合物的弹性密切相关。研究表明，分散相的弹性增大可使分散相在流场下更难变形和破碎[60]，而连续相弹性的增大则会使分散相更易变形和破碎[61]。熔体变形后的可恢复性可由弹性形变自由能来表征。为了评价熔体弹性对分散相液滴形变行为的影响，可将弹性形变的能量迭代入界面能中，对界面张力进行修正，如公式（3-4）所描述：

$$\gamma_{\mathrm{eff}} = \gamma_{12} + \frac{R}{6}\left(G_{\mathrm{d}} - G_{\mathrm{m}}\right) \tag{3-4}$$

其中，γ_{eff} 为有效界面张力；γ_{12} 为共混体系静止状态下的界面张力；R 为分散相粒径；G_{d} 与 G_{m} 分别为分散相与连续相储能模量。需要注意的是，在混合过程中剪切、温度、时间等工艺参数的变化以及组分间熔点的差异、材料的化学反应（降解、接枝或交联）都会导致组分的黏弹行为发生改变，从而影响共混体系的结构演变过程。

（3）组成比例

分散相含量的不断增加，其相形态会从液滴状变为纤维状再转变为连续相，并可能引发相反转。连续相和分散相之间的相反转过程通常是由共混加工过程中的黏度变化或流场所导致的。例如，Ziegler 等[62]讨论了聚二甲基硅氧烷/聚（二甲基硅氧烷-甲基苯基硅氧烷）［PDMS/P（DMS-ran-MPS）］共混物体系中组成的改变对体系相形态的影响，当两相组成逐渐靠近时，体系的结构从海-岛结构转变为双连续结构，共混体系剪切变稀行为对剪切速率的敏感性降低。从共混物黏度的剪切速率依赖性随共混组成的变化可以反映共混体系的相结构，并能确定形成双连续结构的组成范围。

在低剪切速率下，Paul 等[63]提出了一个基于组分零剪切黏度比 p_0 的相反转判据，可以用下面的经验公式进行描述：

$$p_0 = \frac{\eta_1}{\eta_2} = \frac{\varphi_1}{\varphi_2} \tag{3-5}$$

其中，$\varphi_1+\varphi_2=1$。因此，发生相反转时的体系组成为$\varphi_2=1/(1+p_0)$。这一模型及其改进形式仅考虑了体系的黏度比对相反转点的影响，其预测结果通常与实验值具有一定的偏差。实际上，界面张力、黏度的绝对值、相尺寸以及混合条件等都会对相反转组成产生影响。Willemse 等[64-65]将双连续结构看成是一个无规堆积的纤维聚集体，基于 Cross 经验公式以及纤维的最大堆积密度，提出了在流场下能够形成双连续结构的分散相最低体积分数的预测公式：

$$\frac{1}{\varphi_{\mathrm{d,cc}}}=1.38+0.0213\left(\frac{\eta_{\mathrm{m}}\dot{\gamma}}{\sigma}R\right)^{4.2} \tag{3-6}$$

其中，$\varphi_{\mathrm{d,cc}}$为在剪切速率$\dot{\gamma}$下能产生双连续结构的分散相的最低体积分数。研究发现，当基体的黏度不变而分散相的黏度变化时，$\varphi_{\mathrm{d,cc}}$与共混体系的剪切作用、界面张力以及分散相粒径有关，而与两相黏度比无关。

共混物相反转的组成还与共混组分的弹性比之间存在复杂的关系。熔融聚合物共混物大多是黏弹性流体，早期的研究只考虑了共混体系的组分黏度比的影响，而忽略了弹性的贡献。Favis 等[66]在研究 HDPE/PS 共混体系时发现，弹性较大的相更倾向于形成连续相。Favis 把组分的弹性模量或损耗正切作为相反转过程的一个重要参数，提出相反转判据为：

$$\frac{\varphi_1}{\varphi_2}=\frac{G_2'}{G_1'}\times\frac{G_1''}{G_2''}=\frac{\tan\delta_1}{\tan\delta_2} \tag{3-7}$$

式中，φ、G'、G''和$\tan\delta$分别代表组分的体积分数、储能模量、损耗模量和损耗角正切。Steinmann 等[67]研究了 11 种共混体系中黏度比和弹性比对相反转组成的影响，发现共混组分的有效弹性比对相反转组成具有显著的影响，同时有效黏度比和弹性比呈现幂律关系，很难单纯区分弹性比和黏度比对相反转组成的具体贡献。

（4）增容剂

不相容共混物的相畴粗化会导致其材料性能的劣化。特别地，对于完全不相容的共混物体系而言，如 HDPE/PA6 体系，由于两相界面上分子链的扩散程度很弱，因此界面就成为共混物的缺陷，共混物的宏观力学性能变得很差。通过加入增容剂（通常为嵌段或接枝类共聚物）来控制共混物的内部相结构，能够实现对宏观力学性能的调控。这类共聚物由于分子链上具有不同热力学性质的链段，在加入共混物中通常选择性分布在不相容两相的界面处，起到降低界面张力的作用，其增容效果与共聚物的单体组成、性质、嵌段分子量及对称性等因素有关。Macaubas 等[68]研究了 SBS 和苯乙烯-乙烯-丁二烯-苯乙烯共聚物（SEBS）两种共聚物对 PP/PS（90/10）体系形态及界面张力的影响。发现随着共聚物含量的增加，PS 分散相尺寸均逐渐减小，同时 PP 和 PS 的界面张力也逐渐降低。分散相尺寸与增容剂含量的关系可以用乳化曲线进行描述[69]：

$$\frac{R_{\mathrm{n}C}-R_{\infty}}{R_0-R_{\infty}}=\exp\left(-n_1C\right) \tag{3-8}$$

其中，$R_{\mathrm{n}C}$是共聚物浓度为C时分散相的数均半径；R_0是未加共聚物时的分散相数均半径；R_{∞}是一个常数；n_1是共聚物的增容效率常数。

Fortelny 等[70]认为增容剂对共混物相结构的影响可从三个方面进行综合考虑：①引起界面张力降低；②对颗粒破碎和凝聚的影响；③颗粒变化对界面的影响。例如，Ramic 等[71]研究发现 PEO-*b*-PPO-*b*-PEO 三嵌段共聚物的加入虽有利于 PPO 颗粒在 PEO 基体中发生破碎，但其对于抑制颗粒的凝聚则更为有效。颗粒凝聚动力学分析指出，嵌段共聚物抑制凝聚发生的机理主要是增大颗粒之间流体力学相互作用并降低颗粒碰撞、排膜、破膜的概率。由于嵌段和接枝共聚物分子结构的特殊性，在特定的条件下还可能会出现片层状、洋葱状、囊泡状等多种复杂形态结构。

（5）无机填料粒子

在聚合物产业应用中，无机填料粒子通常用来降低制品的成本、改善制品的力学性能，或赋予制品特殊的性能。将聚合物与无机粒子复合是获得高性能、功能化、低成本复合材料的重要途径之一。越来越多的研究和应用表明，对聚合物共混物而言，无机填料粒子还可以用来控制多相体系的微观结构[72-74]。

填料与不同聚合物组分之间相互作用差异所决定的填料选择性分布是影响不相容共混物相结构的重要因素。大多数的研究主要集中于无机粒子的加入对分散相在加工中的形变和聚集行为的影响机制[75-80]，而对含有无机粒子的分散相在加工流场下的结构演变却研究较少。Zhang 等[76]发现在 PA6 中加入少于 3%（质量分数）纳米黏土时可起到减小液晶聚合物（LCP）分散相尺寸的作用；而当黏土的含量增加到 5%～7%（质量分数）时，LCP 相在流场中则发展成为纤维状形态[77]。通过加入二氧化硅（SiO_2）可提高 LCP 分散相在 PP 基体相中的变形程度，从而更容易形成 LCP 纤维，其原因是 SiO_2 提高了 PP 相的黏度并改变了体系的毛细管数[75]。在 Wu 等[79]的研究中也发现，LCP 与 PC 的酯交换反应会被加入的纳米 SiO_2 阻止或减缓，从而有利于随后的 LCP 相聚集和成纤行为。Zhang 等[81]发现 SiO_2 对 PP/PS 共混体系微相形态的影响符合动力学增容机理[82]。无机粒子还可改变形成双连续相结构的组成范围，并对生成的相结构起到稳定作用[72,83]。Steinmann 等[72]考察了加入玻璃微球后二元共混体系 PS/PMMA 的相反转过程。由于玻璃微球选择性分布在 PMMA 相中，扩大了形成双连续结构的组成范围；并且，能够让双连续结构的松弛断裂过程大大减缓，增加了双连续结构的稳定性。

粒子填充不相容共混物体系可以用来制备一些新型的功能材料，例如导电聚合物材料[84-87]。如果在不相容的二元共混体系中加入炭黑粒子之后，共混物的两组分形成双连续相结构并且炭黑粒子在某一连续相中或两相界面处形成逾渗状态，即产生所谓的双逾渗效应，那么即使在很低的炭黑含量下也能够同时获得优异的导电性能和力学性能。总之，将无机粒子与聚合物共混物进行复合可进一步拓宽多组分聚合物材料的结构性能设计和控制的发展方向。但加入无机填料粒子将使得原本就很复杂的多组分聚合物体系在相行为、结构控制与性能优化等方面产生许多新的问题，特别是在加工流场条件下将使得问题更趋复杂，因此需要系统深入的研究工作来揭示多组分聚合物复合材料在流场条件和粒子/聚合物、聚合物/聚合物双重界面约束下的微观凝聚态结构演变规律，建立其微观结构、流变行为及宏观性能的关联模型。

（6）加工流场

施加拉伸流场被认为是最有效地实现多相流体均匀分散的手段。例如，体系黏度比（>4）较大时，任意大小的剪切流场作用（同时具备扭矩和应变速率特性）都无法将液滴破碎；而在拉伸流场下（只有应变速率特性），可将任意黏度比的液滴进行破碎[88-89]。因此，在设计混合设备时一般都尽量采取各种办法在混合过程中引入拉伸流场或加强拉伸流场的强度，以获得良好的混合分散效果。

剪切流场能够对共混物的纤维相结构起到稳定作用。Kang 等[90]发现在注塑成型模腔中较高的剪切速率可以抑制纤维的毛细不稳现象。Frischknecht[91]研究了相分离体系在外部剪切流动下条形相区的稳定性问题，发现剪切流动能够抑制流体力学的毛细不稳以及纤维相区抵抗弯曲扰动而导致的热力学不稳，使纤维相区的稳定性提高。Gunawan 等[92]则通过 Hurwitz 判据确定了剪切使纤维稳定的黏度比的范围。

在共混加工中分散相组分在温度场作用下变为熔融态，接着剪切场使得分散相发生变形，变形到一定程度后原来的大尺寸相区在剪切作用下破碎成小的颗粒；分散相尺寸减小、数量增加到一定程度，部分颗粒会碰撞发生融合，在剪切破碎与碰撞融合的竞争中，分散相尺寸达到动态平衡。分散相在剪切场中发生变形和破碎的难易程度，可以通过毛细管数进行评价。毛细管数定义为剪切应力与界面回缩张力的比值：

$$C_a = \frac{\dot{\gamma}\eta_m}{\sigma / R} \tag{3-9}$$

其中，剪切应力是由剪切速率 $\dot{\gamma}$ 乘以连续相黏度 η_m 得到，这是使分散相变形破裂的力；而界面回缩力则由两相之间界面张力 σ 除以分散相尺寸半径 R 获得，这是减小分散相表面积的力。所以，只有当毛细管数大于 1 时分散相才会产生变形，并且毛细管数越高，形变越容易发生。当毛细管数达到某一临界值时，分散相会破碎；对于不同共混体系，临界破碎毛细管数一般是不同的。共混体系的临界破碎毛细管数越大，越不容易发生分散相破碎。剪切作用停止后，变形的分散相会在界面张力的作用下发生松弛和回缩[93-94]。最终，部分变形液滴会回缩成球形状态，而另一部分变形液滴会破碎成更小的液滴，造成球形颗粒大小不一、尺寸分布很宽。是什么因素决定了取向液滴的结构松弛行为？液滴变形程度（长径比）对结构松弛行为起到重要影响。当长径比<9 时，小形变的液滴会回缩成球形大液滴；而长径比>60，细长的液滴会通过毛细不稳定机理破碎；处于中间长径比的液滴，则通过尾端回缩机理破碎。

剪切作用是诱发共混物发生相反转的一个重要条件。二元共混物是否会发生相反转，体系的组成比和黏度比需要满足一定的条件。可根据经验公式，预测组分体积比和黏度比在什么情况下会引起相反转，例如：

$$\frac{\varphi_{hv}}{\varphi_{lv}} = 1.2\left(\frac{\eta_{hv}}{\eta_{lv}}\right)^{0.3} \tag{3-10}$$

式中，φ_{hv} 为高黏相的体积分数；φ_{lv} 为低黏相的体积分数；η_{hv} 为高黏相的黏度；η_{lv} 为低黏相的黏度。

而聚合物熔体黏度会随着剪切速率改变而发生变化，有些聚合物对剪切敏感、有些聚合物则不敏感。这样就有可能让同一个共混物在某个剪切速率下不发生相反转，而在另一个剪切速率下则会发生相反转。

从分散相的角度来看，在熔体混合早期，熔融组分先在复杂的剪切和拉伸力作用下发生不断延伸和折叠，形成一些薄片结构；当这些薄片的厚度到达一定临界值时，界面张力导致的瑞利不稳现象会在薄片中形成孔洞甚至三维网络结构；而一种组分形成的网络结构是不稳定的，进一步混合时，剪切力和界面张力促使这些三维的网络破碎成一定形状和尺寸的粒子或条状结构成为分散相。聚合物分散组分从毫米级的固体颗粒到微米级分散结构的混合过程中形态演变趋势可以用图 3-24 来表示[95]。此外，图 3-25 从共混物整体角度清楚说明了组成比和黏度比在熔融共混过程中是怎样影响共混物相形态的发展[96]。如图 3-25 所示，假设聚合物 A 的熔点低于聚合物 B，则在熔融共混的开始阶段，聚合物 A 先熔融形成连续相，聚合物 B 则以颗粒的形式分散在聚合物 A 中；随着温度增加，当聚合物 B 熔融时，共混物形态的进一步发展依赖于组分含量和黏度比：如果聚合物 B 的含量小于聚合物 A 或者聚合物 B 的黏度比聚合物 A 高，则聚合物 B 继续作为分散相存在，并且其相区尺寸不断减小，直至达到平衡；反之，如果聚合物 B 的含量大于聚合物 A 或者聚合物 B 黏度比聚合物 A 低，则熔融共混过程中发生相反转，聚合物B成为连续相而聚合物A变为分散相。

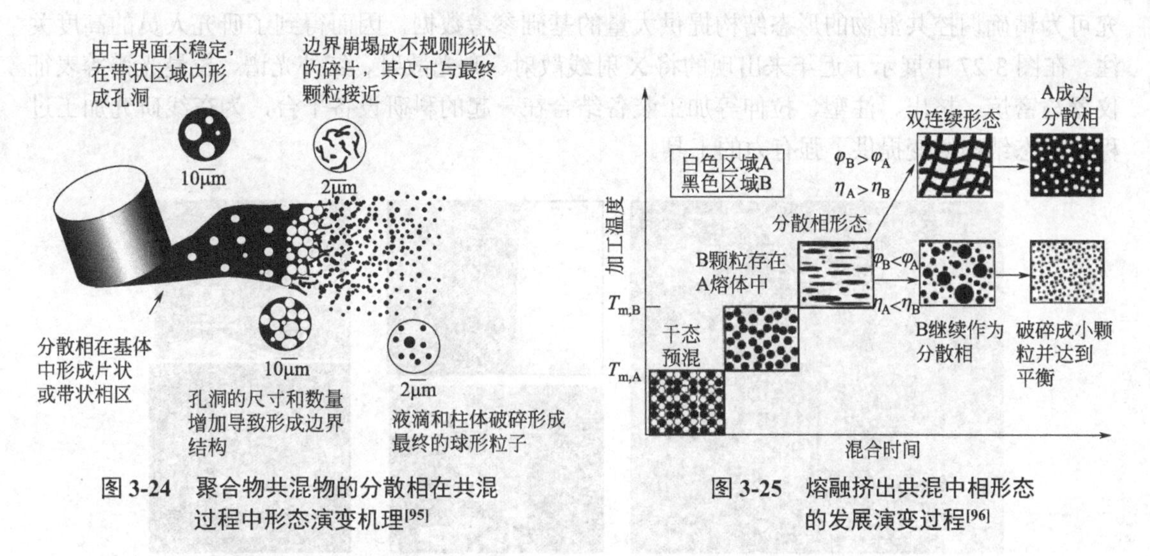

图3-24　聚合物共混物的分散相在共混过程中形态演变机理[95]

图3-25　熔融挤出共混中相形态的发展演变过程[96]

3.2.2 加工过程中共混物形态调控新技术

熔融挤出是实现共混改性的主要方法。挤出与其他加工方式一样，都是"黑箱"操作过程，把物料投进去，挤出加工完成后只能得到共混物最终的形态，而在挤出共混过程中形态结构是如何发展演变的，则完全不知道。这对于理解形态结构的形成机理，阐明加工外场对形态结构的影响规律，并最终实现形态结构的精确调控，带来了极大难度。为了跟踪挤出过程中形态结构的变化，可以在挤出各个阶段把物料从挤出机中取出，冷却冻结，通过电镜观察共混物相结构并统计相区尺寸及其分布，如图3-26所示。但这种离线结构表征的方式效率低、不及时、准确性差，能提供的有用信息较少。

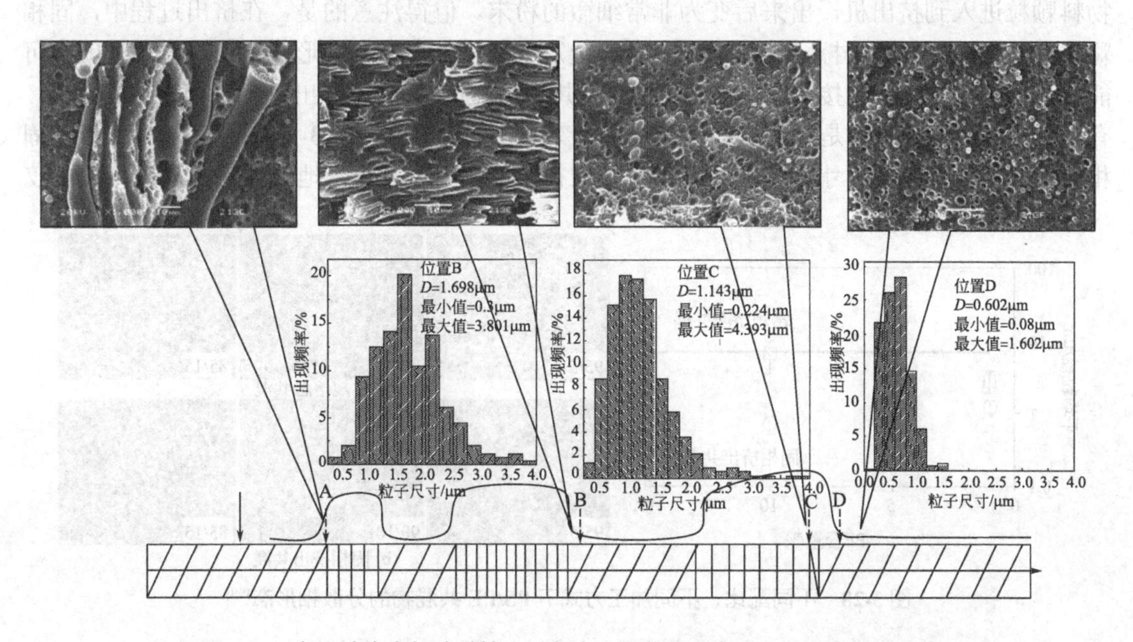

图3-26　离线结构表征熔融挤出过程中共混物相形态变化与相区尺寸分布

随着科技水平的进步，越来越多的先进科研仪器被开发出来。开展共混加工在线结构研究可为精确调控共混物的形态结构提供大量的基础参考数据，因而得到了研究人员的高度关注。在图3-27中展示了近年来出现的将X射线散射、激光散射、红外光谱、拉曼光谱等表征仪器与密炼、挤出、注塑、拉伸等加工装备结合在一起的科研设备平台，为在线研究加工过程中形态结构演变提供了强有力的工具。

图3-27 加工过程中聚合物材料形态结构的在线表征平台

更为重要的是，实现加工过程中的形态结构调控需要依靠发展加工新技术、新装备。因为新的加工技术装备可以提供比传统加工设备更强的外场作用，或者引入特殊的加工外场形式，为影响、改变形态结构提供更多的、更有效的方式。下面将会列举一些国内外采用加工新技术、新装备对共混物相形态进行调控的实例。

常规的挤出过程都是在熔融状态下进行的。而所谓的固相挤出技术是通过特殊机械设计，使得挤出过程能够在固态、半固态下完成[97-98]。在此过程中实现了固相剪切粉碎的效果，即物料颗粒进入到挤出机，出来后变为非常细微的粉末。值得注意的是，在挤出过程中，固相颗粒之间会进行强力摩擦，使得部分聚合物链发生断裂，在链末端形成自由基，这样就有可能将两种聚合物链段连接起来，形成新的嵌段共聚物。所以，固相挤出对于聚合物共混而言，有望带来两种效果：一是剪切粉碎；二是形成新的共聚物组分。图3-28对比了熔融共混和固相挤出共混对分散相尺寸的改善效果[99]。在粒径统计图中可以清楚地看到，在分散相含量较

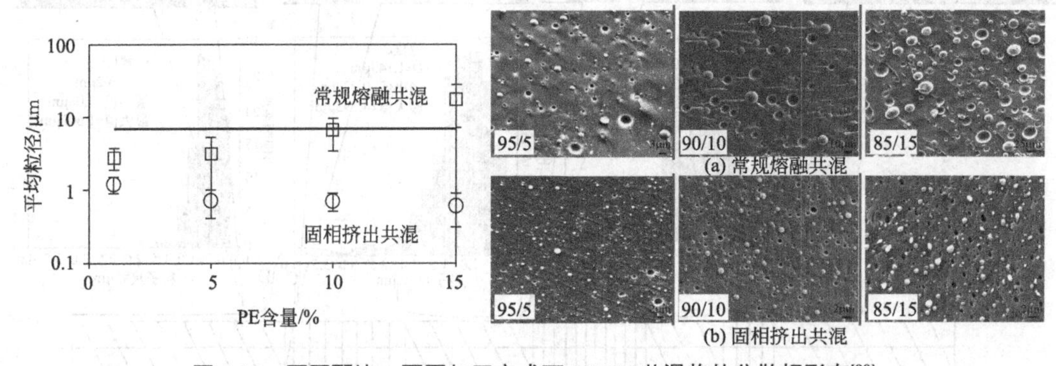

图3-28 不同配比、不同加工方式下PS/PE共混物的分散相形态[99]

高的情况下，固相挤出共混物的相区尺寸要明显低于常规熔融共混。有趣的是，将两种方法制备的 PS/PMMA 共混物在 190℃下进行退火并观察相结构的变化。可以发现熔融共混物中分散相颗粒融合严重，相区尺寸明显增加；而固相挤出共混物的相区尺寸增加缓慢，变化没有熔融共混明显。这说明固相挤出共混物中的相结构具有很好的热稳定性。

剪切速率是挤出加工中的一个重要参数，高的剪切速率有利于提升共混物的混炼效果。目前，工业化生产的挤出机转速在 100～400r/min 范围内。这里要介绍的是具有超高转速的挤出新装备，挤出转速可以达到 2000r/min，能向共混物料提供强大的剪切作用。以 PVDF/PA11（65/35）共混物为研究对象，PVDF 和 PA11 分子链间有较强的相互作用，两者是部分相容的。在图 3-29 中所示，常规挤出转速下，低含量的 PA11 为分散相，相区尺寸有的很大、有的极小，分布非常不均匀。而通过 1500r/min 超高速挤出混合，含量低的 PA11 却成为连续相，而组成占优的 PVDF 却作为分散相（即发生相反转）；并且在 PVDF 分散相区内还发现了 PA11 微颗粒，大部分 PA11 微颗粒的尺寸在纳米级，形成了所谓的相中相结构[100-101]。

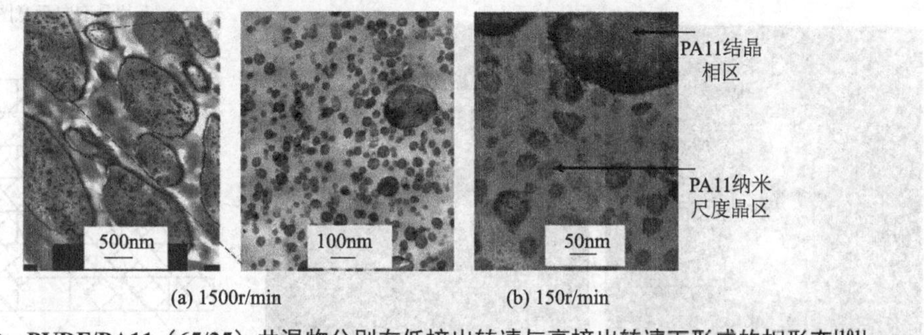

图 3-29　PVDF/PA11（65/35）共混物分别在低挤出转速与高挤出转速下形成的相形态[101]

近年来，我国在挤出加工技术装备上也取得了突出的创新性成果，最具代表性的是华南理工大学瞿金平院士团队发明的一类熔体振荡挤出设备，使得物料在复合力场作用下得以更好地混炼分散[102]。如图 3-30 所示，通过加载螺杆轴向运动，加工力场作用方式从纯剪切到振

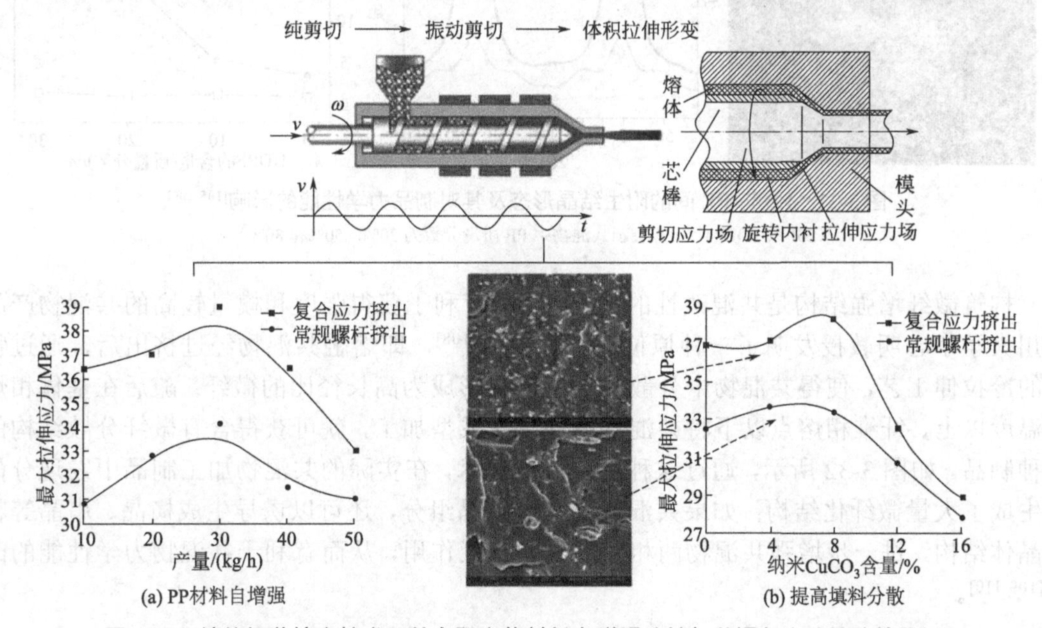

图 3-30　熔体振荡挤出技术及其在聚合物材料自增强改性与共混复合改性的效果[104]

动剪切再到拉伸形变，使得剪切形变情况变得复杂，形成多形式的复合力场[103-104]。经过复合力场挤出作用，不仅能让塑料具有明显的自增强效果，还能提高纳米填料在塑料基体中的均匀分散程度，有利于改善制品最终的力学性能。

不仅是挤出共混过程，在注塑成型加工中也可以利用加工新技术、新装备对共混物的形态结构进行有效调控，从而获得特殊的相形态以及优异的力学性能及功能特性。例如，在动态注塑成型中，将熔融态共混物注射到模具之后，立即通过两个相对往复运动的活塞推动逐渐冷却的熔体，使得物料在剪切流动中冷却固化，有效阻止了结构松弛的发生，最大程度上保留了取向结构。运用这种特殊的注塑成型技术，在结晶-结晶共混物（比如 PP/PE 体系）的制品中发现了取向附生结晶形态（见图 3-31）[105-106]；特殊的取向结晶形态使得共混物注塑制品具有很好的冲击韧性和拉伸强度，表现出优异的综合力学性能[107]。

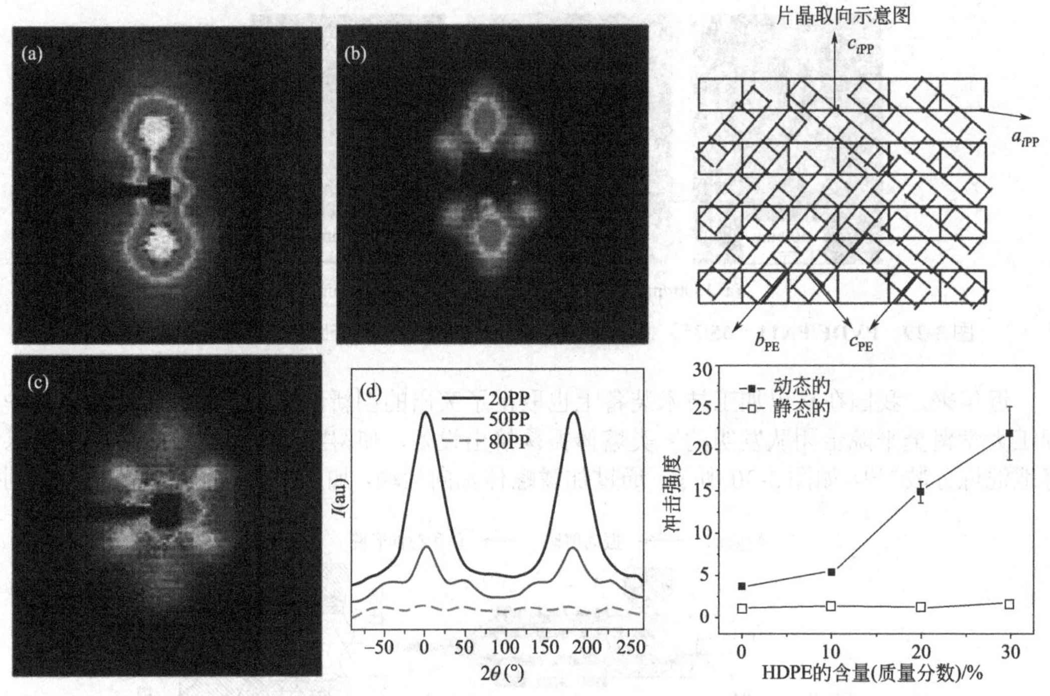

图 3-31 PP 与 PE 间的附生结晶形态及其对制品力学性能的影响[105-106]

（20PP、50PP、80PP 表示共混物中 PP 质量分数为 20%，50%和 80%）

构筑微纤增强结构是共混改性的重要方式，有利于获得强度和模量较高的共混物产品。四川大学李忠明教授发明了一种原位成纤新技术[108]，即熔融共混物经过挤出后，通过特殊的冷拉伸工艺，使得共混物中分散相被拉伸变形成为高长径比的微纤；随后在基体相熔融温度以上、纤维相熔点以下将共混物进行二次成型加工，就可获得含有微纤分散结构的各种制品。如图 3-32 所示，通过这种原位成纤技术，在实际的共混物加工制品中发现分散相生成了大量微纤化结构；如果共混体系含有结晶组分，还可以诱导生成横晶、串晶等特殊晶体结构，进一步增强共混物两相间的界面相互作用，从而有利于共混物力学性能的改善[109-110]。

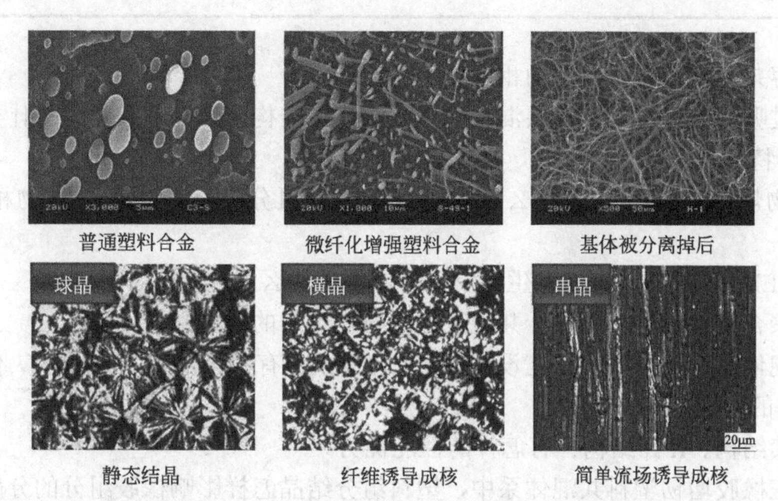

图 3-32　通过原位成纤技术在共混物制品中获得微纤化结构与取向结晶结构

本章最后介绍的是一种能够将不同聚合物制备成为层-层交替复合材料的成型新技术[111]。两种不同聚合物片层结合在一起后，经过特殊结构设计的分叠器，层数变为 4 层，后面每经过一个分叠器，层数增加一倍，经过了 n 个分叠器后，层数就为 2^n；虽然层数不断增加，但总的厚度保持不变，所以各层的厚度不断减薄，分层的厚度可以达到微米、纳米级。在多层交替共混物中，层厚度可以小到纳米级，可实现强的空间受限效果，为研究受限空间内结晶行为、结构转变等基础科学问题提供了理想的模型材料[112-113]（见图 3-33）。另外，在这种多层交替共混物中引入具有功能特性的纳米粒子，并使其分散到某一相中，所制备的多层交替复合材料还有望获得优异的阻隔、阻尼、吸波、降噪、电磁屏蔽等性能[114-115]，在多个领域有广泛的应用前景。

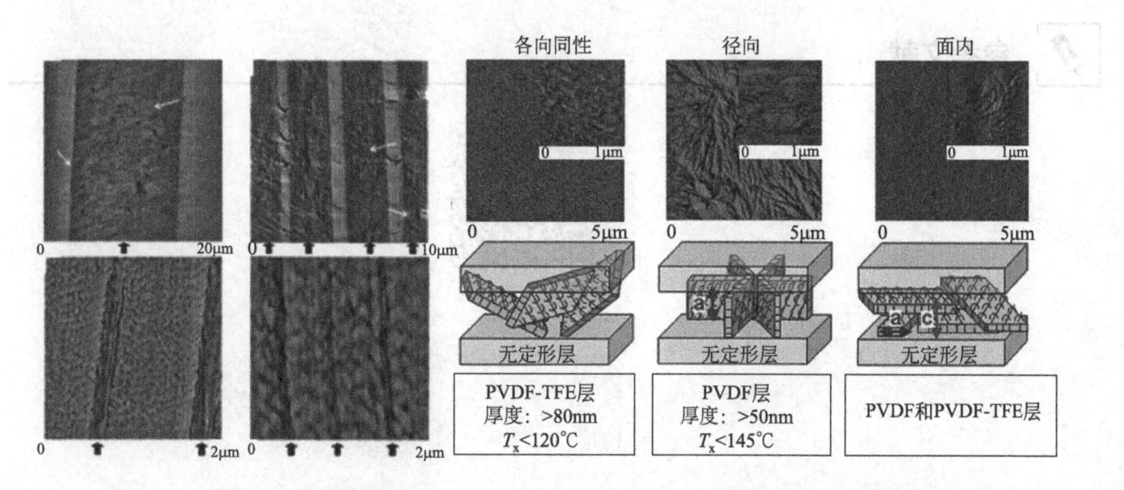

图 3-33　利用微层共挤出技术制备得到多层交替共混物及内部发生的微/纳受限结晶效应

T_x—重结晶温度

3

思考题

1. 不相容共混物有哪些典型的相形态？

2. 可通过哪些方式在聚合物共混物中形成双连续结构，其机理、过程有什么区别？相形态各自有什么特点？

3. 聚合物熔体黏度可以由什么方法进行调节？组分黏度改变对共混物相形态有什么影响？

4. 在PP/EPDM共混过程中发生相反转的原因是什么？

5. 阐述聚合物共混物相图对于共混改性科研及生产的意义和作用。

6. 从共混体系设计和共混工艺设计考虑，什么条件有利于形成海-岛结构，什么条件下利于双连续结构的形成？

7. 双连续结构、IPN结构各有怎样的性能优势？

8. 阐述在橡胶增韧塑料共混体系中，塑料组分结晶怎样影响橡胶组分的分散或分布，并对性能有什么影响？

9. 开发光学透明的聚合物共混物，需要注意哪些方面？

10. 举例说明可以通过哪些手段调控加工中的共混物的形态演化。

11. 在不相容共混物中引入增容剂是调控共混物形态的有效手段。查资料了解增容剂的类型，并分析增容剂在调控共混物形态发展过程中的作用机制。

12. 现有聚苯乙烯与聚丁二烯的共混物（20/80，质量比）A，苯乙烯与丁二烯无规共聚的丁苯橡胶（平均组成与共混物的组成相同）B，试比较两种样品的力学损耗因子和温度的动态力学曲线。

13. 抗冲共聚聚丙烯是近年来开发的新型聚丙烯材料，具有优异的抗冲韧性。查资料了解其多相形态结构特点，分析其具有优异力学性能的原因。

参考文献

第 4 章　聚合物共混物的界面设计与增容

通过前面两章对聚合物共混物相容性和形态结构的介绍，我们知道了共混物的形态结构对其性能有着重要的影响。在实际应用时，共混物内部的相结构需要达到宏观均匀而微观相分离的要求，这是由于只有通过微观相分离结构才能将共混物各组分特性有效地结合起来，使得所制备的共混物的综合性能优于任何单一组分的性能，从而达到性能互补的效果。尽管通过各种外部条件（如加工外场）可以对共混物的微观形态进行调控，但从根本上来说，共混物微观形态主要受制于参与共混的聚合物组分之间的热力学相容性。

通常，聚合物共混物的相容性可分为三种情况：完全相容、部分相容和完全不相容。完全相容意味着共混物实际上形成的是均相体系，聚合物组分间分子链是相互扩散和缠结的。但事实上，由于聚合物链的柔顺性以及构象变化的特点，两种聚合物共混时很难达到分子级水平的相互扩散和缠结，即很难获得完全相容的共混物。迄今，能够达到完全相容的共混物仍然极少。

绝大多数共混体系仅仅是部分相容甚至是完全不相容，在它们内部会发生不同程度的相分离。正是由于共混物组分普遍会发生相分离，使得不同组分相之间存在着过渡区，在其中会发生不同组分之间相互结合和不同链段之间的相互扩散，过渡区是共混物内部结构的重要组成部分。而不同组分相之间的过渡区，即称为界面层。相容性好坏直接体现在界面区域内不同组分之间的相互作用的强弱。而不同聚合物组分之间的黏合强度，对共混物的宏观物理性能，特别是力学性能起决定性的作用。因此，本章的主要目的是在充分认识共混物界面性质的基础上，学习对共混物进行增容改性的方法。基于这一主要任务，本章的内容设置分为四个部分：①聚合物共混物界面的基本概念及性质；②界面增容改性的思路和方法；③不相容共混物的非反应型增容；④不相容共混物的反应性加工及增容改性实例。

4.1　聚合物共混物界面的基本概念及性质

4.1.1　界面的形成

聚合物共混物界面的定义是两组分间的过渡区，其作用是把两组分相区黏结成为一个整体，并在其中发生不同聚合物链段的相互扩散。界面层具有自己独特的结构和性质，对共混物的性质特别是力学性质起着决定性的作用。

界面是两相接触后大分子链段相互扩散所形成的第三相，如图 4-1 所示，其形成过程可以分为两步：①两相之间相互接触、润湿；②两种聚合物链或链段向对方相区进行扩散，形成了包含有两种组分的区域。根据两种聚合物分子链活动性的快慢，大分子的链段能够以相近的速度相互扩散或发生单向扩散。两种聚合物链段发生相互扩散的驱动力来自链段的热运动，与组分间相容性有紧密联系。需要注意的是，不同聚合物间发生界面扩散的时间尺度是很短的，在 1s 内可达到几纳米的扩散距离。而扩散的结果是形成界面相，在其中两组分均会产生浓度梯度，即组分 A 和组分 B 的浓度在界面层范围内是呈现彼此消涨的关系[1]（图 4-2）。

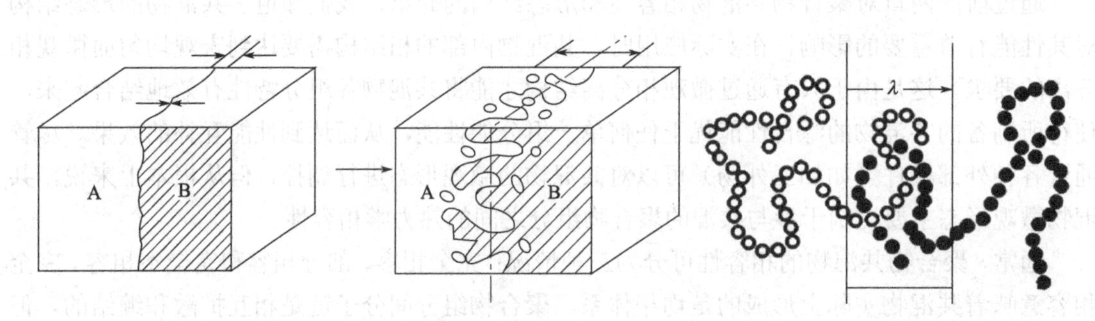

图 4-1 接触的 A、B 两组分之间发生相互扩散，形成界面，以及不同分子链在界面层内进行相互纠缠

4.1.2 界面层厚度

界面层是有一定厚度的，对于不同的共混物体系，界面层厚度存在差别。图 4-3 展现了厚薄程度不同的两种聚合物界面，其厚度主要取决于共混组分之间的相容性（溶解度参数、界面张力、相互作用程度等）。对不相容共混物而言，不同组分相间突然过渡，相边界明显；随着两相分子链间相互作用程度增加，即通常所说的相容性增大，链段相互扩散加快，因而使相界面趋于模糊，使界面层厚度增大；而完全相容共混物，形成的是均相状态，不存在分相结构，也就没有相界面。此外，大分子链段的尺寸、组成以及相分离条件对界面层的厚度也有一定程度的影响。一般情况，界面层厚度约为数十埃（$1Å=10^{-10}m$）至数百埃。例如共混物 PS/PMMA 用透射电镜法测得的λ为 50Å。目前已经有界面层厚度的理论计算方法[2]，例如 Ronca 等[3]就推导出非极性聚合物的界面层厚度λ，可按公式（4-1）进行简单计算：

$$\lambda^2 = k_1 M T_c Q(T_c - T) \tag{4-1}$$

式中 M——聚合物分子量；

T_c——临界混溶温度；

Q——与 T_c 及 M 有关的常数；

T——温度；

k_1——比例常数。

根据 Helfand 理论[4]，对非极性聚合物，当分子量很大时，界面层厚度为：

$$\lambda = 2\left(\frac{k}{\chi_{12}}\right)^{1/2} \tag{4-2}$$

式中　k——常数；

χ_{12}——Flory-Huggins 相互作用参数。

从上式可知，λ由共混体系的熵和能量共同决定[5]。

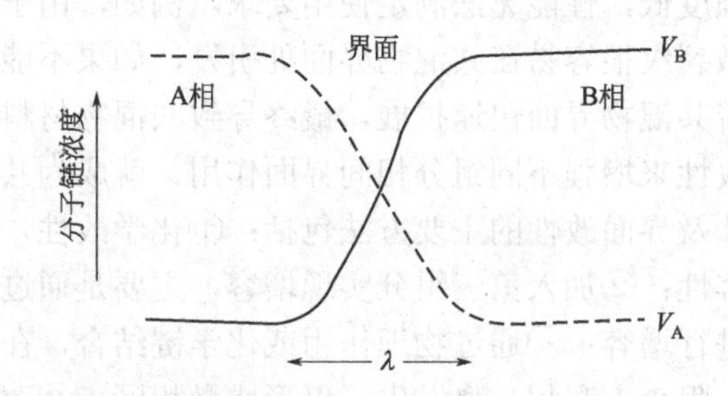

图 4-2　共混物中 A、B 两组分从自身本体经过界面到对方本体的分子链浓度（V_A与 V_B）变化趋势[1]

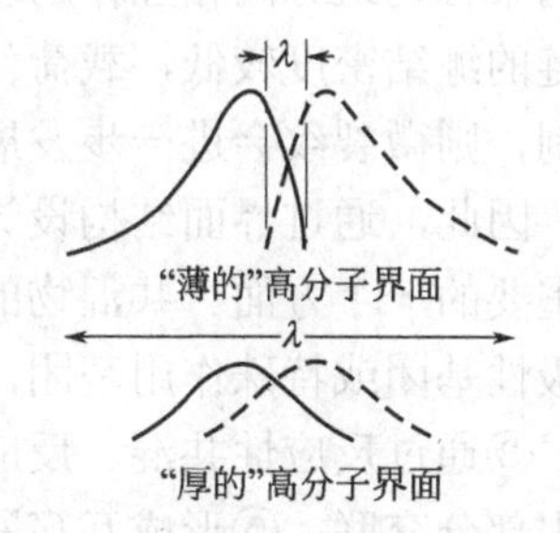

图 4-3　厚薄程度不同的共混物界面示意

4.1.3　界面层的性质

界面层的一个主要作用是将两相组分结合起来，使得两组分间具有一定的相互作用。而发生界面相互作用，主要通过两种方式来实现：①通过化学键，两相组分之间由接枝或者嵌段共聚物结合在一起；②通过不同聚合物链间的物理次价力作用，如氢键、范德华力、π- π作用、偶极作用等，这在机械熔融共混物中比较常见。而界面层在结构组成上与独立相区有明显差别，表现在：①不同聚合物在界面层相互扩散，各自组分都在界面层中呈现浓度梯度分布；②由于两种分子链相互混合，排列不够紧密，界面密度一般是低于两种聚合物的平均密度；③由于表面张力小，较低分子量的聚合物分子、表面活性剂及其他添加剂很容易向界面层迁移并聚集在界面区域。当然，表面活性剂聚集越多，界面层越稳定，但由于其分子量较低，对提高界面强度是不利的。另外，界面层的物理性质与聚合物组分的性质也是有区别的。以玻璃化转变行为为例，界面层的 T_g 介于两种聚合物的 T_g 之间。当分散相颗粒尺寸减小到一定程度时，界面层所占体积分数明显增加，界面层 T_g 转变区会连接或者覆盖两种聚合物组分的 T_g，使得共混物原来的两个 T_g 相互靠拢，甚至表现为一个宽广的 T_g 转变区。所以，无论从组成、结构，还是物理性质的角度，界面层都与本体聚合物有明显差别，其组成、结构特点、物理性质往往介于两种聚合物组分之间，是区别于两种聚合物组分之外的第三相。

显然，界面层会对共混物性能产生重要影响，特别是在界面层所占体积分数比较大的情况下。界面层对共混物性能的影响是多方面的：首先，它可以起到稳定共混物形态结构的作用；其次，在力学性能方面，界面层增加了基体相与分散相之间的相互作用，并在外力变形情况下起到传递应力的作用，使得不同组分发挥出性能互补、协同增强的效果；对于声、光、热等性能，界面层也往往能发挥积极的作用；此外，界面层还能发挥一些诱导效应，比如通过界面诱导结晶可形成更细小的晶体，起到对共混物结晶结构进行调控的作用。

4.2 聚合物共混物的界面增容改性

4.2.1 聚合物共混体系界面设计方法

由于聚合物分子链自身的结构特点，使得大多数共混物体系是不相容的或者相容性很差，导致不同聚合物组分间相互作用弱、界面强度低，性能无法满足使用要求。例如，由于界面处分子链的缠结密度较低，载荷作用下，微裂纹很容易在共混物界面处引发，如果不能进行有效抑制，则微裂纹会进一步发展，并沿着共混物界面快速扩展，最终导致共混物材料的力学失效。因此，通过界面结构设计或界面改性来增强不同组分相间界面作用，就成为共混改性非常重要的一个方面。共混物的界面设计及界面改性的主要方法包括：①化学改性，即通过引入极性基团或特殊作用基团，提高相容性；②加入第三组分实现增容，主要是通过加入增容剂；③通过反应性共混、反应性加工进行增容；④通过物理作用或化学键结合，在两组分间产生部分交联；⑤形成互穿网络结构，阻止宏观相分离发生，仅形成微相区；⑥改变加工工艺，施加强烈的剪切力场作用。在所列举的这些界面改性方法中，我们将对应用最为广泛的两种方法进行重点介绍，即加入增容剂和反应性加工。

共混物的界面改性效果可以通过精密的电镜观察技术进行有效评价。例如，通过 TEM、二维 X 射线能谱可以清楚观察到界面层厚度、界面粗糙程度的变化以及界面扩散行为，从而验证界面相互作用是否得到明显改善[6-7]。Macosko 等[8]利用 TEM 观察到了 PS/PMMA 共混物在不同情况下的界面层结构。图 4-4 中，PS 与 PMMA 是不相容的，两相之间边界非常清晰；在 PS 和 PMMA 分别接上特定极性基团（PS-NH_2 链端氨基、PMMA-anh 链端酸酐），增加了两组分相容性，使得两相发生相互扩散，界面层厚度增加；再施加剪切外场，使得界面层变得粗糙，不能维持原来平整的相边界。

(a) 不相容PS/PMMA

(b) PS-NH_2/PMMA-anh,静态

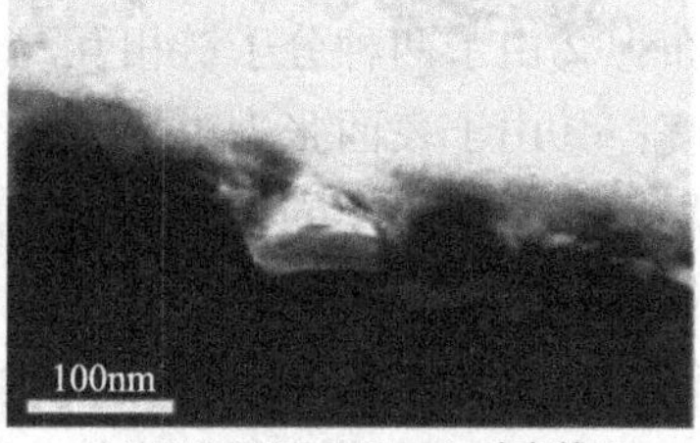

(c) PS-NH_2/PMMA-anh,动态剪切

图 4-4 TEM 表征 PS/PMMA 共混物在不同相容性与外场条件下界面层结构的变化[8]

4.2.2 增容剂及其种类

增容剂是指以界面活性剂的形式分布于两相界面处，使界面张力降低，增加共混组分之间相容性和聚合物之间界面黏结的第三组分。而往共混物中添加增容剂是最为简单、高效、低成本实现增容改性的方法。一种物质能否作为增容剂使用，需要满足一定的条件。首先，要能起到降低表面能的效果；其次，在共混物中能够得到良好的分散；再者，与共混物两相均具有良好的相容性与结合力，从而保证增容剂是优先聚集在两相界面而不是单独存在于其

中一相，以及发挥桥接作用确保两相间具有较强结合力等。

目前，用于聚合物共混物的增容剂种类很多，如图 4-5 所示，可分为高分子型与低分子型两大类。高分子型增容剂对共混物力学性能弱化作用不明显，具有较为突出的优势，因而获得了更多关注，近年来发展非常迅速。而高分子型增容剂又可再细分为反应型和非反应型两类。其中反应型是基于功能基团的不同来进行划分的，有羧酸型、酸酐型、环氧型等。非反应型主要是几类链结构不同的共聚物，包括无规共聚物、接枝共聚物、嵌段共聚物以及能够与两相组分均相容的特定均聚物（例如 PVDF/PLA 共混物加入 PMMA 起到增容的效果[9]）。

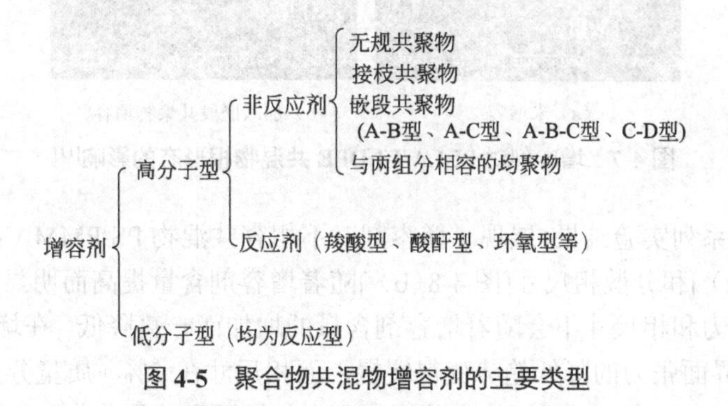

图 4-5　聚合物共混物增容剂的主要类型

嵌段和接枝共聚物是目前最常见的两种非反应型高分子增容剂，其作用机理是共聚物含有与共混物组分相同的链段结构，与对应的共混物组分具有良好的相容性，使得共聚物可以自发分布于两相界面处并起到偶联作用，从而改善两相间相容性，提高组分间结合力。两嵌段、三嵌段共聚物及多接枝共聚物在两相界面的分布结构如图 4-6 所示[10]。嵌段共聚物及接枝共聚物的增容改性效果与链段分子量、链段组分、组成含量、共聚物在界面处链段活动性（链段运动是否受限）以及链段渗透进入聚合物相的深度等因素有密切关系。对于无规共聚物，由于链段结构、链段组分在主链上的分布是随机的，其在共混物中的增容作用机理是共聚物分子链在界面上进行多次穿插，像缝针线一样将两相“编织”在一起。虽然无规共聚物的增容改性效率一般比嵌段共聚物或接枝共聚物要低，但其制备成本较低、性价比高，所以无规共聚物用作增容剂的情况也逐渐增多。

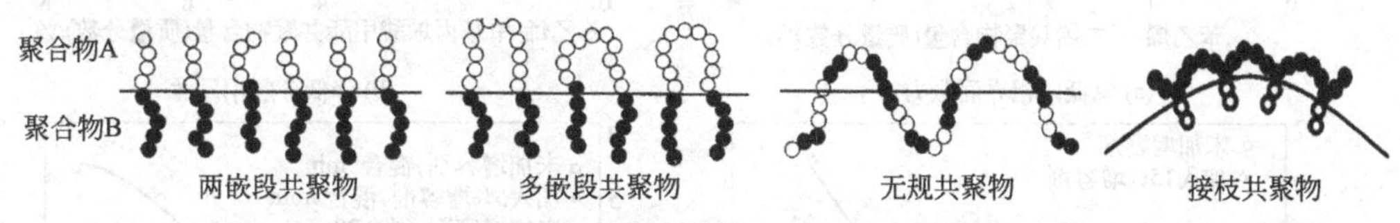

图 4-6　嵌段、无规及接枝共聚物作为增容剂时在不相容共混物两相界面上的分布示意[10]

4.2.3　增容剂的作用

增容剂对共混物形态结构及性能的影响表现在以下几个方面：①通过降低组分间界面张力，使得分散相尺寸降低且尺寸分布均匀。比较图 4-7 中两张电镜照片可以发现，加入嵌段共聚物增容剂到左旋聚乳酸（PLLA）/LLDPE 共混物后[11]，两相界面结合、分散相球粒尺寸及分布发生了显著变化，即分散相尺寸减小、分布变窄、界面结合更紧密；②由于增加了组分间相容性，使相结构稳定性得以提升[12]；③增加了两相间结合力，有利于应力在不同相区间进行有效传递，提高力学性能；④使原来热力学不相容共混物变成工艺相容共混物，为发展新型共混物材料提供了便利。

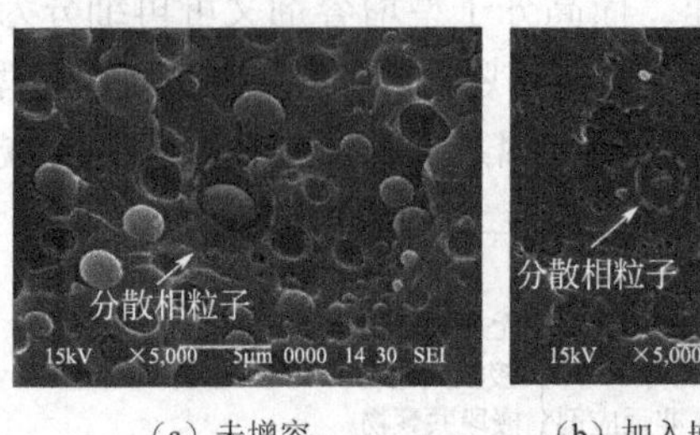

(a) 未增容

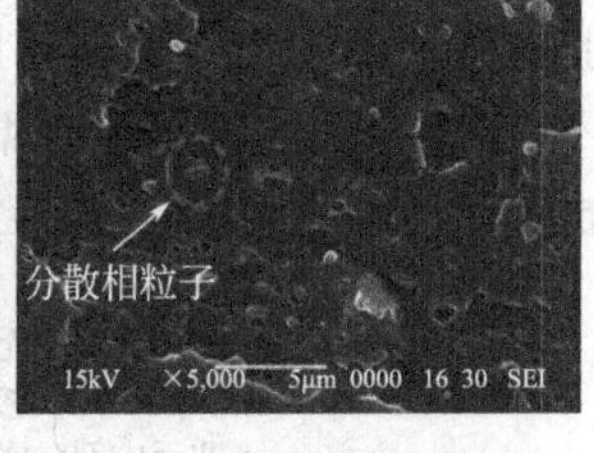

(b) 加入嵌段共聚物增容

图 4-7　增容剂对 PLLA/LLDPE 共混物相形态的影响[11]

图 4-8 中的一系列实验结果，展现了增容剂对不相容共混物 PS/PMMA 的实际改性效果。界面张力[图 4-8(a)]和分散相尺寸[图 4-8(b)]随着增容剂含量提高而明显降低。但需注意的是，共混物界面张力和相尺寸不会随着增容剂含量的增加而一直降低。在增容剂含量大于 2%（质量分数）后，界面张力的降低趋势变得缓慢，而相尺寸在 2%（质量分数）含量后几乎是稳定不变了。图 4-8(c) 中，对于不相容共混物而言，相区尺寸随着分散相的体积分数单调递增；加入一定量增容剂后，分散相尺寸在其含量低于 20%（质量分数）时几乎不变，保持在低数值，只是在分散相体积分数较高后，尺寸变化才明显。这一现象除了说明增容剂可以抑

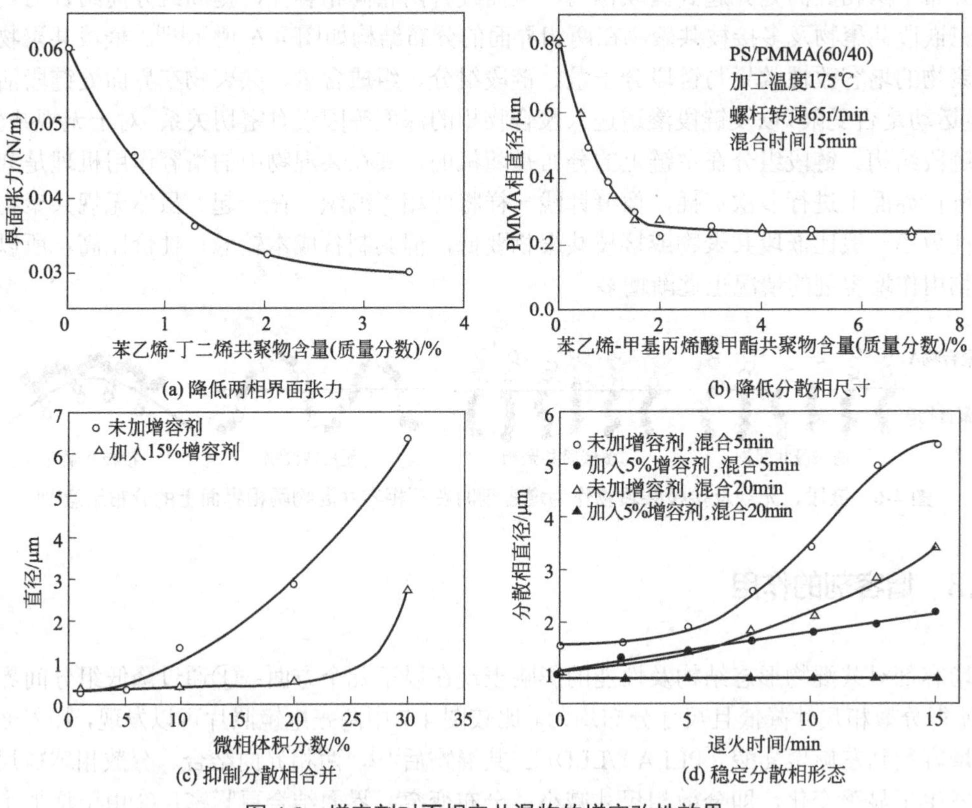

图 4-8　增容剂对不相容共混物的增容改性效果

制分散相合并之外，还表明增容剂的增容效果与分散相的含量有关，即在分散相含量较高时增容剂的增容作用才表现得更为明显。最后，图 4-8（d）是比较不同共混物在热退火过程中相形态的发展趋势。对于不相容共混物，分散相尺寸随着退火时间延长逐渐增加，并且增加幅度很明显。加入增容剂后，相区尺寸在退火过程中增加缓慢，在最优的加工共混条件下，如适当延长共混时间，增容体系的相区尺寸在一定时间内可保持不变，显示出优秀的稳定分散相的效果。

作为非极性聚合物和极性聚合物的代表，PP/PA12 为典型的不相容共混物。由于马来酸酐基团在熔体剪切条件下能够高效地与 PA12 端氨基发生缩合反应，因此可以通过将马来酸酐基团接枝到 PP 分子链上制备聚丙烯接枝马来酸酐（PP-*g*-MA），并作为 PP/PA12 不相容共混体系的增容剂，共混过程中形成接枝共聚物（PP-*g*-PA）产生增容效果[13]。将 PP 和 PP-*g*-MA 的总含量固定为 80%（质量分数），且 PP-*g*-MA 在其中所占比例逐渐增加。如图 4-9 所示，当增容剂含量较低时，分散相尺寸随增容剂含量增加而逐渐减小；在含量为 12%（质量分数）时，相区尺寸是最小的且分布很均匀；而当增容剂含量比 12%（质量分数）更高时，分散相尺寸又明显增加。所以，从减小分散相尺寸（增容改性效果）的角度上看，增容剂加入量并不是加得越多越好，而是存在一个最佳含量，在此条件下，共混物的增容改性效果最为明显，表现为分散相的尺寸达到最小。

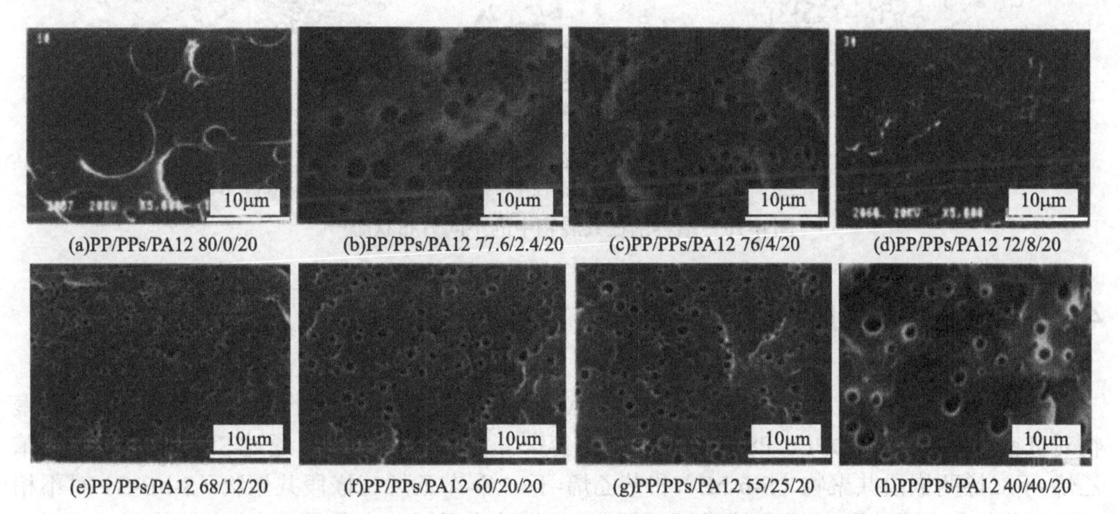

(a)PP/PPs/PA12 80/0/20　(b)PP/PPs/PA12 77.6/2.4/20　(c)PP/PPs/PA12 76/4/20　(d)PP/PPs/PA12 72/8/20

(e)PP/PPs/PA12 68/12/20　(f)PP/PPs/PA12 60/20/20　(g)PP/PPs/PA12 55/25/20　(h)PP/PPs/PA12 40/40/20

图 4-9　PP/PP-*g*-MA/PA12 共混物的分散相形态随增容剂含量的变化[13]

（图例中 PPs 代表 PP-*g*-MA）

此外，在注塑制品中加入增容剂也会改变相形态特征。共混物注塑制品（如 PA6/HDPE 体系）最明显的结构特征是在皮层或亚皮层中，分散相会发生显著的取向变形，呈椭圆状或棒状形态[14]。在加入了增容剂后，对应从皮层到芯层各个区域，分散相尺寸都有明显减小。值得注意的是，在亚皮层中，分散相的变形程度显著减弱。这是由于增容剂降低了界面张力以及减小了相区尺寸，使分散相变形所产生的长径比不会很高，在剪切作用停止、冷却固化之前，取向变形的分散相能够较快发生松弛和回缩的结果。

关于增容剂在共混物界面区的聚集状态及增容作用，国际聚合物共混改性领域著名学者、法国人 Leibler 等[15]借着“刷子”的概念，形象地描述了在界面上聚集的 A-*b*-B 两嵌段共聚物所表现出来的两种不同状态，即根据共混物组分是否渗透到嵌段共聚物“刷子”内部，可区别为“干刷”或者“湿刷”两种情况。而增容剂存在于共混物中可能会出现如图 4-10 中几种不同的分布情况[16]。在图 4-10（a）情况中，增容剂均匀分散在一种或两种聚合物相区中，而

图 4-10（c）情况中，增容剂在某一聚合物组分中发生聚集。显然，在这两种情况下，增容剂都不能发挥其应有的作用。而在图 4-10（b）情况中，增容剂选择性分布在共混物两组分之间，分别呈现为“干刷”和“湿刷”两种状态。“干刷”与“湿刷”的不同之处可从两个方面进行考虑：一是从界面分子结构上，也就是增容剂链段是否渗入到聚合物相区中；二是从增容效果上分析，包括了降低组分间界面张力、稳定共混物相形态、提高两相间界面结合力等方面。而“干刷”与“湿刷”概念的提出，使得对嵌段共聚物增容剂改善界面作用效果的描述更为准确。在“干刷”状态时，尽管嵌段共聚物能够降低界面张力和稳定相形态，但此时共混物的界面强度很弱；只有处于“湿刷”状态下，才可保证界面有足够的强度。

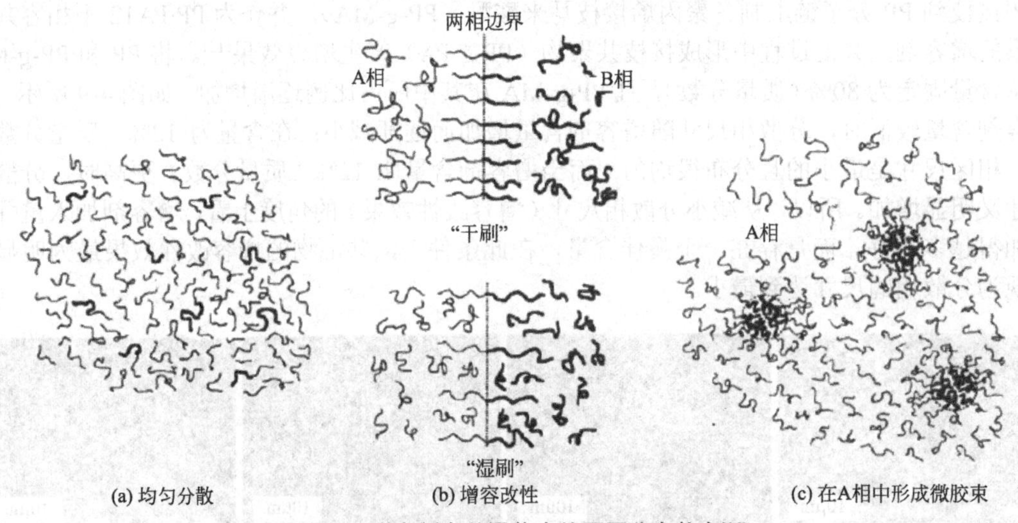

图 4-10　增容剂在共混物中的不同分布状态[16]

4.2.4　共混物非反应型增容的实例

在这部分内容中，将专门介绍一些非反应型增容改性的研究例子。首先是采用嵌段共聚物对低密度聚乙烯（LDPE）/PS 共混物进行增容[17]。如图 4-11 所示，通过 SEM 观察证实，苯乙烯-丁二烯两嵌段共聚物（S-*b*-hB）和苯乙烯-丁二烯-苯乙烯三嵌段共聚物（S-hB-S）对不相容共混物均起到了良好的增容效果，分散相尺寸都减小了近一个数量级。力学性能测试表明，增容剂的加入使得共混物的拉伸强度和拉伸延展性有显著提高，特别是 S-hB-S 增容改性的体系，共混物的断裂伸长率的提升幅度更为明显。

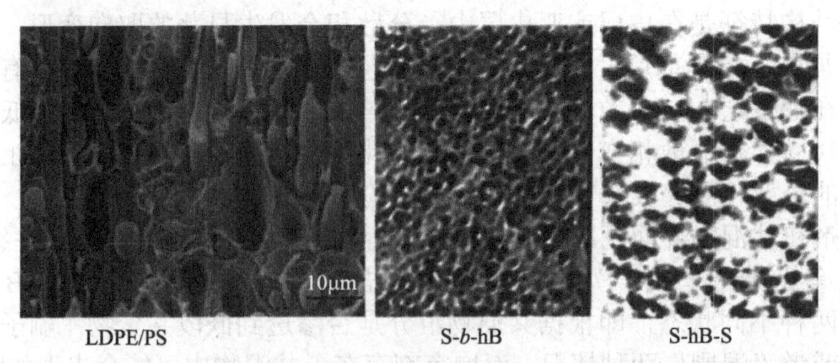

图 4-11　嵌段共聚物 S-*b*-hB 和 S-hB-S 增容 LDPE/PS（80/20）共混物的相形态[17]

接下来的例子是关于橡胶增韧塑料共混物体系的增容改性。在这里，我们选择 EPDM 为弹性体分散相，PVC 为塑料基体相的共混物为例[18]。众所周知，PVC 是极性的，而 EPDM 极性很弱，因此两组分的相容性较差。氯化聚乙烯（CPE）可作为该共混物的增容剂。形貌表征发现，EPDM 颗粒被 CPE 包围分散在 PVC 基体中，改善了两组分间界面作用。对于橡胶增韧塑料体系，最关心的力学性能是冲击韧性。从性能测试结果可以看到，在最优的组分比例下，室温冲击强度较二元 PVC/EPDM 共混物提高了 30 倍，说明增容改性的共混物即使是在低温条件下，冲击韧性仍有显著提升。显然，优秀的低温韧性有利于拓展共混物的应用范围。CPE 能够作为 PVC 和 EPDM 增容剂，是由于它与这两种聚合物都有类似的化学结构。三种组分的化学结构式如图 4-12 所示，其中 EPDM 是乙烯、丙烯以及非共轭二烯烃的三元共聚物，在分子链侧基上保留有高活性的双键。CPE 的一部分链段被氯取代，这部分链段与 PVC 有很好的相容性；而另一部分保留下来的乙烯段，与 EPDM 中的饱和烯烃链段具有较强相互作用。

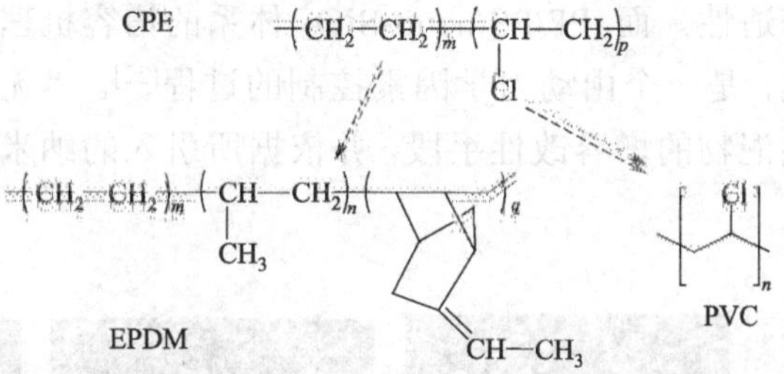

图 4-12　共混物 PVC/CPE/EPDM 组分链间的相互作用[18]

共聚物的增容效率还与其自身序列结构紧密相关。例如，PS/PE（50/50）共混物具有双连续相结构，但由于 PS 和 PE 的相容性差，分相程度严重，因此相畴尺寸较大。研究者制备了三种具有不同序列结构特征的 PS-PE 两嵌段共聚物并研究其对 PS/PE 共混物的增容效率[19]。三种嵌段共聚物的分子摩尔质量相同，均为 4×10^4g/mol，且在共混物中的添加量保持一致，均为 1%（质量分数）。不同之处在于：一种嵌段共聚物中组分比例对称，即 PS 和 PE 的含量比例相同；另外两种共聚物的组分比例是不对称的，即嵌段共聚物中 PS 组分或 PE 组分占了大部分，而另一组分含量则相对较少。研究表明（参见第 3 章的图 3-7），增容剂中 PS 和 PE 组分比例对称时，增容共混物的双连续结构最为精细，相畴尺寸最小；而当增容剂中组分比例变得不对称时，共聚物的增容效果明显变差。由此可见，设计嵌段共聚物组分比例呈对称状态时，是有利于提高不相容共混物的增容效果的。

除了添加第三组分作为增容剂之外，施加物理能量场也可以发挥增容效果。例如，在 PP 和 EPDM 熔融共混过程中向熔体施加超声外场，可以使得熔融体系黏度明显降低[20]；在剪切幅度一样的情况下，超声外场使得熔体混炼效果更好，弹性体分散相的尺寸显著减小。通过测试玻璃化转变温度（T_g），发现在超声场作用下，共混物中 PP 和 EPDM 的 T_g 相互靠拢，并且超声场强度越大，两组分 T_g 越接近。这一现象说明超声外场增加了 PP 与 EPDM 的相容性。

近年来，通过添加无机纳米粒子改性共混物材料已成为共混复合领域的研究热点。无机纳米粒子增容新策略[21-23]相比于传统的有机增容剂改性方法，无机纳米粒子增容改性可以避免有机增容剂所带来的共混物强度和模量下降的不足，因而得到了研究者的广泛关注。例如，对于 PP/PS（70/30）共混物而言[21]，通过引入有机改性蒙脱土（OMMT）制备共混物复合材料，加入 OMMT 能够明显降低 PS 的相区尺寸。如图 4-13 所示，当 OMMT 的用量为 5%～10%（质量分数）时，PS 的相区尺寸从未增容体系的 3～4μm 降低到 0.5～1.0μm，分散相尺寸减小的程度与加入 5%～10%（质量分数）的 SBS 为增容剂的效果相当。进一步研究发现，熔融共混过程中，PS 和 PP 分子链能同时插层进入 OMMT 层间，一方面增大了 OMMT 的层间距，有利于 OMMT 的剥离；另一方面，PS 和 PP 链段相互靠近的趋势得到增强，即纳米粒子作为物理结合点将不同分子链“粘接”在一起，在两组分界面“原位”形成了类似于嵌段共聚物的纳米增容剂，使得分散相的尺寸降低了一个数量级并将界面粘接能提高了三倍以上（图 4-14），实现了极佳的分散均匀性与相形态稳定性。

类似地，加入 10%（质量分数）以内的纳米 SiO_2 到 PP/PS=70/30 共混物中也能够使 PS 分散相区尺寸呈数量级的降低（图 4-13）[22-23]，表明无机纳米粒子增容不相容共混物这一增容新方法具有普适性。而 PP/PS/nano-SiO_2 体系的增容机理是由于加入纳米粒子后减缓了分散相区的聚集，是一个由动力学因素控制的过程[22]。“无机纳米粒子增容”概念的提出拓宽了不相容共混物的增容改性手段，并依据所引入的纳米粒子赋予共混物材料新的功能。

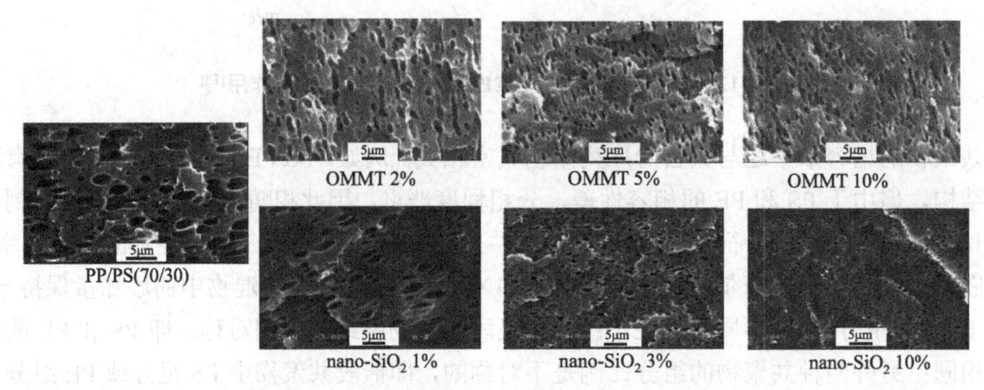

图 4-13 无机纳米粒子增容：加入有机改性蒙脱土（OMMT）[21]或纳米二氧化硅（nano-SiO_2）[22]引起不相容共混物 PP/PS 的分散相区尺寸显著降低

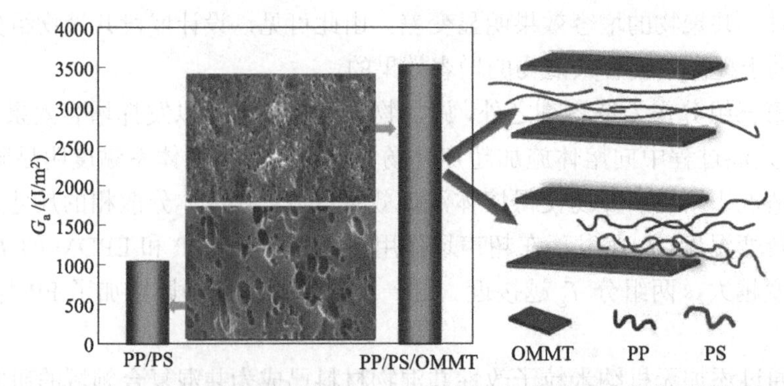

图 4-14 PP 和 PS 分子链共同插入 OMMT 层间，在界面处形成纳米增容剂，显著降低 PS 相区尺寸并提高界面相互作用[21]

4.3 聚合物共混物的反应型增容改性

4.3.1 反应型增容的类型及特点

前面所举的一些研究例子，实现增容的过程中都没有涉及化学反应，属于非反应型增容。与之相对应的是增容过程中发生了化学反应，并由化学反应引起了增容效果，即反应型增容。反应型增容过程中会形成新的化学键和新的组分，可以由两种方式进行：①加入反应型增容剂与共混聚合物组分发生反应来实现增容，例如在PE/PA共混体系中加入羧化PE。②将共混物组分功能化，使得聚合物组分间发生反应进行增容，比如将PE羧化后再与PA共混；又如对于不相容的PS/PA共混物，将PS接上功能基团，使得PS和PA在两相界面处发生化学反应，生成PS-PA共聚物，实现对共混体系的增容。而为了提高增容效率，在设计反应型增容体系时，应该尽可能选择彼此之间容易形成新化学键的功能基团对。图4-15中列举了一些高效的基团反应组合，包括羧基与氨基、环氧基与氨基、环氧基与羧基等。这些基团反应，在共混条件比较温和的情况下也能够充分进行，因而在反应型增容改性的共混物制备中得到了广泛应用。

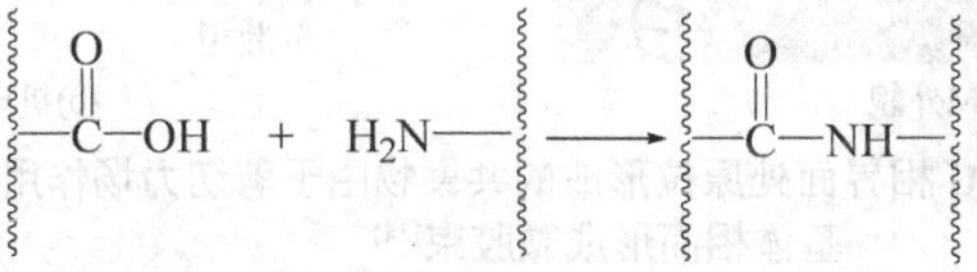

$$-\overset{O}{\overset{\|}{C}}-OH + H_2N- \longrightarrow -\overset{O}{\overset{\|}{C}}-NH-$$

(a) 羧基（或羧酐）与氨基的反应

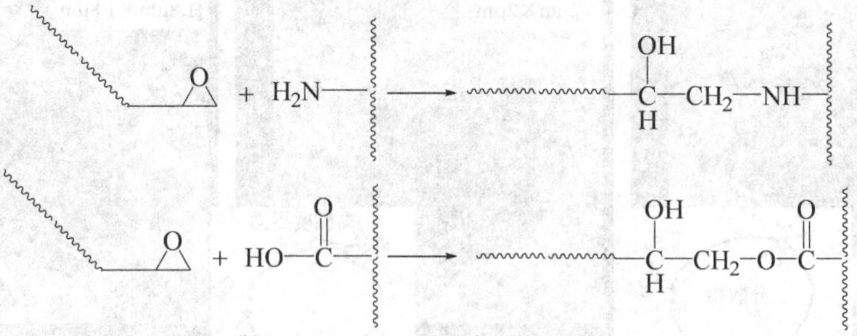

$$\text{环氧基} + H_2N- \longrightarrow -\underset{H}{\overset{OH}{C}}-CH_2-NH-$$

$$\text{环氧基} + HO-\overset{O}{\overset{\|}{C}}- \longrightarrow -\underset{H}{\overset{OH}{C}}-CH_2-O-\overset{O}{\overset{\|}{C}}-$$

(b) 环氧基与氨基或羧基的反应

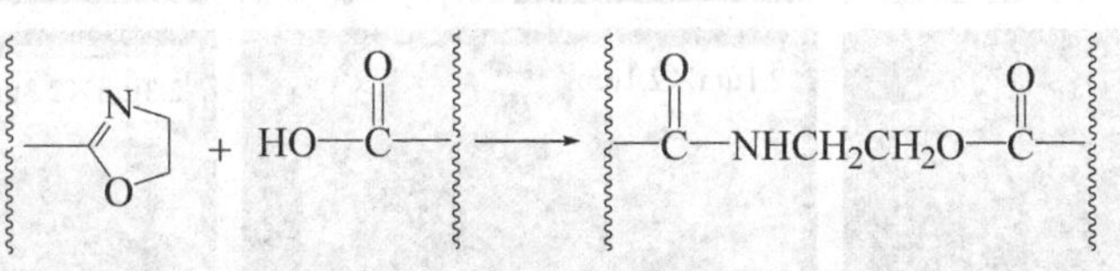

$$\text{噁唑啉基} + HO-\overset{O}{\overset{\|}{C}}- \longrightarrow -\overset{O}{\overset{\|}{C}}-NHCH_2CH_2O-\overset{O}{\overset{\|}{C}}-$$

(c) 羧基与噁唑啉（1,3-氧氮杂-2-环戊烯基）反应

图4-15 聚合物共混物的反应型增容改性涉及的几种主要反应类型

在反应型增容过程中，作为增容剂的嵌段或接枝共聚物是在两组分界面处原位形成的。而新的共聚物组分在界面形成后，其扩散和分布有三种情况：①新生成的共聚物继续聚集在界面，使得界面层厚度增加；②共聚物增容剂扩散到分散相中，随着其数量不断增加，在分

散相中会形成双连续结构、细胞状结构等复杂的次级结构；③从界面层脱离下来进入到基体相中，形成纳米级微胶束。例如，Inoue 等[24]在研究 PA/聚砜（PSU）共混体系的反应增容时发现，在大的组分相区周围分布着数量众多的微胶束，证实了通过界面反应生成的共聚物增容剂会往基体相扩散，并提出了增容剂微胶束形成的机理，如图 4-16 所示，即在界面处形成的共聚物分子链，受到剪切力作用，从界面上被拔除下来，共聚物分子链进入到基体相后，再聚集成纳米微胶束。Favis 等[25]在研究聚酰胺/聚（异丁烯-对甲基苯乙烯）和溴化聚（异丁烯-对甲基苯乙烯）共混体系的增容改性时，通过 AFM 考察形貌的演化过程，并提出了增容剂微胶束形成的第二种机理。如图 4-17 所示，在分散相表面局部微区生成共聚物增容剂后，

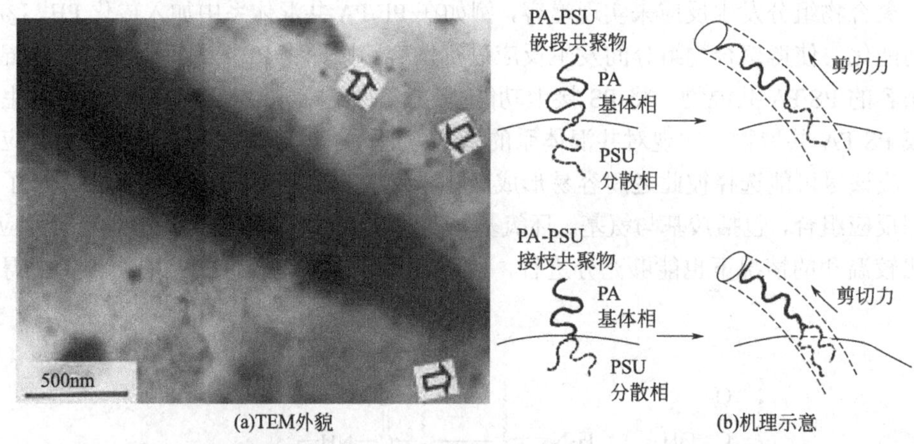

图 4-16 共混物 PA/PSU 相界面处原位形成的共聚物由于剪切力场作用扩散进入到基体相而形成微胶束[24]

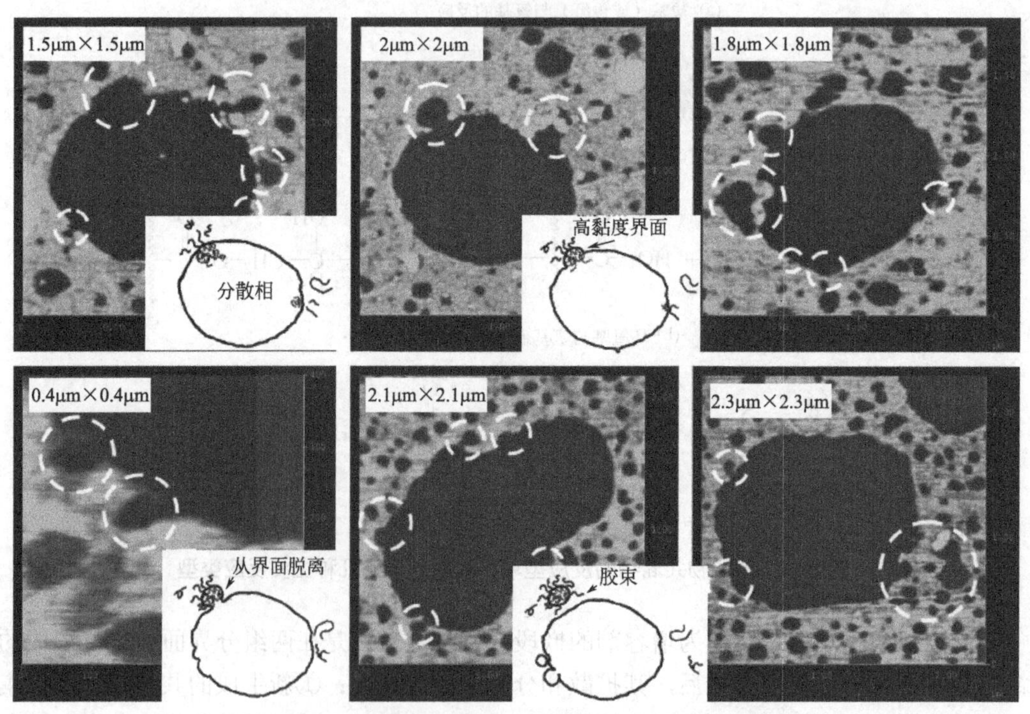

图 4-17 形成原位增容剂微胶束的界面腐蚀机理[25]

（图中数字代表 AFM 电镜观察尺寸）

此局部区域的黏度要比其他区域高很多；这一局部区域会受到更强的剪切力作用，从而使得局部微区容易从分散相上剥离下来并进入到基体相成为胶束。他们认为，基体相中的增容剂微胶束是直接从分散相表面剥落下来的，故又称为界面腐蚀机理。

下面将以一个典型的反应型增容体系为例，详细阐述原位生成的共聚物增容剂是怎样影响共混物相形态结构的。所选择的反应型增容体系为PLA和聚烯烃弹性体（OBC）组成的共混物，并以乙烯-甲基丙烯酸缩水甘油醚（EGMA）共聚物为反应增容剂。其增容机理是[26]：EGMA上的环氧基团可与PLA的端羧基发生反应形成新化学键，从而生成EGMA接枝PLA共聚物；同时，EGMA上的乙烯链段与OBC分子链有良好的相容性。但是，EGMA以及EGMA接枝PLA共聚物与PLA的相容性更好，即EGMA组分更倾向于分散在PLA相中，三种组分之间相容性的关系如图4-18所示。

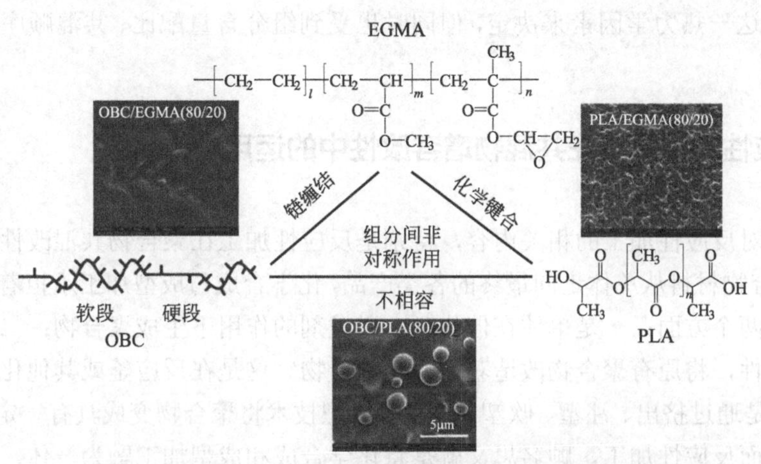

图4-18 OBC/PLA/EGMA共混物中组分之间的相容性[26]

在OBC/PLA/EGMA三元共混物中，如果控制OBC的含量为80%（质量分数），PLA和EGMA的含量分别为14%（质量分数）和6%（质量分数），则在共混体系中，OBC为基体相，PLA和EGMA为分散相。研究发现，经过不同的共混加工工艺，即改变混合顺序，所形成的分散相结构有明显差别[27]。如图4-19所示，如果PLA与EGMA先混合再加入OBC中，分

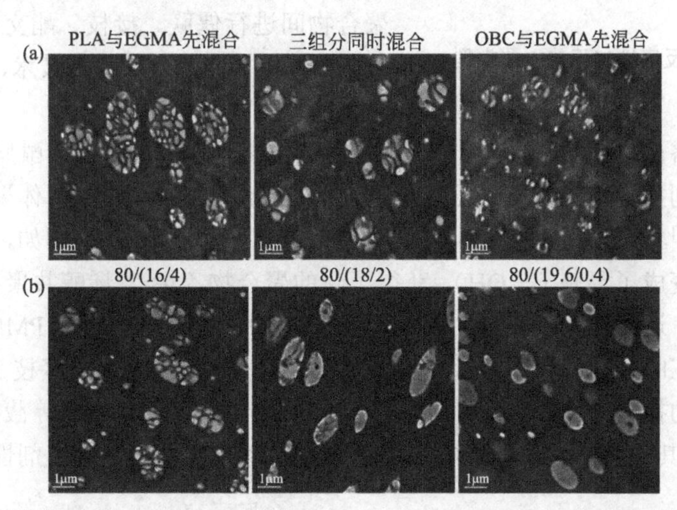

图4-19 共混顺序（a）和增容剂含量（b）对OBC/PLA/EGMA体系相形态的影响[27]

散相为细胞状结构；当三组分同时共混，分散相为核-壳结构；而如果OBC与EGMA先混合，则分散相为双连续结构，并且在OBC基体相中发现了大量的胶束体，说明部分EGMA-PLA接枝共聚物是直接分散在OBC基体中的。

进一步地，将共混工艺固定为“PLA与EGMA先混合再与OBC共混”，逐渐减少EGMA含量并研究共混体系形态演化过程。结果发现，当EGMA含量从6%（质量分数）减少到4%（质量分数），形成的是胞状结构和双连续结构；降低到2%（质量分数）时，PLA相被EGMA组分包围，部分原位生成的接枝共聚物会扩散进入到PLA相中，形成次级包裹物结构；当EGMA含量进一步降低到0.4%（质量分数）时，EGMA组分仅够存在于PLA颗粒表面，获得的是核-壳结构。由此可见，在反应增容过程中原位生成的共聚物增容剂，其扩散、分布行为对共混体系最终的相形态结构起到重要作用；而其分布行为又主要由组分之间的相容性这一热力学因素来决定，但同时也受到组分含量配比、共混顺序等动力学因素的影响[28-29]。

4.3.2　反应性加工及其在共混物增容改性中的运用

本部分将对反应性加工的相关内容，特别是反应性加工在聚合物共混改性中的运用进行专门介绍。聚合物材料从单体走向最终的各类产品，化学合成与成型加工承担着不同的任务。化学合成包括两个方面：一是单体在催化剂、引发剂的作用下生成聚合物；二是对原有聚合物进行化学改性，将原有聚合物改造获得新的聚合物。这是在反应釜或其他化学反应器中进行。成型加工是通过挤出、注塑、吹塑、压延等成型技术将聚合物变成具有一定尺寸、外观、形状的制品。而反应性加工，顾名思义就是将化学合成和成型加工融为一体，使得加工设备也具有化学反应器的功能。聚合物反应性加工主要是在经过特别改造的挤出机和注塑机上进行，依据加工设备可分为反应挤出、反应注塑两大类，如图4-20所示。特别是反应挤出，可实现单体聚合成均聚物，单体在已有聚合物上进行接枝、共聚，不同聚合物间进行偶联、接枝、酯交换等多种功能化。接下来，主要基于反应挤出技术，介绍一些聚合物反应性加工的应用情况。

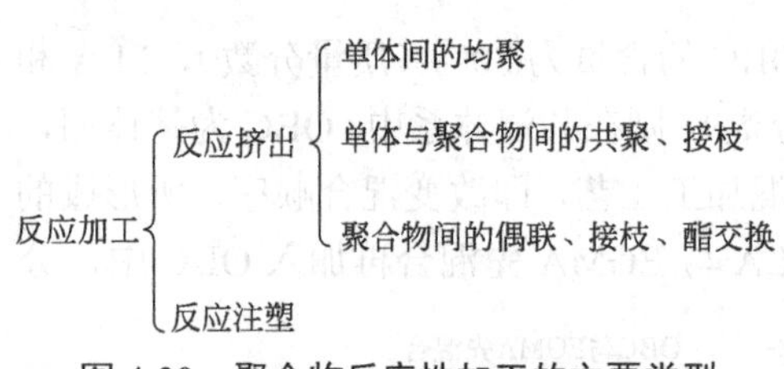

图4-20　聚合物反应性加工的主要类型

通过反应性挤出机，能将单体合成为聚合物。如图4-21中，将已内酰胺单体和催化剂、活性剂一起投入到挤出机，在氮气保护下经过一定的合成工艺过程，单体聚合成为分子量可达数万的尼龙6[30]。通过反应加工还能对聚合物进行各种化学改性。例如，EVA在反应挤出过程中乙酸酯基变成了羟基（—OH），获得了新的聚合物乙烯-乙烯醇共聚物（EVOH）[31]。利用反应性加工，还可以调控共混物的相形态。Leibler等[32-33]在研究PMMA和PA共混物的反应性挤出加工时发现，挤出过程中共混物体系原位生成PMMA接枝PA共聚物，通过改变接枝共聚物的接枝密度，可以形成单相连续、两相连续、分相聚集等截然不同的相形态，如图4-22所示，其中双连续相形态的共混物具有光学透明性好、抗溶剂性能优良等突出的优点。

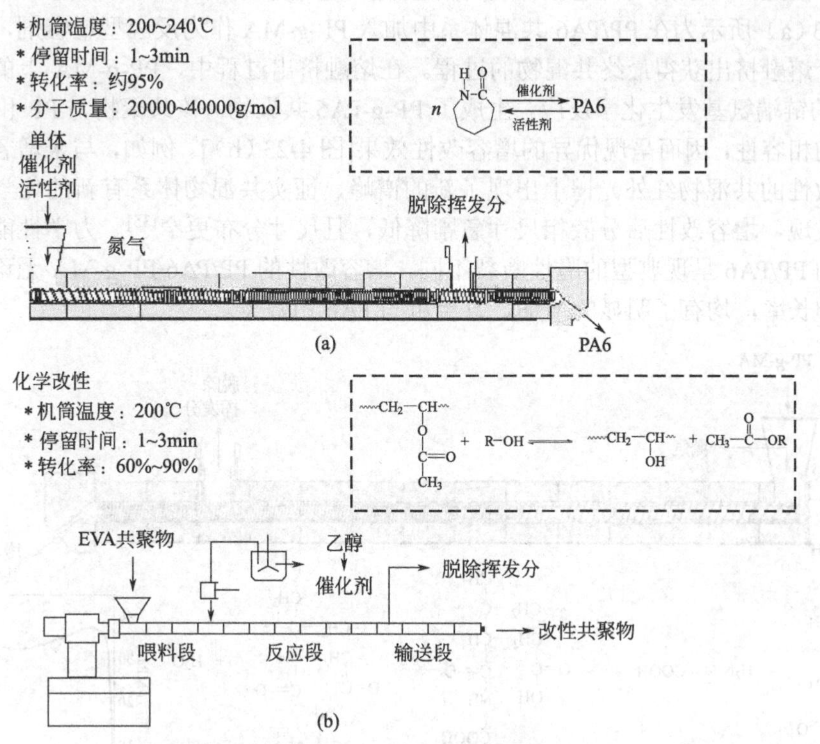

图 4-21　通过反应性挤出，己内酰胺单体聚合成为尼龙 6（a）[30]，对 EVA 进行化学改性，将乙酸酯基取代为羟基，得到 EVOH（b）[31]

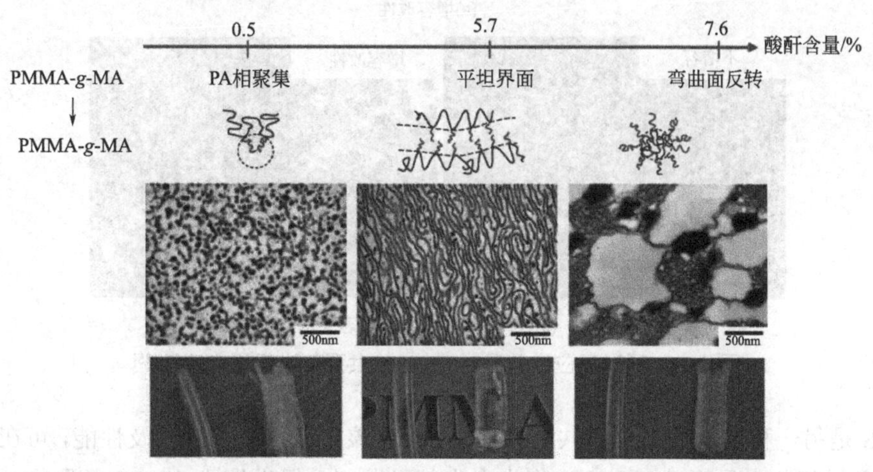

图 4-22　通过反应性挤出改变接枝共聚物的组成含量，调控 PMMA/PA 共混物的相形态[32]

反应性加工的另一个重要应用是对聚合物进行共混改性。现在许多已实现商业化应用的共混物材料，都是通过反应性加工（反应性共混）技术制备的。一个典型的例子就是开发 PP/PA6 共混物[34]。PP 产量巨大、价格便宜、成型性能好；PA6 具有优秀的机械强度，但容易吸湿且耐久稳定性不好；将两者制成共混物、实现性能优势互补，有着重要的应用价值。但非极性的 PP 和极性的 PA6 相容性极差，其共混物存在十分严重的相分离，两相界面上几乎没有分子链的相互扩散，因而共混物材料的力学性能较差，其断裂伸长率甚至低于 PP 或 PA6 的断裂伸长率。因此，对该共混物进行有效的增容改性是其能够获得应用的前提。

图 4-23（a）所示为在 PP/PA6 共混体系中加入 PP-*g*-MA 作为反应型增容剂，在惰性气体保护下进行熔融挤出获得最终共混物的过程。在熔融挤出过程中，PP-*g*-MA 上的马来酸酐基团与 PA6 的链端氨基发生化学反应，生成了 PP-*g*-PA6 共聚物。该共聚物与 PP 和 PA6 两组分都有很好的相容性，因而呈现优异的增容改性效果[图 4-23（b）]。例如，与未增容的共混物相比，增容改性的共混物红外光谱上出现了新的谱峰，证实共混物体系有新的化学键形成；相形态观察发现，增容改性后分散相尺寸急剧降低，且尺寸分布更窄[35]。力学性能测试表明，与未改性的 PP/PA6 呈现典型的脆性断裂不同，增容改性的 PP/PA6/PP-*g*-MA 无论是拉伸强度还是断裂伸长率，均有了明显的增加，甚至可与 PA6 相媲美。

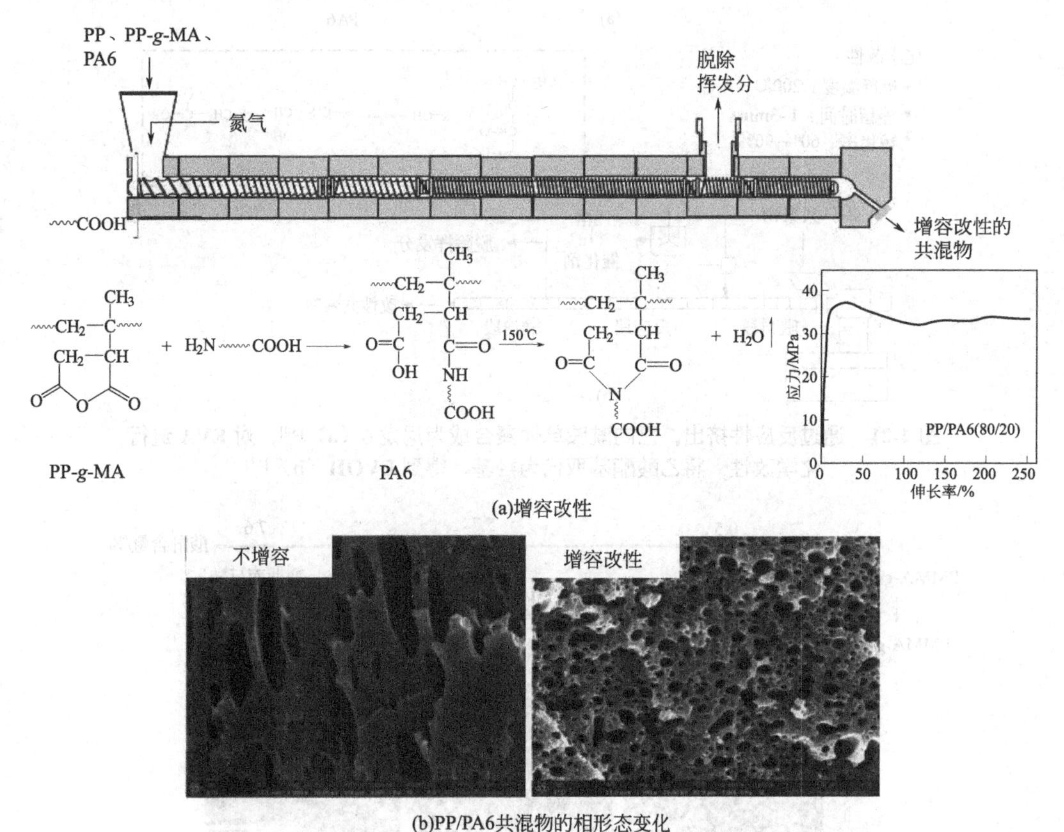

(a)增容改性

(b)PP/PA6共混物的相形态变化

图 4-23 通过反应性共混对 PP/PA6 共混物进行增容改性[35]

PP/PS 是另一种常见的不相容共混物。为了改善该共混物的相容性及性能，可在熔融挤出过程中加入过氧化二异丙苯（DCP）作为自由基引发剂，促进生成 PP-PS 共聚物，以达到对共混物增容改性的目的。但加入过氧化物 DCP 后，分散相 PS 尺寸并没有降低，反而有增大的趋势，如图 4-24[36]。通过研究发现，共混物的熔融指数是随着 DCP 含量的提高而明显增加的，说明产生活性自由基会让聚合物发生严重降解，从而使得熔体黏度降低，施加到分散相上的剪切力不强，不能有效破碎分散相颗粒。为了克服这一问题，可以加入含多个双键的小分子有机物，作为自由基捕捉剂，控制自由基的数量，从而抑制聚合物的降解。在图 4-25 中选用了四种富含双键的小分子化合物为自由基捕捉剂，考察其对 PP/PS（70/30）共混物反应性共混过程中形态的影响。结果表明，共混物熔体流动速率与小分子化合物中双键的摩尔分数是呈反比的，说明双键含量越高，抑制聚合物降解的效果越明显[36]。在降解问题得以缓解之后，相应地共混物中分散相尺寸明显减小；并且熔体流动速率越低或者小分子化合物中双键含量越高，分散相尺寸就越小，即反应性增容效果越好。在该体系中，分散相尺寸-共混物熔体黏度-双键含量三者之间是存在紧密联系的。由此可以推断，在对不相容共混物进行反应性加工时，副反应的发生将使共混体系情况（组分、组成、黏度比）变得更为复杂，从而遇到难以预期的问题。

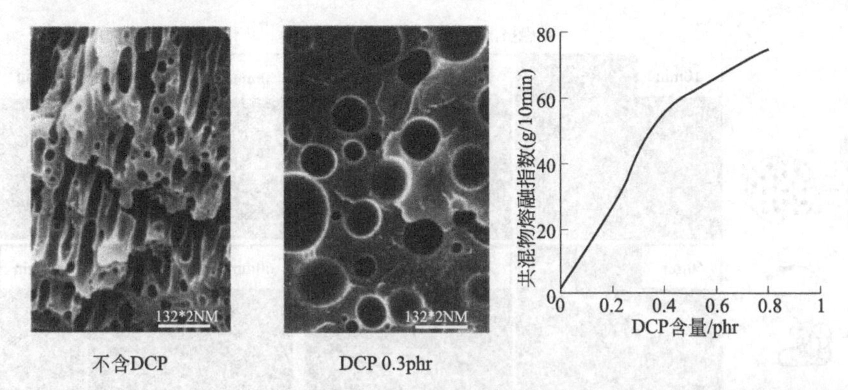

图 4-24 自由基引发剂 DCP 对 PP/PS（70/30）共混物熔体流动性及相形态的影响[36]

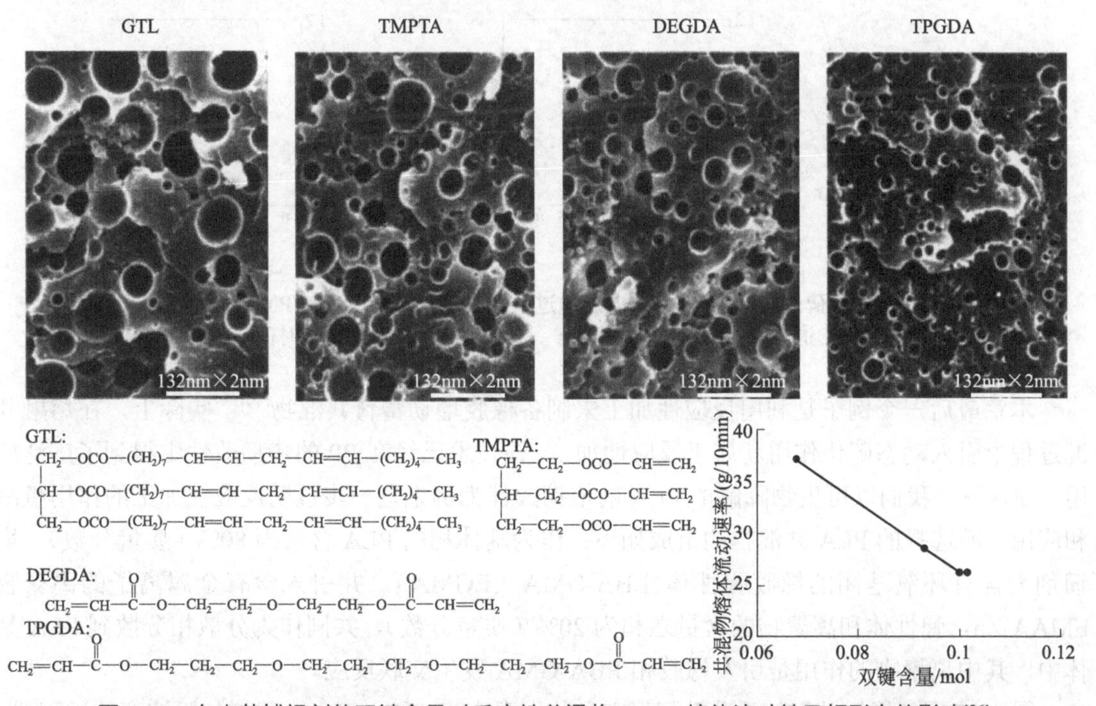

图 4-25 自由基捕捉剂的双键含量对反应性共混物 PP/PS 熔体流动性及相形态的影响[36]

通常情况下，挤出共混过程都是在熔融状态下进行的。利用上一章中介绍的固相挤出装置，也可以对共混物进行增容改性。在固相挤出过程中，通过固相剪切粉碎作用不仅可以把物料颗粒变为非常细小的颗粒，而且固相颗粒之间会进行强力摩擦，使得部分聚合物链发生断裂，在链末端形成自由基，这样就有可能将两种聚合物链段连接起来，形成嵌段共聚物新组分[37]。对比发现，通过固相挤出制备的不相容共混物的相区尺寸要明显低于常规熔融共混制备的共混物。再将两种方法制备的PS/PMMA共混物在190℃下进行退火，可以发现普通熔融共混物中分散相颗粒尺寸明显增加，而固相挤出共混物的相区尺寸增加缓慢，并且变化幅度比较小[38]，如图4-26所示。这说明固相挤出共混物中的相结构具有很好的热稳定性。分析认为，固相挤出过程中形成的嵌段共聚物新组分可作为PS/PMMA的增容剂，改善了共混物的相容性并起到了稳定相形态结构的作用。

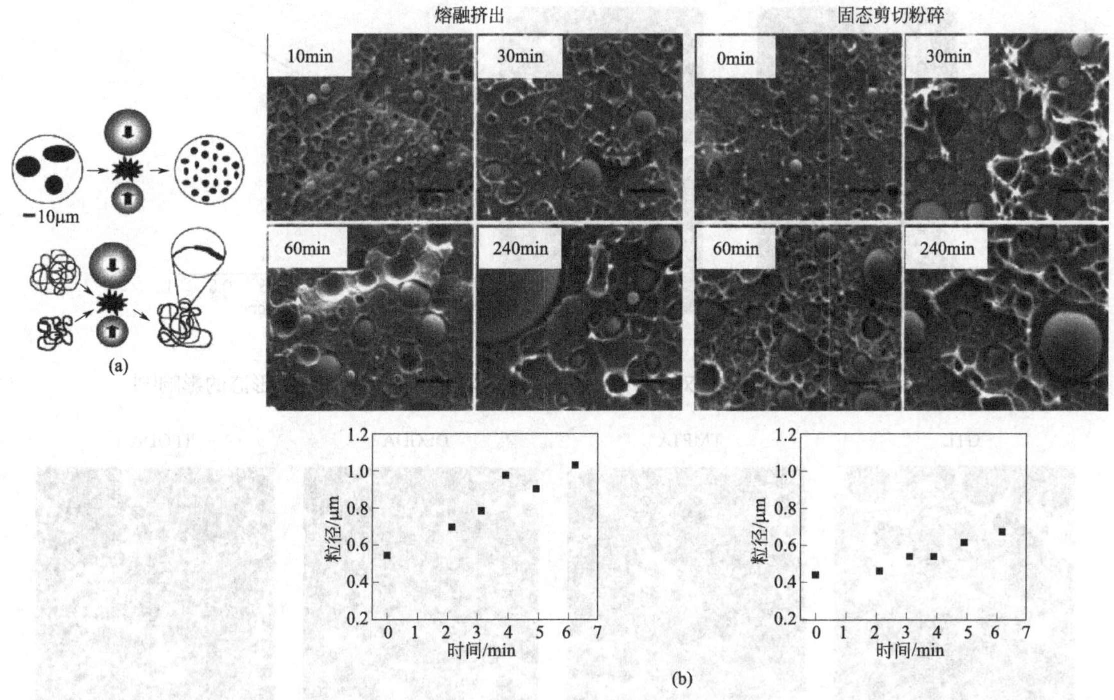

图4-26　固相剪切粉碎效应示意图（a）以及通过不同方法（b）制备PS/PMMA（70/30）共混物在190℃退火中相形态的发展演变（图中数字代表退火处理时间）[37-38]

本章最后一个例子是利用反应性加工来制备橡胶增韧塑料共混物[39]。实际上，在熔融共混过程中引入动态硫化作用就属于反应性加工，该技术已经在PP的增韧改性中得到了广泛应用。在这里，我们以可生物降解的PLA的增韧改性为例来进一步说明反应性加工的作用机制和应用。所选择的PLA共混物的组成如下：作为基体相的PLA含量为80%（质量分数），增韧剂为含有环氧基团的橡胶弹性体EBA-GMA（EGMA），并引入含有金属离子的离聚物EMAA-Zn，弹性体和离聚物的含量之和为20%（质量分数），共同作为分散相分散到PLA基体中，其中离聚物的作用是引发橡胶相EBA-GMA发生交联反应。

图4-27展示了该共混体系分散相形态和冲击强度随EMAA-Zn含量增加而演变的过程[40]。如图4-27（a）所示，随着离聚物含量的增加，分散相的统计平均粒径逐渐增大。共混物的冲击韧性与分散相粒径的关系如图4-27（b）所示。在分散相粒径≤0.8μm时，共混物冲击强度随着分散相尺寸显著提升，增加幅度超过了700%；当分散相粒径＞0.8μm时，冲击强度急剧降低，增韧效果几乎完全消失。因此，可以认为，0.8μm是共混物能否增韧的临界分散相粒径，对应的弹性体与离聚物的比例为10∶10，即两组分含量相等。此外，共混物力学性能的

变化趋势，从另外一个角度还可以阐述为：当离聚物含量≤10%（质量分数）时，共混物的增韧效果显著；当其含量＞10%（质量分数）时，共混物的增韧效果消失。由此引发了一个重要的科学问题：即当分散相的粒径超过某临界粒径时，为什么分散相不再显示增韧的作用，共混物的冲击强度急剧降低呢？

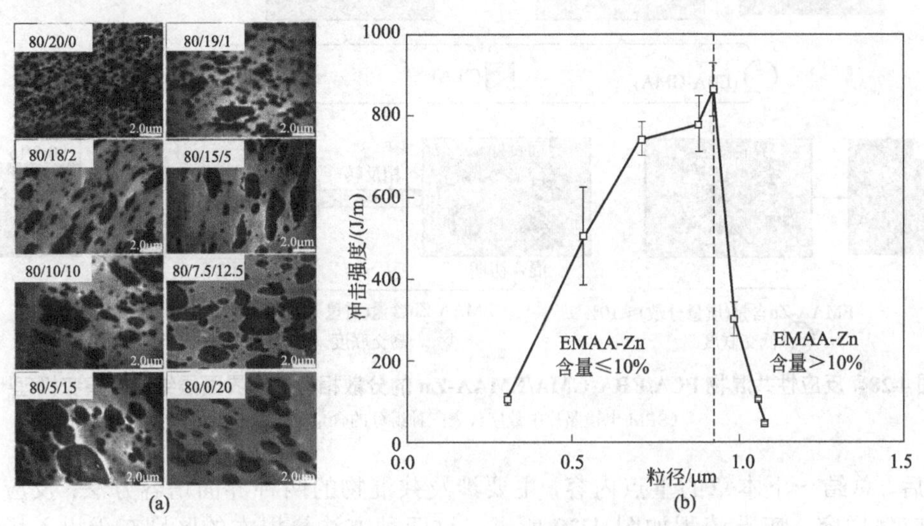

图 4-27　反应性共混物 PLA/EBA-GMA/EMAA-Zn 的分散相形态（a）以及分散相尺寸与冲击性能的关系（b）[40]

（图中数字代表三种组分的含量配比）

共混物的力学性能不仅与分散相尺寸有关，还与两相间的界面结合作用有紧密联系。这里选择性能拐点前后的两个含量比例，即橡胶相/离聚物 15∶5 和 5∶15，来考察基体相与分散相界面作用的变化。从图 4-28 的扫描电镜照片可以看到[40]，在比例为 15∶5 时，即发生性能转变前，分散相与基体相有很好的结合作用；而比例为 5∶15 时，即离聚物含量较高，分散相与基体相界面作用变弱，存在明显的界面脱黏现象。因此，力学性能的降低是由于界面作用变差所引起的。那么，当离聚物含量较高的时候为什么界面结合力会变差呢？我们知道，在这一共混体系中，基体相 PLA 与橡胶相 EGMA 的相容性较好，两相间可形成较强的界面结合；而 PLA 与离聚物相容性差，两者之间界面作用较弱。当离聚物含量较低时，虽然能引发橡胶相交联，但交联程度不高；经过熔融共混之后，在分散相区中橡胶组分仍然占主导，离聚物只是作为橡胶内的分散相；所以与 PLA 基体接触的仍然是橡胶相，两者之间具有强的结合力。但当离聚物含量较高，即＞10%（质量分数）时，在熔融共混初期，分散相区中橡胶组分为连续相、离聚物为分散颗粒；随着共混不断进行，离聚物引起橡胶组分的交联程度不断增加，橡胶组分黏度越来越高，黏度增加到一定程度时，触发相反转，即离聚物变成了分散相区内的连续相而高度交联的橡胶组分则成为分散颗粒。此时，与 PLA 基体接触的组分变成了离聚物，由于两者之间的相容性较差，界面相互作用弱，因而共混物不再表现出增韧的作用。所以，这一反应性共混体系增韧效果发生反转的关键是在熔融共混过程中组分黏度比的变化引起了分散相区内的相反转，进而使得基体相与分散相的界面结合力变差。这一过程包含了共混物形态结构和界面改性两个方面的关键科学问题。

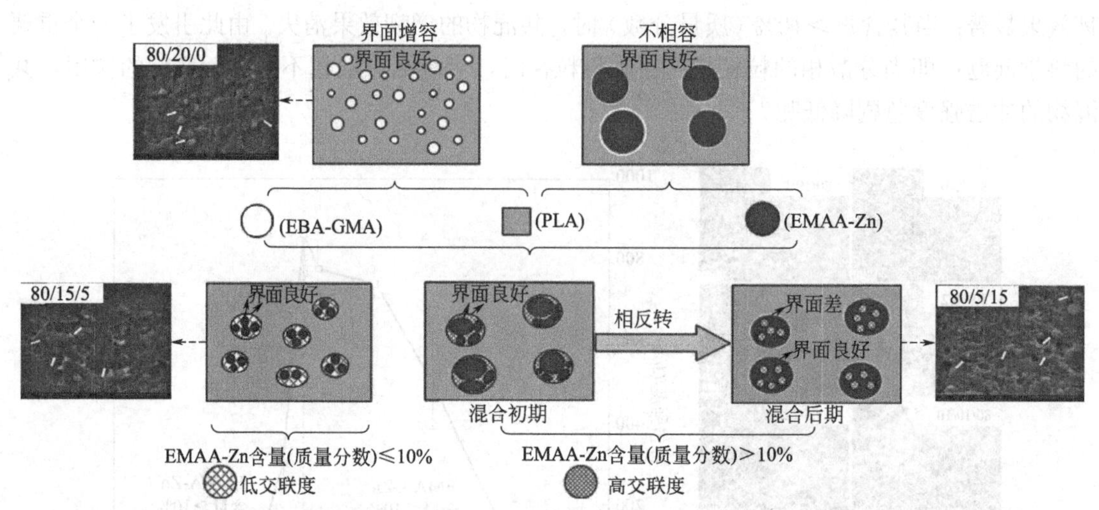

图 4-28　反应性共混物 PLA/EBA-GMA/EMAA-Zn 的分散相形态与界面层结构的演变机理[40]

（SEM 电镜照片中数字代表三种组分的含量配比）

最后，总结一下本章的重点内容，主要涉及共混物的两种界面增容方法：反应型增容和非反应型增容，工艺流程如图 4-29 所示。这两种方法最根本的区别在于引入增容剂的方式不同，即从外部直接添加或者利用反应性功能基团在共混过程中原位形成。除此之外，两种增容方法还具有各自的优点和缺点，见表 4-1，以方便读者进行比较。除了表中所列的传统增容方法外，聚合物共混物的增容改性仍在探索和发展中，新的策略、新的理念不断被提出。例如，前面介绍的无机纳米粒子增容方法，具有效率高、不涉及任何副反应，并且能有效克服加入低分子量增容剂所引起的共混物机械强度、模量明显降低的问题[41-43]，近年来也获得了广泛关注。此外，杭州师范大学李勇进教授团队开发了一系列新型的有机或有机-无机杂化 Janus 粒子增容剂[44-46]，这类增容剂在熔融共混过程中选择性分散在共混物两相界面，仅需添加少量增容剂即可达到优异的增容效果，如图 4-30 所示。特别地，采用这类增容剂改性的共混物在相形态调控、力学性能、功能化等方面具有突出的优势[47-48]。

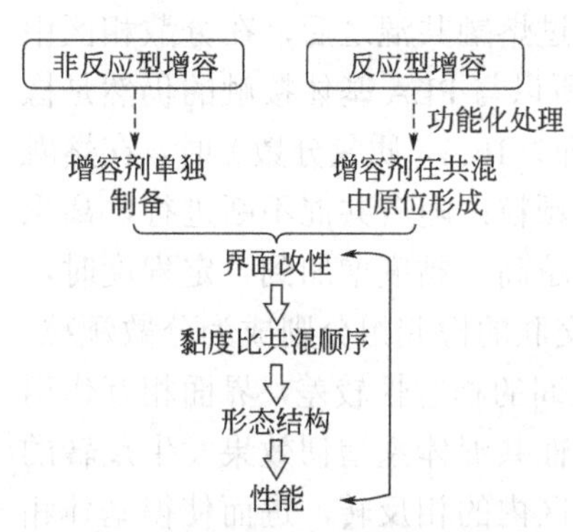

图 4-29　非反应型增容与反应型增容的工艺流程

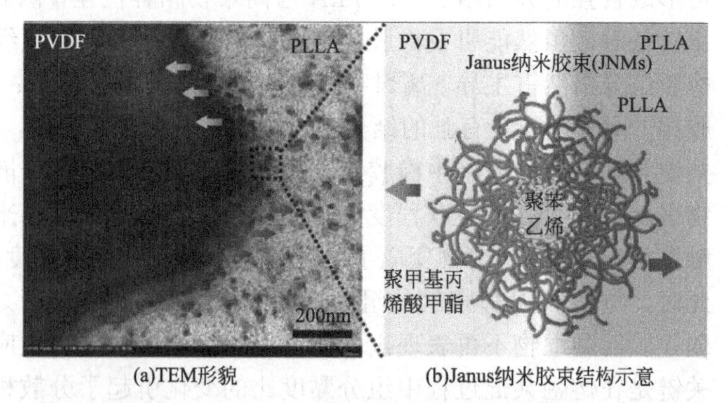

图 4-30　由 PS、PMMA 和 PLLA 三种分子链构筑的 Janus 粒子增容剂在不相容共混物 PVDF/PLLA 两相界面分布[46]

表4-1 非反应型增容与反应型增容各自的优缺点

项目	反应型增容	非反应型增容
优点	用量少、效果好、成本低	无副作用、使用方便
缺点	易发生副反应、需对混炼及成型条件进行严格的控制	用量较多、效率低、成本较高

随着对结构-功能一体化聚合物复合材料需求的不断拓展，制备基于共混物的复合材料必将成为未来的发展方向。因此，尤其需要持续开发新的增容技术，并将增容的理念拓展到共混物复合材料不同组分之间的界面相互作用调控上，在科研和生产实践中注意借鉴运用共混物增容的新理念、新方法，努力提高对聚合物共混改性的认知水平。

思考题

1. 聚合物共混材料的破坏为何常常始于界面？

2. 影响共混物界面层厚度的因素有哪些？

3. 通过什么方法可评价不相容共混物界面相互作用的强弱？其原理是什么？

4. 试阐述非反应型增容剂的增容机理，并举例说明。

5. 反应型增容剂的分子结构有何特点？其增容机理是什么？

6. 举例说明不相容共混物熔融共混时，增容剂的增容效果与共混工艺紧密相关。

7. 在大多数共混物的增容改性过程中，增容剂的含量往往存在一个最佳值（低于或超过该临界值均不利于增容），为什么？

8. 无机纳米粒子和共聚物增容不相容共混物有何不同？

9. 在反应性加工过程中，引发剂或催化剂的存在能够诱导共混物组分之间形成嵌段或接枝共聚物，从而起到增容剂的作用。但如果引发剂或催化剂含量过多，将引发严重的副反应，导致共混物组分降解。试讨论如何避免这种现象的发生。

10. 表征共混物界面结构的方法有哪些？

11. 增容剂和共混组分的“湿刷”与“干刷”作用模式的区别是什么？与“干刷”状态相比，“湿刷”有什么优势？

12. 请你设计一种基于无机纳米粒子和有机化合物（可以是聚合物化合物，也可以是小分子化合物）的增容剂对不相容共混物HDPE/PA6进行增容改性，并阐述其作用机制。

参考文献

第 5 章 聚合物共混物的性能

聚合物共混最重要的目的，是克服单一聚合物在性能、功能上的不足，获得具有理想性能和功能的共混物新材料，包括力学性能、热性能、阻隔和透气性能、光学性能、电性能、导热性能、阻尼性能、老化性能以及熔体流变行为等。其中，力学性能（尤其是抗冲击性能）在聚合物共混改性研究与实际应用中均占有举足轻重的地位，本章将予以重点介绍。结构决定性能，聚合物的结构-性能关系其实就是研究分子功能是如何转移和放大到材料性能的。然而，由于共混物的结构极其复杂（有近程结构、远程结构、凝聚态结构以及织态结构等多层次结构），其性能与各组分性能、相形态结构以及相界面性质都有着密切关系，要真正建立共混物结构-性能间的关系非常困难。因此，本章仅重点探讨弹性体增韧聚合物等共混体系的结构-性能关系，并简要介绍几个可简单预测或评估共混物性能与组分性能关系的一般表达式。

5.1 聚合物共混物的力学性能

常见聚合物共混物的力学性能包括热-力学性能（如模量-温度曲线）、机械强度（拉伸、弯曲、压缩）、模量（拉伸、弯曲、压缩）、冲击韧性、蠕变、应力松弛等，这里主要介绍热-力学性能、机械强度、弹性模量和冲击性能等。

5.1.1 共混物的热-力学性能

在高分子物理教材中，已详细介绍了单组分聚合物的温度-形变曲线或温度-模量曲线（即热机械曲线），以及涉及的“三态”（玻璃态、高弹态和黏流态）和“两转变区”（玻璃化转变区和黏流转变区）。聚合物共混物的热机械曲线与组分间的相容性密切相关。图 5-1 所示为典型的双组分非晶-非晶聚合物共混物的模量-温度曲线（各组分的 T_g 不同），其 T_g 和模量随相容性及组成的不同而发生变化。对于完全相容的共混物而言，其热机械曲线上只有一个玻璃化转变，且该转变介于 A、B 两组分的 T_g 之间，相应的转变温度取决于共混组成比；而完全不相容共混物的热机械曲线上则存在两个玻璃化转变，且这两个转变温度与 A、B 组分自己的 T_g 基本相同，两转变区之间的模量随组成不同发生变化。需要注意的是，共混物在玻璃化转变后还会进入高弹态（即出现一段模量平台区），最后又进入黏流态。为了尽可能地简化热机械曲线的复杂程度，在图 5-1 中省略了高弹态和黏流态转变部分。

图 5-2 所示为典型的双组分非晶-结晶聚合物共混物的模量-温度曲线。在 A、C 两组分的玻璃化转变区间，该类型共混物的热机械曲线与非晶-非晶聚合物共混物相类似。但与非晶-非

晶共混物不同的是，结晶聚合物组分在玻璃化转变后还存在一个结晶模量平台，随后又进入熔融转变；在 A 组分T_g和 C 组分熔融转变温度之间，共混物的模量介于这两组分的模量之间。至于结晶-结晶聚合物共混物，其模量-温度曲线可以此类推。

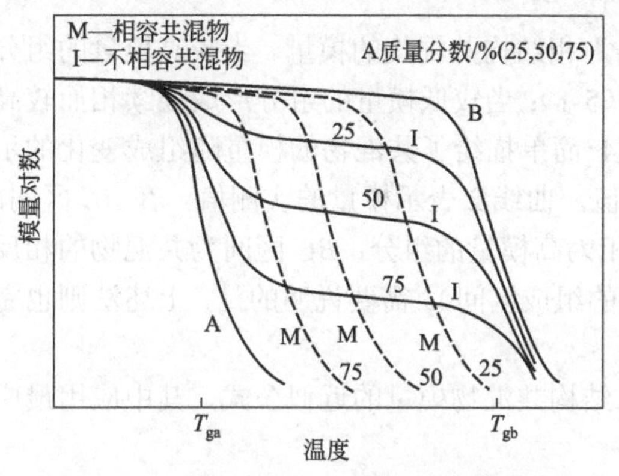

图 5-1　常见非晶-非晶聚合物共混物的模量-温度曲线与组成关系 [1]

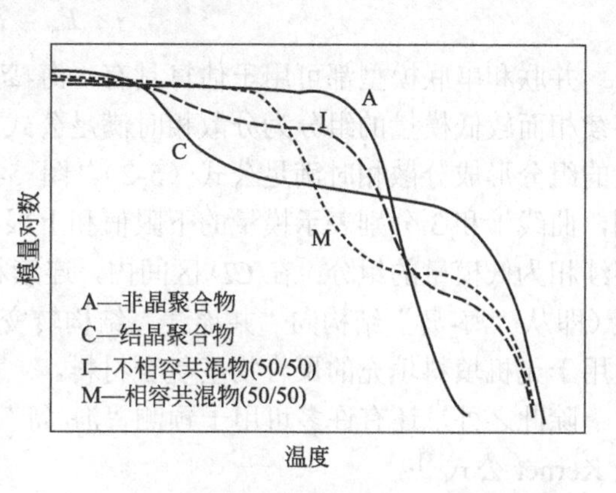

图 5-2　常见非晶-结晶聚合物共混物的模量-温度曲线与组成关系 [1]

5.1.2　共混物的弹性模量和机械强度

聚合物共混物在使用时，常常会受到拉伸、压缩、弯曲、剪切等外力作用而发生形变甚至断裂。应力-应变行为分析是评价聚合物力学性能最常用的方法。如同均相聚合物一样，聚合物共混物也包括硬而脆、强而韧、硬而强、软而韧、软而弱等五种类型，图 5-3 所示为强韧型共混物在单轴拉伸（准静态载荷）过程中的应力-应变曲线。该曲线可分为三个部分：第一部分为普弹形变区（Ⅰ段）；第二部分为伴有应变软化的强迫高弹形变区（具有塑性形变特性，Ⅱ段）；第三部分为伴有应变硬化的黏流形变区（Ⅲ段）。在曲线上有两个特征点：屈服点（*Y* 点）和断裂点（*B* 点），屈服点对应屈服强度和屈服伸长率，断裂点对应断裂强度和断裂伸长率，而在断裂前所承受的最大应力称为拉伸强度或抗拉强度。此外，通过应力-应变曲线还可得到杨氏模量或弹性模量（即 *OY* 起始段线性形变区的斜率）、断裂能（即 *OYB* 面积）等力学性能参数。

（1）不相容共混物体系[2]

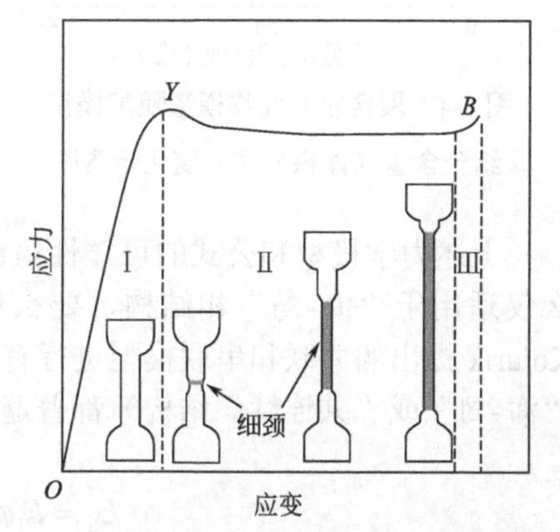

图 5-3　典型的单轴拉伸应力-应变曲线及对应的试样形变

弹性模量越大，表示聚合物共混物的刚度越大，在外力作用下越不易变形。通常情况下，不相容共混物的弹性模量可依据“混合法则”来作近似估算，其上限值和下限值可分别通过式（5-1）和式（5-2）所描述的力学模型来计算。

并联模型（估算上限值）：

$$E_b = \varphi_1 E_1 + \varphi_2 E_2 \qquad (5\text{-}1)$$

式中，E_b为共混物的弹性模量（也可以是剪切模量G或体积模量K）；E_1、E_2分别为组分 1 和组分 2

的弹性模量；φ_1、φ_2分别为组分1和组分2的体积分数。

串联模型（估算下限值）：

$$\frac{1}{E_b}=\frac{\varphi_1}{E_1}+\frac{\varphi_2}{E_2} \tag{5-2}$$

并联和串联模型都可用于估算具有“海-岛”相结构共混物的模量。当较高模量的组分为连续相而较低模量的组分为分散相时满足公式(5-1)；当较低模量的组分形成连续相而较高模量的组分形成分散相时满足公式（5-2)。图 5-4 简单描绘了共混物的模量随组成变化的示意图，曲线1和3分别表示模量的下限值和上限值，曲线2表示模量的实测值。在*AB*区间内，连续相为低模量的组分；在*CD*区间内，连续相为高模量的组分；*BC*区间为共混物的相反转区（即从“海-岛”结构向“共连续”结构转变的组成区间)。需要说明的是，上述法则也完全适用于无机填料填充的聚合物基复合材料。

除此之外，还有许多可用于预测“海-岛”结构共混物模量的近似公式，其中应用最广的是 Kerner 公式[3]：

$$\frac{E_b}{E_c}=\frac{E_d\varphi_d/[(7-5\nu_c)E_c+(8-10\nu_c)E_d]+\varphi_c/15(1-\nu_c)}{E_c\varphi_d/[(7-5\nu_c)E_c+(8-10\nu_c)E_d]+\varphi_c/15(1-\nu_c)} \tag{5-3}$$

式中，E_b、E_c、E_d分别为共混物、连续相和分散相的模量；φ_c、φ_d分别为连续相和分散相的体积分数；ν_c为连续相的泊松比。

对于共连续结构的共混物而言，其模量与组分含量间的关系可用 Davies 公式[4]来描述：

$$E_b^{1/5}=\varphi_1E_1^{1/5}+\varphi_2E_2^{1/5} \tag{5-4}$$

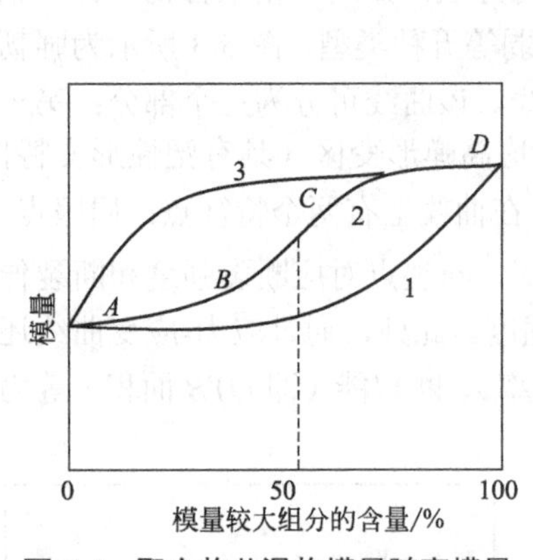

图 5-4　聚合物共混物模量随高模量组分含量（体积分数）变化示意[2]

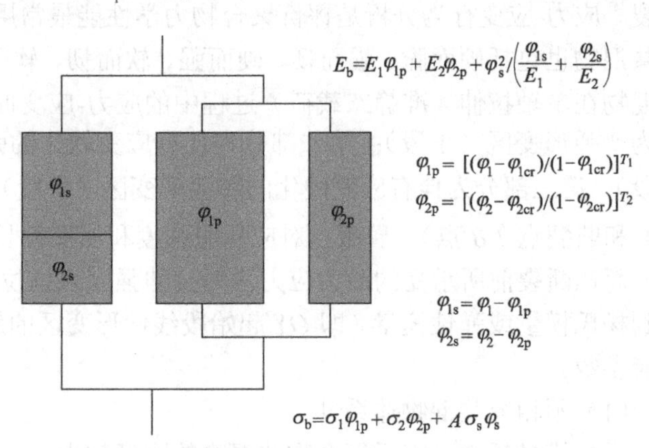

图 5-5　共混物模量和强度的等效盒子模型[1,5]

上述力学模型和公式的可靠性虽已被大量实验事实所证明，但其适用范围都有局限性（要么仅适用于“海-岛”相结构，要么仅适用于“共连续”相结构)。Takayanagi 等[5]通过将 Kolarik 提出的并联和串联模型进行有机结合，发展了在共混物所有组成范围内（即不受限于“海-岛”或“共连续”结构）都普遍适用的等效盒子模型（如图 5-5 所示)，其表达式如下：

$$E_b=E_1\varphi_{1p}+E_2\varphi_{2p}+\varphi_s^2\Big/\left(\frac{\varphi_{1s}}{E_1}+\frac{\varphi_{2s}}{E_2}\right) \tag{5-5}$$

$$\varphi_{1p}=[(\varphi_1-\varphi_{1cr})/(1-\varphi_{1cr})]^{T_1};\ \varphi_{1s}=\varphi_1-\varphi_{1p} \quad (5\text{-}6)$$

$$\varphi_{2p}=[(\varphi_2-\varphi_{2cr})/(1-\varphi_{2cr})]^{T_2};\ \varphi_{2s}=\varphi_2-\varphi_{2p} \quad (5\text{-}7)$$

式中，E_b、E_1、E_2分别为共混物、组分1和组分2的模量；φ_{1cr}、φ_{2cr}分别为组分1和组分2的临界逾渗阈值（体积分数）；T_1、T_2分别为组分1和组分2的临界普适指数；φ_{1p}和φ_{2p}分别为并联连接部分中组分1和组分2的体积分数；φ_{1s}和φ_{2s}分别为串联连接部分中组分1和组分2的体积分数；φ_s为串联连接部分的体积分数。φ_{1cr}、φ_{2cr}、T_1、T_2可看作可调参数。对于在三维空间离散分布的球形分散相而言，经逾渗理论预测可知：$\varphi_{1cr}=\varphi_{2cr}=0.156$且$T_1=T_2=1.833$。在低的组分含量范围内，有$0<\varphi_1<\varphi_{1cr}$、$\varphi_{1p}=0$、$\varphi_{1s}=\varphi_1$（或者$0<\varphi_2<\varphi_{2cr}$、$\varphi_{2p}=0$且$\varphi_{2s}=\varphi_2$），并且$\varphi_s=\varphi_{1s}+\varphi_{2s}$。同样地，利用该等效盒子模型还可以预估共混物的拉伸（或屈服）强度，具体公式如下：

$$\sigma_b=\sigma_1\varphi_{1p}+\sigma_2\varphi_{2p}+A\sigma_s\varphi_s \quad (5\text{-}8)$$

式中，σ为拉伸（或屈服）强度；下标1、2表示组分1和组分2；σ_s取σ_1和σ_2中的最小值；A表示组分间的界面黏结（0为无黏结，1为完美黏结）。

（2）完全相容共混物体系

与不相容共混物相比，虽然完全相容共混物的相结构为极其简单的均相结构，但组分间较强的相互作用通常会引起力学性能（尤其是模量）严重偏离“混合法则”，偏离的程度取决于相互作用的强弱（建议围绕该内容开展拓展性阅读）。更有趣的是，完全相容共混物的力学性能还表现出对组分T_g的强依赖性。如果测试温度高于某一组分T_g但又低于其他组分T_g时，共混物的强度模量通常会在接近其T_g（随共混组成而变化）的组成范围内发生急剧变化。

共混物的机械强度通常并不等于各组分强度的简单平均值；某些组分之间虽表现出明显的协同效应，但共混物强度很难超过较强组分的强度。对于橡胶增韧的聚合物（如PS）共混物而言，聚合物基体的断裂伸长率和断裂韧性均得到显著提升，然而其拉伸强度随橡胶含量的增加而不断降低，最终使共混物的强度介于两组分的强度之间，但又不是简单的平均值。对于较强聚合物（如PET）相增强弱聚合物（如PE）的共混物而言，增强相的形态对共混物的机械强度具有显著影响。当通过原位成纤技术将PET分散相的形态由球形转变为纤维状以后，其对PE的增强效果得到显著增加，这与纤维相具有更大长径比和更高取向有关（具体原因可参见本教材第3章3.2.2节加工过程中共混物形态调控新技术）。

5.1.3 共混物的屈服[2]

在一定的外力载荷作用下，聚合物会发生形变（如图5-3所示）。屈服点（即Y点）是聚合物发生塑性变形的临界点，如果在屈服以后继续给聚合物施加载荷将产生不可逆的永久形变。当然，并非所有的聚合物在形变过程中都会屈服，有些聚合物（如PS）在屈服之前即发生脆性断裂；但是，当在这些脆性的聚合物基体中引入少量的橡胶或弹性体即可促使其发生屈服，断裂模式由脆性断裂变为韧性断裂。考虑到共混物屈服形变的复杂性，先简要介绍单一聚合物的屈服形变。

（1）聚合物的屈服形变

聚合物的屈服形变机理包括剪切变形和银纹化两种。那么，聚合物为什么屈服？在屈服过程中为什么有些聚合物会产生细颈，有些聚合物又没有出现细颈呢？

韧性或准韧性的聚合物在外力作用下会发生剪切屈服，其特征是在试样上出现与拉伸方向成约 45° 角倾斜的剪切滑移变形带，并且逐渐生成对称的细颈（见图 5-3 中的插图）。这是由于斜截面上的拉伸应力（σ_0）可分解为垂直于截面的正应力分量（$\sigma_\perp$）和平行于截面的剪切应力分量（$\sigma_{//}$），如图 5-6（a）所示，其表达式分别为：

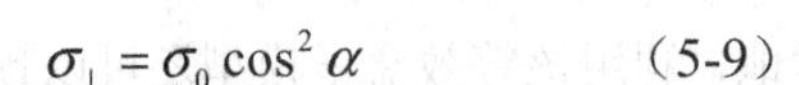

$$\sigma_\perp = \sigma_0 \cos^2 \alpha \qquad (5\text{-}9)$$

$$\sigma_{//} = \frac{1}{2}\sigma_0 \sin 2\alpha \qquad (5\text{-}10)$$

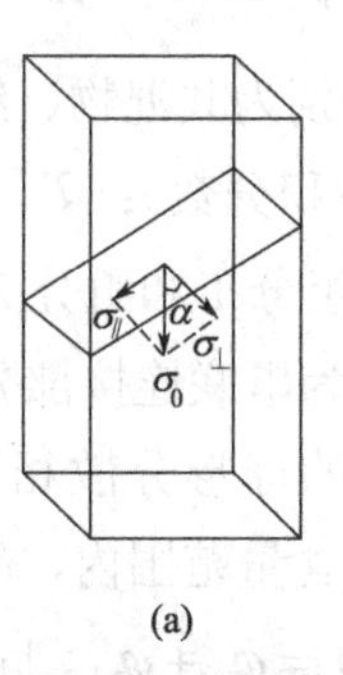

(a)

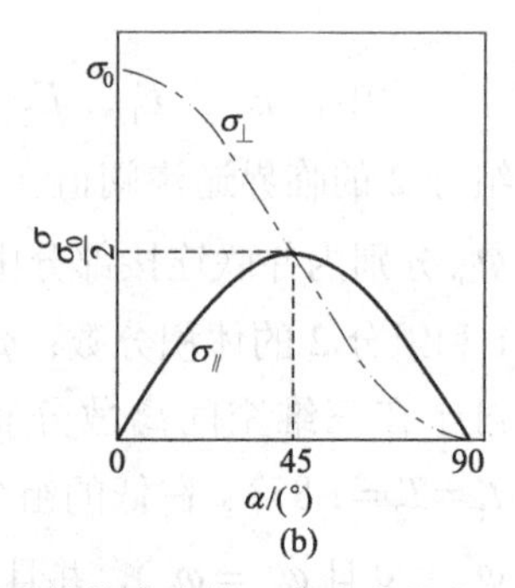

(b)

图 5-6　聚合物所受拉伸应力的正应力分量和剪切应力分量（a）以及正应力、剪切应力分量随夹角变化的关系图（b）

式中，α 为拉伸应力方向与截面正应力方向的夹角（也称截面倾角）。由此可知，在夹角成 45° 的斜截面上剪切应力最大[如图 5-6（b）所示]，因此，在与拉伸方向大约成 45° 夹角的平面上首先屈服形成剪切滑移变形带（此时最大剪切应力在聚合物断裂之前即达到其剪切强度）；同样，在 135° 角的平面上也可发生剪切屈服变形，进而生成对称的细颈，直至细颈扩展至整个试样。对于脆性聚合物而言，在最大剪切应力达到剪切强度之前，斜截面上的法向正应力就已经达到其拉伸强度，因此，还来不及屈服就断裂了，而且断面与拉伸方向相垂直。

剪切带有以下几个最基本的特征：

① 剪切带出现在与拉伸方向呈约 45° 或 135° 倾角的平面上。

② 剪切带内部的分子链沿外力方向高度取向。

③ 剪切带内部没有空隙（形变过程只是发生形状改变，体积或密度没有明显变化）。

④ 剪切带的产生与发展吸收了大量能量。

银纹化是聚合物的表面和/或内部在屈服时产生的与外载应力方向相垂直的微细空化条纹状形变区。银纹的外形与裂缝相似，但其与微裂纹不同：银纹内部并不是空的，而是包含许多沿外力方向高度取向的微小纤维，其质量约占本体的 40%，这些微纤可把银纹体的两个面连接起来；银纹可以进一步发展成裂纹，常常是聚合物断裂破坏的开端；在一定条件下，如升高温度，银纹还可以回复。与剪切带不同，虽然银纹的产生与发展也吸收了大量能量，但在银纹形变过程中材料体积会增加，并且银纹的尺寸比较大（长约 100μm、宽约 10μm、厚约 1μm）。

银纹有以下几个基本特征：

① 银纹内的分子链沿应力方向取向形成微纤，并穿越银纹的“两岸”。

② 条纹状空穴的存在引起应力发白和密度下降（银纹生成过程中横截面基本不变，但体积增加）。

③ 银纹具有一定的机械强度和可逆性（在压力下或 T_g 以上退火可消失）。

总之，剪切变形和银纹化是聚合物形变的两种主要形式，并且在许多情况下两者同时发生并相互作用，各自所占的比例与实验条件（如载荷类型、形变速率、温度等）和聚合物结构参数（如临界缠结分子量 $\overline{M}_c$）有关。通常，PS 等脆性聚合物的 $\overline{M}_c$ 大，缠结点密度低，容易产生银纹；而PC等韧性聚合物的$\overline{M}_c$小，缠结点密度高，倾向于产生剪切变形。银纹化经常发生在聚合物的T_g以下，而剪切变形在很宽的温度范围内都可能发生（只要满足临界剪切应力小于引发银纹的临界应力即可）。那么，如何判断聚合物形变机理是银纹化还是剪切变形呢？首先，可以根据形变过程中的特征现象来辨别，如是否在形变过程中伴随着应力发白、形状改变、体积变化等；其次，还可用蠕变仪定量研究，即根据体积形变-相对形变（纵向伸长）曲线来判断：当斜率为1时为银纹化机理，当斜率为0时是剪切形变机理，当斜率介于0和1之间时两种形变共存。

（2）共混物的屈服形变

聚合物共混物的形变机理与单一聚合物基本相同，银纹化和剪切变形机理所占的比重也与实验条件密切相关。但是，由于共混物不仅组分多而且具有复杂的相结构，通常表现出不同于单组分聚合物的形变特点。在外部载荷的作用下，各组分所处的力学状态可能不同，各相对外应力响应的特性也不同，因此，在相界面处通常容易引起应力集中（该部位的实际应力远远超过所施加的平均应力），进而形成大量的可诱发剪切带或/和银纹的应力集中点；同时，多样化的相形态结构对剪切带与银纹的形成和发展也有着十分重要的影响。这里主要以橡胶粒子增韧的聚合物共混物为例，简要说明共混物的形变特点。

① 应力集中效应　除分散相以外，聚合物基体中存在的结构不均一、空洞等都会引起应力集中。当应力集中处的实际应力超过基体的断裂强度时，就会在此部位形成裂纹。实际应力σ与平均应力σ_0的比值称为应力集中因子。为了强化应力集中的概念，先以一块无限大的薄板为理想模型，对比分析薄板中圆孔和椭圆孔周围的应力分布情况。如图5-7（a）所示，当在薄板上施加一个拉应力σ_0时，利用弹性力学理论可求出圆孔边缘处应力的切向分量为：

$$\sigma_t = \sigma_0(1 - 2\cos 2\theta) \tag{5-11}$$

其中，θ为与外加应力方向之间的夹角。可见，在与外力平行的方向上（即$\theta = 0$），$\sigma_t = -\sigma_0$，圆孔边缘处的应力为压缩应力；在与外加应力垂直的方向上（$\theta = \pm\pi/2$），$\sigma_t = 3\sigma_0$，边缘处的应力为张应力，此时应力集中因子为3（即此处的应力为平均应力的3倍）。应力集中是一个非常局部的现象，它的影响在距离圆孔超过3倍半径的位置处就很小了。

裂纹也是共混物中最常见的应力集中体，它可以近似为一个长半轴为a、短半轴为b的椭圆形孔，如图5-7（b）所示。当椭圆孔的长轴垂直于外加应力方向时，长轴边缘上的极大应力为：

$$\sigma_m = \sigma_0\left(1 + \frac{2a}{b}\right) \tag{5-12}$$

如果在该公式中引入裂纹尖端曲率半径ρ，即

$$\rho = \frac{b^2}{a}$$

当$a >> b$时，则有

$$\sigma_m = \sigma_0\left(1 + 2\sqrt{\frac{a}{\rho}}\right) \approx 2\sigma_0\sqrt{\frac{a}{\rho}} \tag{5-13}$$

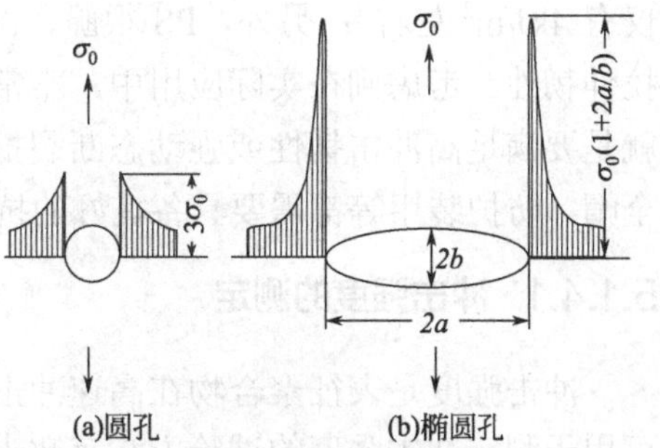

(a)圆孔　(b)椭圆孔

图5-7　与外力垂直方向的圆孔和椭圆孔周围的应力分布（a/b=4）[2]

由此可见，如果是椭圆孔，其周围产生的应力集中相对还比较小；但随着椭圆孔转变为扁平的裂纹，裂纹尖端的应力集中会很大，裂缝处的实际应力很容易达到共混物的断裂强度，进而引起强度大幅降低，甚至发生脆性断裂。

② 橡胶相对塑料基体形变的影响　事实上，在很多情况下，分散相的应力集中并不一定会立即引发裂纹，常常是先引发银纹、再经银纹发展形成裂纹。在橡胶增韧塑料中，橡胶分散相粒子的模量要远低于塑料基体相，因此在外力作用下，如同图 5-7 所述的小圆孔，橡胶粒子周围（特别是在其赤道上）也会产生很强的应力集中。橡胶粒子产生的应力集中效应可有效引发其周围基体发生银纹化和剪切变形，从而吸收大量能量（详见 5.1.4.2 节中关于橡胶增韧塑料的增韧机理）。需要注意的是，在实际的橡胶增韧体系中，由于橡胶粒子应力集中所产生的力场并不一定是孤立存在的，距离较近的橡胶粒子的力场之间可能存在着相互叠加，使粒子之间某些区域的应力集中因子得到明显增加，于是这些区域也可能优先引发基体形变。总的来说，橡胶粒子的存在，可使基体的屈服变形更容易发生，最终导致基体的断裂模式由脆性断裂转变为韧性断裂。比如，PS 很脆，当其受到的平均应力还低于发生银纹的临界应力水平时，即发生脆性断裂，银纹无法生成；而 HIPS 的韧性则比较高，这是由于在载荷作用下，橡胶相粒子作为应力集中点可使其周围 PS 基体承受的实际应力在断裂前即达到银纹的临界应力，于是基体发生大面积的银纹化屈服变形，大量能量被消耗。

此外，由于橡胶相的热膨胀系数通常比聚合物基体大，因此在熔体冷却过程中共混物两相间可能存在热收缩不匹配，进而在界面上形成静张力或负压。负压的存在可明显降低橡胶相和基体的 T_g，从而有利于在较低应力下发生屈服形变。

5.1.4　共混物的冲击性能

在聚合物共混改性的理论研究和实际应用中，增韧或抗冲改性占有非常重要的地位。从定义上讲，共混物的韧性是指其在断裂过程中通过吸收和耗散应变能而阻止破坏的能力。如前所述，共混物的韧性可以通过计算拉伸应力-应变曲线面积而得的断裂能来度量。然而，由于聚合物的力学行为对时间、温度有很强的依赖性，施加载荷的速率对所测韧性具有显著影响，因此在准静态载荷下测得的拉伸韧性与高速冲击条件下测定的冲击韧性并不等同。比如，等规 PP 的拉伸韧性很高（断裂伸长率可达 300%以上），但其冲击韧性比较低（缺口冲击强度仅有 $4kJ/m^2$ 左右）；另外，PS 很脆，冲击强度很低，但在低速拉伸条件下也可以测得较高的拉伸韧性。考虑到在实际应用中，常常要求保证材料在高速冲击载荷下不发生脆性破坏，也就是要满足高冲击韧性或强动态断裂抵抗能力这一基本的性能要求。例如，汽车保险杆、安全帽、防护装甲等都需要具备良好的抗冲击能力。

5.1.4.1　冲击强度的测定

冲击强度是表征聚合物在高速冲击状态下的动态断裂韧性的一个重要指标参数。目前，可用于测定冲击强度的试验方法有数十种，其中最常用的有悬臂梁冲击试验、简支梁冲击试验、落锤式冲击试验、高速拉伸冲击试验等，其中前两种试验（如图 5-8 所示）最为普遍。对于脆性的聚合物，试验时可选择无缺口的试样；对于缺口敏感型的聚合物，可选择有缺口的试样。试样的冲击韧性可通过计算单位断裂面面积所消耗的冲击功来估算。

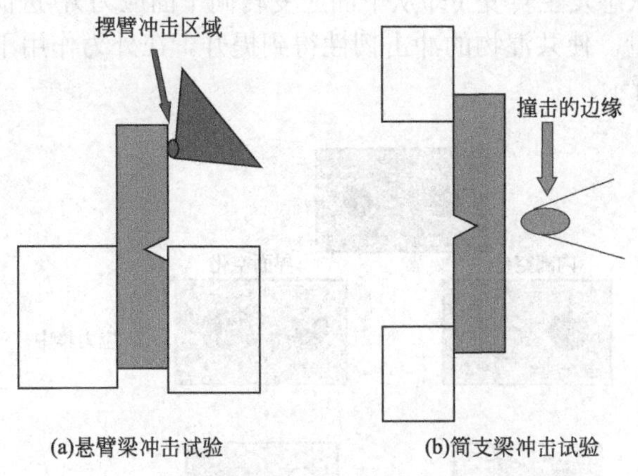

图 5-8　冲击试验示意[1]

冲击是一个动态过程，试样在冲击过程中要经历裂纹的引发、扩展以及终止等阶段。如果采用仪器化冲击试验机还可测定冲击过程中的力-时间和能量-时间等关系曲线，进而获得裂纹引发能、扩展能等数据，支持断裂机理的定量分析。

5.1.4.2　橡胶增韧塑料

橡胶（或弹性体及柔韧性好的聚合物）增韧塑料是聚合物增韧的最主要也是最有效的方法，已有几十年的理论研究和应用历史。到目前为止，以橡胶为分散相的增韧塑料仍然是聚合物共混物的最主要品种，如 HIPS、HIPP 等工业化产品，具有很高的抗冲韧性，其冲击强度比塑料基体高 5～10 倍，甚至几十倍。通常，橡胶增韧塑料要达到良好增韧效果的基本条件是：橡胶作为分散相有序分布在塑料基体中；橡胶相与塑料基体间具有适度的相容性和界面粘接力；橡胶相的 T_g 远低于使用温度（一般要低 40～60℃以上）。

（1）增韧机理

橡胶增韧塑料的机理研究始于 20 世纪 50 年代，目前虽已取得一系列重大进展，但仍然还不够成熟和完善。增韧理论比较多，早期的理论有能量直接吸收理论、次级转变温度理论、屈服膨胀理论、裂纹核心理论、多重银纹理论和剪切屈服理论等，这里仅介绍当前普遍接受的银纹-剪切屈服理论、空穴化理论和脆-韧转变理论。

① 银纹-剪切屈服理论　该理论基于增韧共混物的韧性不仅与橡胶相有关，而且与塑料基体特性密切相关的实验事实，由 Bucknall 等[6]在 20 世纪 70 年代提出。其核心观点是：橡胶粒子在增韧中主要发挥两方面的重要作用：一是它可以作为应力集中点诱导周围基体产生大量的银纹和剪切带；二是它本身还可以终止银纹（当一个粒子引发的银纹遇到另一个橡胶粒子时就可能会被及时终止），而不至于发展成失稳的裂纹、进而发生脆性断裂。断裂能主要是通过塑料基体的银纹化和剪切屈服形变来耗散的，且剪切屈服是较银纹化更有效的能量耗散途径[7]。银纹和剪切带所占的比例与基体性质有关，基体的韧性越好，剪切带的比例也就越大。如脆性大的 PS，其增韧主要是靠银纹化来实现的；而韧性好的 PC，其增韧主要靠剪切屈服变形，银纹化所占的比例较小，甚至完全没有。

② 空穴化理论　在冲击断裂过程中，空穴化既可以发生在橡胶粒子内部，也可以发生在界面上（表现形式为界面脱黏）。该理论最初由 Yee 和 Pearson[8-9]在 1986 年提出，其核心观点

是：断裂过程中橡胶粒子的空穴化本身并不能够吸收大量能量，但它能通过释放局部三轴应力使周围基体的应力状态发生转变（即从平面应变转向平面应力），进而引发基体剪切屈服形变，最终消耗大量能量，使共混物的冲击韧性得到提升。在外力作用下，橡胶增韧塑料的微观形变过程如图 5-9 所示。

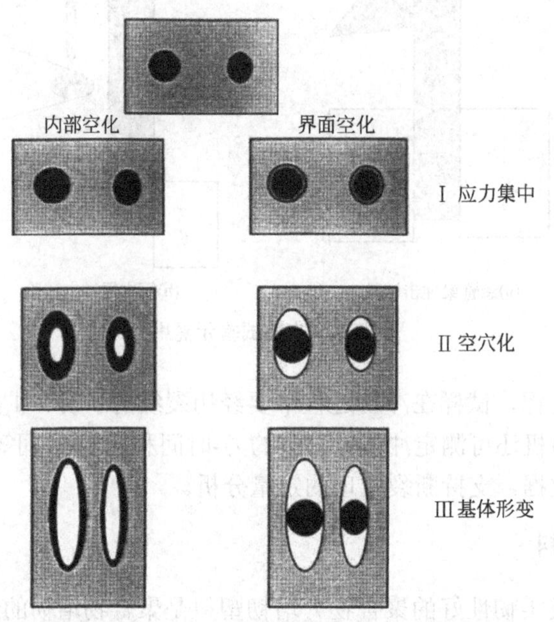

图 5-9　外力作用下橡胶粒子的微观形变过程[10]

最新的观点认为：空穴化、银纹和剪切屈服都是橡胶增韧塑料的主要机理。橡胶粒子本身并不是吸收能量的主要途径，它对韧性的贡献在于它可以诱发塑料基体产生多重银纹和剪切屈服变形。

③ 脆-韧转变理论　在橡胶增韧塑料时，常常可以看到冲击强度与橡胶含量并不呈线性关系，而是当橡胶含量增加到某一数值（如体积分数 10%～15%）以后，冲击强度急剧增加，也就是说发生了脆-韧转变。1985 年，吴守恒[11-12]在研究橡胶增韧 PA66 时，发现共混物的冲击强度对橡胶颗粒间距存在显著的依赖性。只有橡胶粒子间的面-面距离（τ）小于某一临界间距（称为临界韧带层厚度 τ_c）时，脆-韧转变才能发生，共混物表现为韧性断裂；反之，当 τ 大于 τ_c 时，冲击韧性不发生明显增加。更有趣的是，τ_c 与分散相体积分数（φ_r）和粒径无关，仅仅与基体性质有关，如图 5-10 所示。也就是说，τ_c 是控制基体韧性的一个重要特征参数，τ_c 越大，基体韧性也越好，增韧越容易（较少含量的橡胶即可实现有效增韧）。进一步，吴守恒把橡胶粒子假设为粒径均一的球形颗粒且其在基体中是以简立方点阵的形式均匀分布的，由此给出了 τ_c 的表达式：

$$\tau_c = d_c[(\pi / 6\varphi_r)^{1/3} - 1] \tag{5-14}$$

式中，d_c 为脆-韧转变时橡胶粒子的直径（可由实验测得）。由此可见，在橡胶相体积分数一定的情况下，通过该公式很容易获得基体发生脆-韧转变时所需要的橡胶粒子临界粒径。

在提出以 τ_c 作为共混物脆-韧转变判据的基础上，吴守恒基于应力体积球的概念建立了橡胶增韧塑料的脆-韧转变逾渗模型（如图 5-11 所示），有力推动了增韧理论的发展。逾渗模型的核心观点是：在冲击载荷作用下，每个橡胶粒子的周围都生成了一个厚度为$\tau_c/2$的等应力球壳，构成了直径为$d+\tau$的平面应力体积球。这样，当橡胶粒子的间距大于τ_c（φ_r较小）时，这些球形应力场是相互孤立的，共混物表现为脆性断裂；但是，一旦φ_r增加到可使粒子间距达到τ_c时，相邻球形应力场相互叠加，屈服变形区开始相互贯穿，最终在基体中形成了屈服变形区的逾渗通道，使共混物的冲击韧性得到急剧提升，发生脆-韧转变。

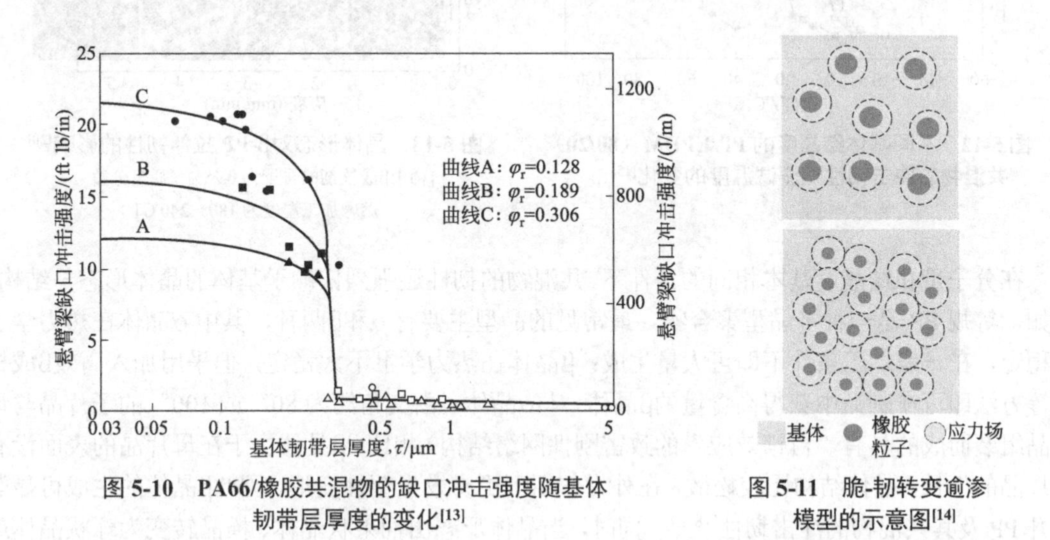

图 5-10 PA66/橡胶共混物的缺口冲击强度随基体韧带层厚度的变化[13]

图 5-11 脆-韧转变逾渗模型的示意图[14]

（2）影响冲击韧性的关键因素

除测试条件外（如试样尺寸、应变速率、实验温度等），橡胶增韧共混物的断裂韧性是由基体参数、橡胶分散相参数以及橡胶-基体的界面性质共同决定的。具体影响因素繁杂且相互关联，这里将通过实例简要介绍几种最关键的影响因素。

① 基体参数 如上所述，橡胶增韧塑料的能量耗散主要是通过基体的银纹化和剪切变形来实现的，因此，基体性能参数对共混物的韧性起着决定性作用。基体的韧性越好，越容易在较低应力水平下发生剪切形变，共混物的冲击强度也就越高。影响基体韧性的参数主要有分子量大小、链缠结密度、结晶度、结晶形态与结构等。通常，基体分子量越大，τ_c越大，共混物的冲击韧性越好、脆-韧转变温度（T_{BT}）也就越低[15]。这是由于提高分子量可增加分子链之间的物理缠结点，进而使基体的断裂强度（σ_b）得到提高。聚合物的σ_b与数均分子量（$\overline{M_n}$）的关系如下：

$$\sigma_b=\sigma_\infty(1-\overline{M_c}/\overline{M_n}) \tag{5-15}$$

式中，σ_∞为分子量无限大时的断裂强度。

基体结晶度对共混物的韧性也有明显影响。如PP/EPDM共混物的T_{BT}会随基体结晶度的提高而提高（如图5-12所示），其冲击韧性也随之明显减小，即提高基体结晶度不利于获得优异的抗冲性能[15]；但四川大学傅强教授团队的研究却发现，橡胶增韧PLA共混物的冲击韧性会随PLA基体结晶度的提高而显著增加，这说明基体结晶有利于PLA增韧[16-17]。目前，针对基体结晶度对共混物冲击韧性影响的机理还缺乏全面深入的理解，尚需进一步研究。

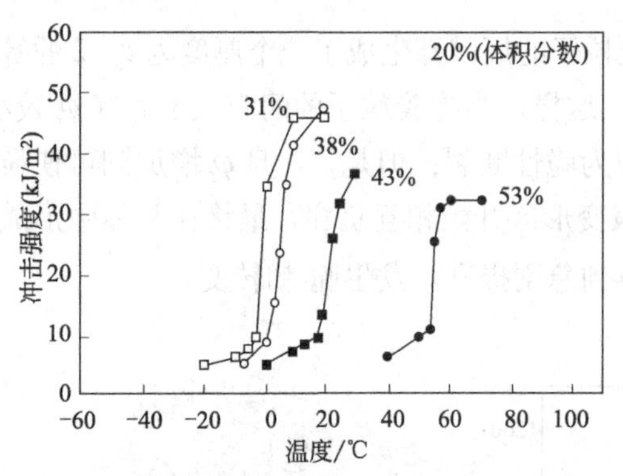

图 5-12　不同基体结晶度的 PP/EPDM（80/20）共混物的冲击韧性随测试温度的变化[15]

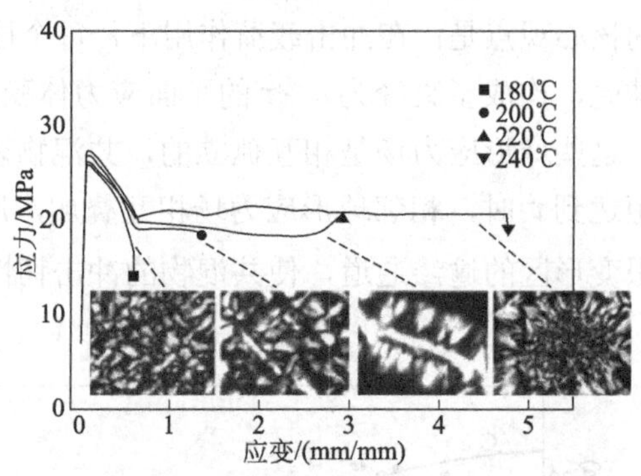

图 5-13　晶体形态对β-PP 拉伸韧性的影响[20]
[稀土β成核剂的含量为 0.25%（质量分数），熔融加工温度为 180～240℃]

在分子量和结晶度基本相同的条件下，共混物的韧性还强烈依赖于基体的晶体形态与结构。例如，等规 PP 是一种多晶型聚合物，最常见的晶型主要有 α和β两种，其中 α晶体在热力学上最稳定，在一般加工条件下即可大量生成；β晶体在热力学上不太稳定，但采用加入高效β成核剂等方法即可在制品中获得高含量的β晶体。与α晶体（由交角约为 80° 或 100° 的子片晶与母片晶组装而成的具有“自锁效应”的致密刚性网络结构）相比，β晶体由于在母片晶的表面没有子片晶的生长，晶体结构比较松散，在外力作用下更易发生塑性变形，因此β晶体的生成可显著提升 PP 及其共混物的冲击韧性[18-19]。同时，当晶体形态由捆束状晶体、横晶转变为球状晶体或花瓣状晶体以后（许多β成核剂可溶解于 PP 熔体中，并且在熔体冷却过程中可自组装成各式各样的成核结构，而β晶体的形态与成核剂含量和熔融加工温度均密切相关，建议就此开展拓展性阅读），β-PP 及其增韧共混物表现出更加优异的冲击韧性和拉伸韧性，如图 5-13 所示[20]。可见，对于半结晶聚合物的增韧而言，调控基体结晶结构也是获得理想增韧效果的关键。

② 橡胶相参数　橡胶粒子的含量、粒径、空间分布及其模量等参数对增韧效果也是至关重要的。随橡胶含量的增大，不仅共混物的 T_{BT} 会向低温偏移，在 T_{BT} 以上其冲击强度也得到大幅提升[21-22]。在橡胶含量足够的情况下，获得最佳增韧效果往往需要最合适的橡胶粒径（即“最佳增韧粒径”），粒径过大或过小均不利于橡胶增韧作用的发挥，甚至几乎没有明显的增韧效果。但“最佳增韧粒径”与基体性质和形变机制均密切相关，并不是说增韧所有聚合物基体都需要同样的橡胶粒径[17,23]。比如，增韧脆性 PS 的“最佳增韧粒径”为 1.5～2.0μm，而对于增韧韧性稍好的 PLA，其最佳粒径为 0.7～1.2μm，增韧准韧性 PMMA 的最佳粒径则小于 0.5μm。为什么会这样呢？其实，从诱发银纹和剪切带的角度来看，较小的橡胶粒径对诱发剪切带有利，而较大的粒径对诱发银纹有利；从终止银纹的角度考虑，多重银纹是脆性基体的主要形变机制，这时橡胶粒子的尺寸要与银纹相当才可以有效终止银纹，而韧性基体可以通过剪切带的生成来终止银纹，不需要依赖较大粒径的橡胶粒子来终止。因此，较小的橡胶粒子即可有效增韧韧性基体；而要增韧脆性基体，则需要较大的橡胶粒子[17]。

橡胶粒子的分散分布对共混物冲击韧性的影响也非常大。通常，橡胶粒子在共混物中的分散分布主要存在三种形式，如图 5-14 所示。虽然橡胶粒子的团聚不利于增韧效率的提高，但也不是分散越好，增韧效率就越高。研究发现[24-25]，当橡胶粒子在共混物中组装成“准网络”结构时增韧效率最高。在共混物基体中形成具有“类连续”结构（部分相邻的橡胶粒子相互黏结成网状结构，但并未形成贯穿于整个基体的连续相）的橡胶相也可有效提高增韧效率[26]。

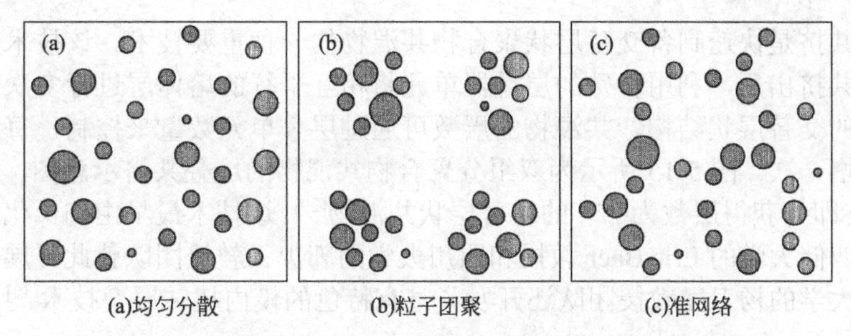

图 5-14　橡胶粒子在聚合物基体中的空间分布示意图[24]

此外，橡胶相与基体的剪切模量之比与增韧共混物的韧性具有强的相关性[27]。只有当模量比小于或等于 1/10 时，橡胶粒子才可以有效增韧聚合物基体。因此，适度的交联有利于获得良好的增韧效果。当交联度太小时，橡胶颗粒的弹性不足，在加工场作用下容易变形、破碎；而交联度过大时又会引起橡胶相的模量过高，难以发挥增韧作用。这也是大多数刚性粒子无法有效增韧脆性塑料的关键原因所在。

③ 橡胶-基体的界面　在橡胶增韧聚合物共混体系中，适当的界面黏结强度是获得良好增韧效果的基本前提，只有合适的界面强度才能保证橡胶粒子可以高效引发基体形变并终止银纹，过高或过低的界面强度都会对增韧产生不利影响。

（3）交替层状结构在增韧中的应用

在常见的橡胶增韧聚合物体系中，橡胶是分散相、聚合物是基体，橡胶相是以各式各样的颗粒形态（如球形、椭球形等）分散在聚合物基体中的，增韧机理为橡胶粒子通过引发基体产生剪切屈服形变和/或多重银纹来耗散能量。有研究发现，通过构筑具有交替层状结构的塑料/橡胶共混体系也可实现高效增韧，此时橡胶层虽然难以引发塑料层形变，但可有效阻止裂纹在塑料层间的快速扩展[28]。

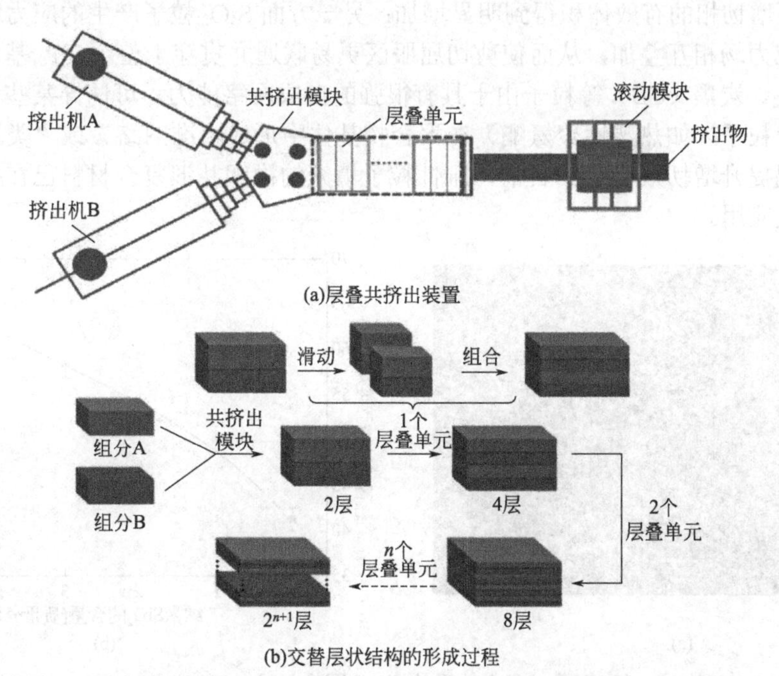

图 5-15　利用层叠共挤技术制备交替层状聚合物共混物的示意图[29]

微纳层叠共挤是快速制备交替层状聚合物共混物的一种重要技术。该技术是将不同种类的聚合物熔融共挤出后，利用特殊的层叠器单元将相互平行的熔体层进行多次分割和叠合，获得微纳尺度的交替层状结构。共混物的层数可通过层叠单元数量来控制，每经过一个层叠单元层数就倍增一次。图 5-15 所示为双组分聚合物共混物的层叠共挤示意图，如果串联 n 个层叠单元，最终即可获得层数为 2^{n+1} 的交替层状共混物[29]。该技术最早由陶氏化学公司提出，后来美国凯斯西储大学的 Eric Baer 教授和四川大学的郭少云教授团队就此开展了大量研究工作，北京化工大学的杨卫民教授团队还开发了富有特色的模内扭转层叠技术[30]。

5.1.4.3　橡胶与刚性粒子协同增韧塑料

利用橡胶或弹性体虽然可以大幅改善塑料基体的韧性，但在增韧的同时往往会引起塑料基体原有强度和刚度的大幅下降，从而极大地限制了共混物的应用范围。因此，实现刚韧平衡一直都是橡胶增韧塑料的重要研究课题。于是，采用刚性粒子增韧聚合物的想法应运而生。如同橡胶增韧塑料，刚性粒子也可作为应力集中点来引发周围基体银纹化和剪切变形，并使裂纹扩展受阻、钝化，进而在断裂过程中消耗大量能量，赋予共混物良好的韧性[31-32]。然而，研究发现，刚性粒子虽然不会导致基体强度和模量的下降，但其增韧效果极为有限。更为重要的是，刚性粒子的增韧对象必须是 PE、PA、PC 等韧性或准韧性聚合物，而对 PS 等脆性聚合物基本没有增韧作用。因此，对于脆性聚合物而言，需要同时使用橡胶和刚性粒子增韧来实现刚韧平衡。

聚合物/橡胶/刚性粒子复合体系由于形态结构更加复杂，因此影响其性能的因素更多，目前对其相形态-力学性能的关系还缺乏清楚的认识。通常认为，当刚性粒子与橡胶在基体中形成具有“核-壳”结构（即软核-硬壳或硬核-软壳）的复合粒子后，二者有可能会表现出明显的协同增韧作用。例如，将 SiO_2 纳米粒子均匀包覆在 EPDM 分散相的周围（如图 5-16 所示），可赋予 PP/EPDM 共混物更优异的冲击韧性，并且 PP 基体的强度可得到很好的保持[33]。这是由于，一方面增韧相的有效体积得到明显增加；另一方面 SiO_2 粒子产生的应力场会与 EPDM 粒子产生的应力场相互叠加，从而使剪切屈服区更易联通并贯穿于整个 PP 基体中。除此之外，气相 SiO_2、炭黑（CB）等粒子由于具有很强的自成网络能力，可诱导某些与其有较强相互作用的橡胶粒子（如热塑性聚氨酯）在聚合物基体中形成“准网络”或“类连续”的相结构，进而大幅提升增韧效率[26]。目前，刚性粒子填充的橡塑共混复合材料已在车用塑料等领域得到了大量应用。

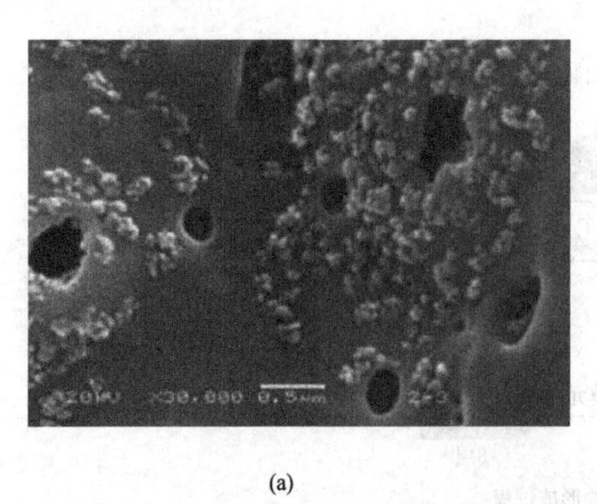

(a)

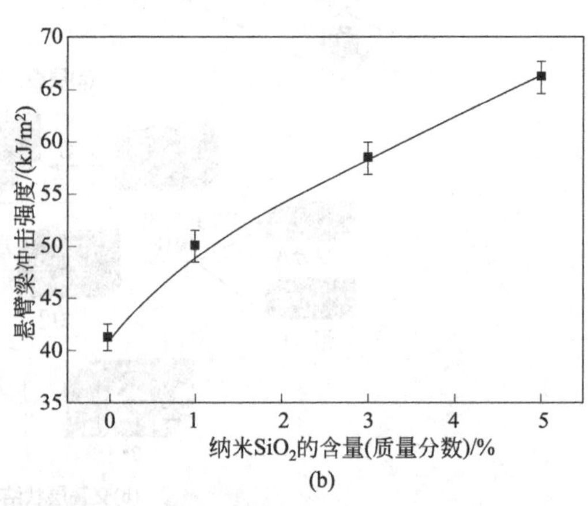

(b)

图 5-16　PP/EPDM/SiO_2（80/20/3）复合体系的 SEM 图像（a）；PP/EPDM/SiO_2（80/20/x）共混物复合材料的冲击强度与 SiO_2 含量之间的关系（b）[33]

5.2 共混物的其他性能

除作为结构材料使用外，聚合物共混物在功能材料领域的应用也越来越广，如柔性超级薄膜电容器、柔性电磁屏蔽材料、柔性可穿戴器件等。聚合物共混物的其他性能，包括电学性能、光学性能、气体阻隔性能、结晶性能、润滑性与耐磨损、减震与防噪声、阻燃、耐老化性能等方面，涉及的面非常广，这里只简要介绍光学性能和气体阻隔性能，其余性能介绍将包含在填充和纳米复合材料内容相关的章节中。

5.2.1 光学性能

材料的光学性能包括透明性、表面光泽性等。在食品和工业包装材料等实际应用环境中，高透明性特别重要；有些应用场合（如家用电器外壳）还需要特殊的表面光学效果（如珠玉般的光泽）。然而，由于多相结构的特征尺寸大（一般为微米或亚微米级），相界面存在强的光散射，因而大多数聚合物共混物是不透明或半透明的，这严重限制了其应用范围。其实，对于 PP 等高结晶性聚合物而言，由于晶体尺寸通常为微米级（远大于可见光的波长），其制品的透明性也很差。因此，要制备高透明的共混物，不仅要保证分散相粒子的尺寸小于可见光波长，而且要选择高透明的聚合物作为基体。该基体可以是非结晶性聚合物，也可以是 PP 等高结晶性聚合物，不过对于后者而言首先需要采用添加高效成核剂等方法使晶体尺寸大幅度减小到可见光波长以下（比如已上市的高度透明的 PP 水杯和饭盒）[34-35]。另外，还可根据组分间折射率相匹配的原则来制备高透明的共混物。当各组分的折射率相近，如 PC 和 SAN 共混时，共混物的透明性与分散相尺度无关，表现出良好的透明性。此外，通过调整共混组分的折射率，还可以制得具有特殊表面光泽效果的共混物，如珠光色、乳白色泽、大理石纹样等。比如，PC/PMMA 共混物（组分间的折射率相差约 0.1）就表现出漂亮的珍珠光泽。

5.2.2 气体阻隔性能

除热、力学、光学等基本性能外，气体阻隔性能（即阻止气体渗透的能力）也是聚合物薄膜制品的一个重要性能指标。例如，食品包装膜常用于包装对氧气、水蒸气敏感的商品，良好的气体阻隔性能可极大延长商品保质期。另外，用于无菌包装、真空包装、充气包装等新型特种包装的聚合物薄膜也需要具备优异的气体阻隔性能。然而，多数通用塑料薄膜（如 PP、PE 等）以及生物降解塑料膜（如 PLA 等）的气体阻隔性能都较差，而 EVOH 等高阻隔薄膜的价格又很昂贵，因此，开发气体阻隔性能优异且成本低廉的薄膜成为近年来包装行业发展的重点。

向聚合物基体中引入片层状阻隔层是提高其气体阻隔性能的有效途径。当阻隔层与聚合物薄膜表面平行时，可大大延长气体分子通过薄膜的路径，从而显著提高其阻隔性能，其阻隔机理如图 5-17 所示。此外，还可将高、低阻隔的聚合物组分通过层叠共挤制成具有交替层状结构的多层薄膜，实现薄膜气体阻隔性能的大幅提升。其实，对于半结晶聚合物而言，片晶本身就可看作为非晶相的气体阻隔剂，通过控制片晶取向排布也可获得气体阻隔性能优异的高结晶薄膜。例如，Eric Baer 教授等[36]利用微纳层叠共挤技术制备了乙烯-丙烯酸共聚物/聚氧化乙烯（EAA/PEO）交替层状共混物，发现随着层厚由 2μm 降低至 20nm，PEO 结晶形成了高长径比的单层片晶，进而使共混物薄膜的氧气透过率降低 2 个数量级，如图 5-18（a）所示。四川大学傅强教授团队[37]利用纤维状的 PLA 高效成核剂容易沿着加工流场方向高度取向的特点，采用热成型法构筑了“界面互锁”的串晶结构，即晶片在相互平行的类串晶界面上相互穿插、互锁，如图 5-18（b）所示，最终实现了 PLA 片材氧阻隔性能的大幅提升。

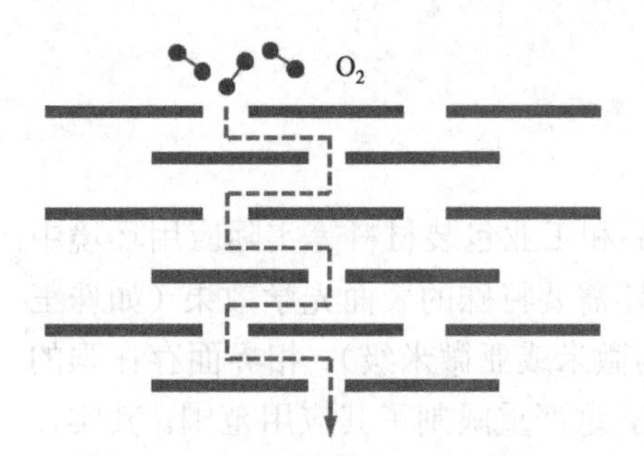

图 5-17　气体分子透过复合薄膜的示意图

（灰色片层为阻隔层，虚线为 O_2 分子可能经过的路径）

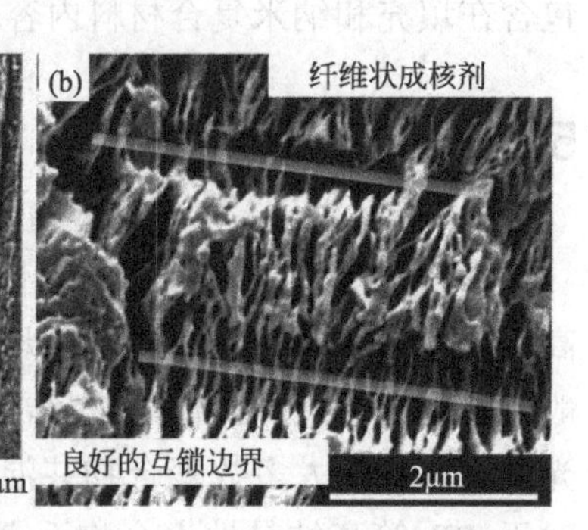

图 5-18　EAA/PEO 交替层状共混物的 AFM 照片（a）[36]和 PLA 串晶在界面上互锁的 SEM 照片（b）[37]

5.3 聚合物共混物性能的预测

聚合物共混物的性能是由其形态结构决定的，揭示结构影响性能的科学规律并实现对性能的理论预测，一直是共混改性研究的重点和难点问题。然而，比起单一聚合物来说，聚合物共混物的结构更加复杂，具有多层次性，不同层次结构又对应不同性能。因此，定量地描述结构与性能间的关系比较困难，目前仅限于粗略的定性描述或某些半定量的经验公式表达，且每个公式都有一定的适用范围和局限性。这里主要介绍经典的并联与串联模型关系式和 Nielsen 提出的预测公式[38]。

5.3.1 并联与串联模型关系式

如 5.1.2 所述，在忽略共混物复杂形态结构（如均相、海-岛、共连续）影响的情况下，利用基于并联和串联模型的“混合法则”即可很好地预测共混物的弹性模量。事实上，利用“混合法则”还可预测其他许多性能（如黏度、密度、热性能、玻璃化转变温度、电学性能、扩散性能等）的下限值和上限值，其一般表达式如下：

$$\text{并联模型}\quad P=\beta_1P_1+\beta_2P_2 \tag{5-16}$$

$$\text{串联模型}\quad \frac{1}{P}=\frac{\beta_1}{P_1}+\frac{\beta_2}{P_2} \tag{5-17}$$

其中，P 为共混物的性能；P_1、P_2 分别为组分 1 和组分 2 的性能；β_1、β_2 分别为组分 1 和组分 2 的含量（体积分数、质量分数、摩尔分数等）。

5.3.2　共混物性能-组分关系的 Nielsen 公式

（1）均相结构

对于完全相容的共混物而言，不仅其相结构为均相结构，而且组分之间存在较强的相互作用。此时，这种相互作用会引起“混合法则”出现比较大的偏差，于是，均相共混物的性能-组分关系通常可用改进并联模型公式来描述：

$$P=\beta_1 P_1+\beta_2 P_2+k\beta_1\beta_2 \tag{5-18}$$

其中，k 为与两组分相互作用强弱有关的参数（可正可负，也可为零），$k\beta_1\beta_2$ 项可体现组分相互作用对共混物总性能的贡献。

（2）海-岛结构

除组分之间的相互作用外，共混物的性能还与分散相尺寸、形状等形态结构因素有关。对于海-岛结构的两相共混物而言，其性能-组成关系受两相模量相对大小的影响较大。

若分散相组分的模量较高（如塑料增强的橡胶共混物），则共混物的性能-组成关系可描述为：

$$\frac{P}{P_{\mathrm{m}}}=\frac{1+AB\varphi_{\mathrm{d}}}{1-B\psi\varphi_{\mathrm{d}}} \tag{5-19}$$

其中，P、P_{m} 分别为共混物和基体连续相的性能；φ_{d} 为分散相的体积分数；A、B 和 Ψ 为常数。

式中：

$$A=K_{\mathrm{E}}-1 \tag{5-20}$$

$$B=\frac{P_{\mathrm{d}}/P_{\mathrm{m}}-1}{P_{\mathrm{d}}/P_{\mathrm{m}}+A} \tag{5-21}$$

$$\psi=1+\left(\frac{1-\varphi_{\max}}{\varphi_{\max}^2}\right)\varphi_{\mathrm{d}} \tag{5-22}$$

其中，K_{E} 为与分散相的形状、取向等因素相关的爱因斯坦系数（注：即使是同一共混物，不同性能对应不同 K_{E} 值）；B 为与各组分性能和 K_{E} 都有关的参数；P_{d} 为分散相的性能；Ψ 为与分散相的最大堆砌密度（$\varphi_{\max}$）相关的对比浓度。

若连续相组分的模量较高（如橡胶增韧的塑料共混物），则共混物的性能-组成关系可表示为：

$$\frac{P_{\mathrm{m}}}{P}=\frac{1+A_{\mathrm{i}}B_{\mathrm{i}}\varphi_{\mathrm{d}}}{1-B_{\mathrm{i}}\psi\varphi_{\mathrm{d}}} \tag{5-23}$$

式中：

$$A_{\mathrm{i}} = \frac{1}{A} \tag{5-24}$$

$$B_{\mathrm{i}} = \frac{P_{\mathrm{m}}/P_{\mathrm{d}} - 1}{P_{\mathrm{m}}/P_{\mathrm{d}} - A_{\mathrm{i}}} \tag{5-25}$$

（3）共连续结构

对于具有“共连续”结构特征的两相共混物（包括 IPN 结构），其性能-组成关系可描述为：

$$P^{n} = P_{1}^{n}\varphi_{1} + P_{2}^{n}\varphi_{2} \tag{5-26}$$

其中，n 为与共混物有关的参数（$-1<n<1$）。

需要强调的是，上述这些预测公式都有各自的适用范围和局限性。例如，上述公式很难用来预测分散相形态不规整、相尺寸差异大的共混物的性能。

5.4 高性能聚合物共混物的设计：向大自然学习

目前，科学家和工程技术人员虽然通过共混改性与成型加工技术相结合获得了大量高性能的多相多组分聚合物材料及制品，但由于对共混体系结构-性能关系的认识不清等原因，还未真正实现聚合物材料的形态结构设计和定构加工。

仿生学是人类通过从大自然中寻求奇妙灵感（主要是基于生物体结构与功能的工作原理）来实现技术创新的一门科学。近年来，向自然学习、领悟自然法则与奥秘，逐渐成为新型共混物材料的设计思想。比如，天然橡胶（NR）是一种具有一系列优异物理化学性质（如回弹性、湿强度、耐磨、耐酸、耐碱、耐寒、耐压等）的天然聚合物材料，其主要成分为聚异戊二烯（质量分数约 94%），其余为蛋白质（质量分数约 1.5%）、磷脂（质量分数 2.5%）等非胶物质。NR 的用途很广，但其生产严重受限于对地理环境要求十分苛刻的橡胶树；在我国，由于适宜种植橡胶树的地区非常有限，对外依存度高达 75% 以上。科学家曾尝试合成可完全替代 NR 的高性能聚异戊二烯，但进展一度很缓慢。后来发现，少量的非胶成分是提升 NR 性能的关键，且非胶成分对性能的贡献在于它们可通过氢键、离子键等键合作用与线型聚异戊二烯分子链相连形成多尺度的天然网络结构[39-40]，如图 5-19 所示。四川大学的黄光速教授团队在 NR 的结构解析和仿生制备方面开展了大量富有成效的研究工作。

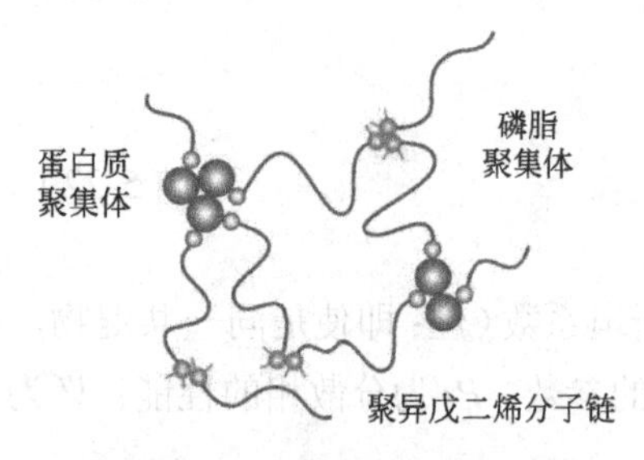

图 5-19 天然橡胶的网络结构[39]

再比如，贝壳是一种既强又韧的天然聚合物复合材料，它是由 95%（体积分数） 片状碳酸钙（直径约 5～8 μm，厚度约 200～900nm）和 5%（体积分数）有机黏结层（成分为蛋白质和壳聚糖，厚度约 10～50nm）通过层层堆砌而形成精致的“砖-泥”结构[41-42]，如图 5-20 所示。其中，碳酸钙可作为“砖”提供高的强度，而有机层可作为“泥”赋予贝壳非凡的韧性。

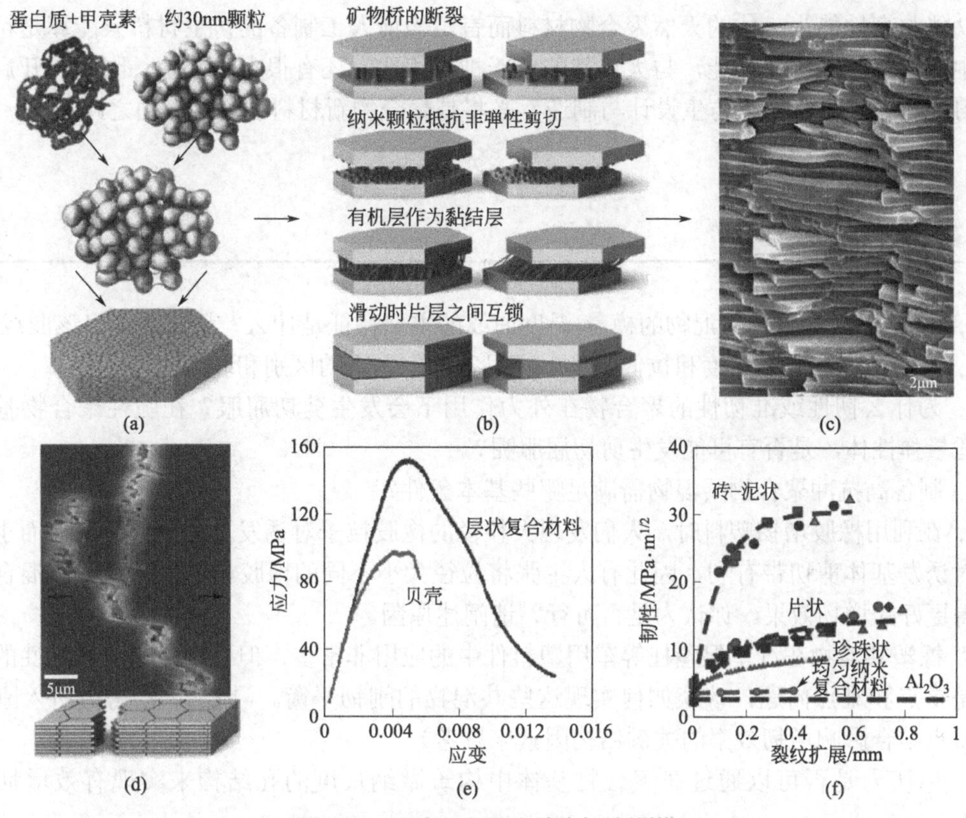

图5-20 贝壳的多层次结构与性能[41]

当贝壳受到外力作用时，有机薄“泥”层可发生小的剪切形变，这样在不明显损失强度的情况下就能使相邻碳酸钙片层之间的局部应力得以释放，最终通过裂纹偏转（即碳酸钙“砖”从有机“泥”中拔出而不是直接断裂）来消耗大量能量，如图5-20（a）～（d）所示。相较于普通的均匀分散结构，具有仿贝壳结构的人工PMMA/氧化铝复合材料拥有优异的强度和韧性，如图5-20（e）和（f）所示。

图5-21为竹子的多层次结构。其中，纤维素纤维以平行排列的方式包埋在由木质素和半纤维素组成的蜂窝状基体细胞中，且蜂窝密度从皮层到芯层是梯度变化的，皮层的高密度微纤赋予了竹子优异的强度、刚度和硬度，而芯层的低密度空心管组织可使竹子表现出良好的柔韧性[41]。然而，相对于骨头、竹子、蜘蛛丝、贻贝足丝等层次结构复杂但又井然有序、集

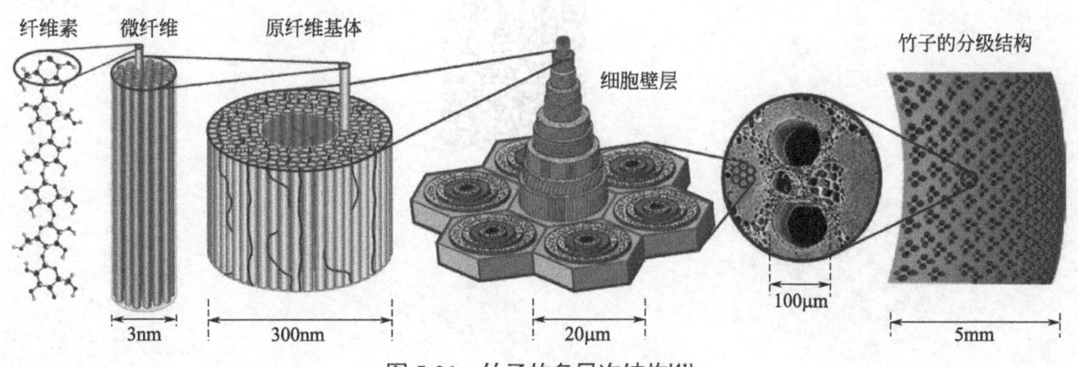

图5-21 竹子的多层次结构[41]

生命功能与高性能为一体的天然聚合物材料而言，当前人工制备的仿生材料只能算是粗略模仿其中的一部分结构和功能，与大自然的鬼斧神工相比，还有很大的差距。因此，开启向自然学习的新时代，坚持“仿生设计与制造”必将是聚合物新材料发展的必由之路。

思考题

1. 结晶-结晶聚合物共混物的模量-温度曲线的主要特征是什么？请试着画出该曲线。

2. 屈服强度、断裂强度和拉伸强度一样吗？它们之间的区别和联系是什么？

3. 为什么韧性或准韧性的聚合物在外力作用下会发生剪切屈服？在脆性聚合物基体中加入适量弹性体，是否有可能发生剪切屈服呢？

4. 制备高抗冲聚合物共混物需满足哪些基本条件？

5. 在利用橡胶增韧塑料时，人们发现大粒径的橡胶粒子对诱发基体银纹有利，而小粒径颗粒对诱发基体剪切带有利，因此有人主张将粒径大小不同的橡胶粒子以适当比例混合起来以获得更好的增韧效果。你认为是否可行？请阐述原因。

6. 橡塑共混物在汽车保险杠等车用塑料件中的应用非常多，但强度、刚度和韧性的平衡一直是重点和难点问题，谈谈如何实现这些共混物的刚韧平衡。（提示：不考虑引入刚性粒子，重点结合影响增韧效率的关键结构因素来思考）

7. 你认为是否可以通过在聚合物基体中构筑微纳尺度的孔结构来实现有效增韧？为什么？

8. 除高效增韧和气体阻隔以外，交替层状共混物还可能有哪些独特的性能呢？

9. 制备高透明聚合物共混物的要点是什么？对于制备高结晶的 PP 水杯或餐具而言，除减小晶体尺寸外，还可采用哪些策略来提高其透明度呢？（提示：半结晶聚合物可简单看成是由晶体和非晶相组成的复合材料，晶体和非晶区的密度不同、折射率也不同）

10. 仿生学是从自然界中寻求灵感的技术创新，你知道还有哪些聚合物形态结构是受到自然启发而设计出来的吗？

参考文献

第6章 聚合物共混物的工艺实现与加工设备

○○ ——— ○○ ○ ○○ ——— ○ ○ ○○ ○

6.1 聚合物共混物制备技术

聚合物共混物的形态结构不仅取决于聚合物组分的特性，工艺手段和加工条件的改变也会对共混物的形态及材料最终的性能产生重要的影响。聚合物共混的工艺实现（即聚合物共混物的制备技术）是指以提高混合料的性能为目的，通过物理的或者物理-化学的方法进行混合，在发挥不同聚合物固有特殊性能的同时，取长补短，制取兼有这些聚合物的优异性能，同时改进其弱项，达到满足特定使用要求的共混物新材料的方法。

聚合物的共混方法，即聚合物共混的工艺实现手段包括物理方法和化学方法以及上述两种方法的综合（物理-化学方法），其中聚合物共混的物理方法是指在混合过程中各组分自身及各组分间不发生化学反应，包括：固体粒/粉料共混、聚合物熔融共混、溶液共混、乳液共混等。聚合物共混的化学方法是指在共混过程中各组分或各组分之间产生了化学反应，这种化学反应一般是通过特殊设计使之能够改善聚合物共混物的相容性、分散相的分散程度或者各组分之间产生化学键的键接，从而提高聚合物共混物的性能。目前已知的化学共混方法包括：反应性挤出共混、力化学共混、微反应器连续催化反应、聚合物互穿网络等。

作为聚合物共混改性工艺实现的基本条件，共混设备的作用举足轻重。对于现代的共混装置，至少应达到如下基本要求：①提供必要的温度场，确保聚合物熔融软化或充分溶解；②为大分子扩散或流动提供必要的应力场（剪切应力、拉伸应力等）；③实现添加剂（包括稳定剂、增韧剂、增塑剂、增强剂、交联剂、填料、颜料等助剂）的混入及分散；④挥发性组分（微量单体、溶剂、水分或者部分分解产物等）的顺利排出；⑤混合过程结束后物料形态的固定（如造粒、制粉等）；⑥溶液混合时溶剂的去除等，最终达到制备共混物材料的目的。

6.1.1 发展历史

聚合物共混物的研究几乎贯穿于聚合物发展的整个过程中。一般认为，1912 年橡胶增韧 PS 开启了聚合物共混改性之门。此后，科学家和工程技术人员在该领域内取得了许多重要的学术和技术成果。例如，制得了 HIPS，并阐明了其增韧机理；在聚合物共混物各组分之间成功地引入了特殊相互作用，增加了聚合物共混物各组分之间的相容性；而微相分离理论和分子内相互排斥作用等理论的研究结果，都可以认为是该领域发展的里程碑式的事件[1-9]。

目前，聚合物共混物的研究更趋向于材料的定构化设计，而决定共混物材料性能的主要因素是共混物中各组分的形态结构。因此，对聚合物共混体系的形态结构进行设计，并通过加工的方法予以实现，即深入研究并建立多相多组分聚合物材料的微观形态–宏观性能–工艺实现（加工）三者之间的关系和模型，以获得具有优良使用性能的聚合物共混材料，就成为一个十分重要的课题。通过对聚合物共混工艺技术的研究，将进一步促进高分子物理、高分子材料成型工艺学、材料科学（材料物理、材料化学、材料工程）等学科的发展，推动新型结构和功能聚合物材料的产生。

根据前面几章的学习，我们知道绝大多数聚合物共混物是热力学不相容的。但其中有些聚合物共混体系具有工艺相容性（或者是机械相容性），为不相容聚合物共混物材料的制备提供了可能性。所谓机械相容性，是指共混物各组分在热力学角度而言是属于不相容体系，但共混物的各组分分散较为均匀且分散相粒子尺寸较小，各组分之间存在较强的相互作用，聚合物共混材料表现出良好的物理、力学性能。事实上，绝大多数商用的聚合物共混材料都属于此类。

聚合物之间要有适当的热力学相容性，才能有良好的工艺相容性。因此，要获得良好性能的共混物材料，首先要解决聚合物共混物组分间的相容性。但是，关于聚合物共混物相容性及相结构的研究还有很多问题尚待解决和完善，因为目前的研究多数是在平衡态下开展的[10-12]。但聚合物制品制备过程中受到的外场作用，如温度场和应力场（包括剪切应力、拉伸应力等）是一个非平衡状态，在此过程中，聚合物共混物的相结构和相形态都会受到强烈的影响，从而影响到聚合物共混体系的各种性能（特别是力学性能）。因此，研究聚合物共混物各组分在外场作用下的相容性以及各种流动和变形过程对聚合物相形貌的影响，已成为聚合物共混改性及其后加工中的重要研究方向。

6.1.2 共混方法在聚合物共混改性中的重要性

聚合物共混物的工艺实现（共混过程和方法）是满足聚合物改性的前提。由于参与共混的各组分的种类、性能不同，共混过程所处的阶段不同，对于共混物性能的要求也不同，因而出现了各式各样不同的共混方法。聚合物共混改性材料的混合质量指标、经济指标（产量和能耗）以及力学性能等其他综合指标，除了与所设计的共混物的配方和混合工艺条件有关外，在很大程度上取决于共混方法的选择[13-14]。

一般而言，聚合物共混物的形态结构以及最终的性能直接取决于对共混方法的选择。因为，多相多组分聚合物材料在制造成产品的过程中，其相结构会受到加工条件和加工工艺的强烈影响，以至于成为决定制品使用性能的主要因素。由于聚合物材料在加工过程中，所处的温度场、外加力场（剪切和拉伸等）以及环境因素的客观存在，因此，材料体系实际上是处于一个非平衡的热力学状态，从而导致材料体系原有的自由能函数发生改变。不同的共混方法所提供的力场的大小不同（如高速混合和低速混合）、方式不同（如剪切力与拉伸力）、作用的时间不同以及周围环境的差异（如开炼机与密炼机）等，这些因素都会影响对材料体系热力学非平衡态的控制（图 6-1）[15]。因此，选择适当的共混方法不仅能充分发挥聚合物共混体系潜在的物理-化学性能，得到优异的加工性能和使用性能，而且是实现有目的的成型加工设计、调控聚合物凝聚态结构、发展新的成型方法和理论的重要基础之一[2]。

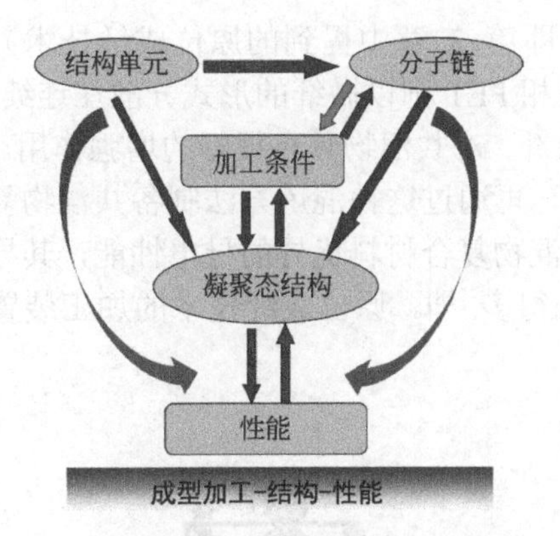

图 6-1 聚合物的合成、成型加工、链结构、形态及性能之间的关系[15]

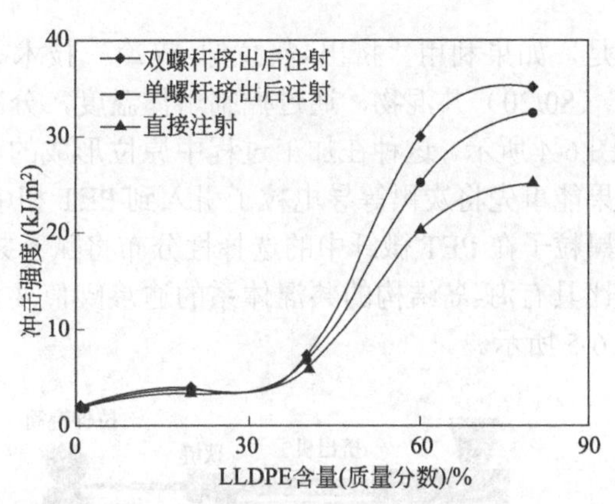

图 6-2 不同混炼方式对 PP/LLDPE 共混体系常温冲击性能的影响[17]

选择适当的共混方法(共混工艺实现的方式),既可以使材料混合均匀,具有良好的性能,又可以提高生产效率、降低成本。共混方法对聚合物共混物性能的影响，可以通过以下几个例子加以说明:

例如，对于 PP 和超高分子量聚乙烯（UHMWPE）的共混体系而言，使用普通螺杆挤出机进行混合是无法达到理想的混炼效果的，所得到的共混物材料力学性能很差。这是由于 UHMWPE 的分子量大、熔体黏度大，而普通螺杆挤出机能够提供的剪切应力强度有限，混合过程中两种聚合物分子链的扩散较困难，制备的共混物相分离程度较大的缘故。而通过使用双螺杆挤出机或四螺杆挤出机或者其他剪切力更强的混合方法，在强剪切应力作用下促使两种聚合物分子链的扩散和流动，则能够得到分散均匀、力学性能较好的 PP/UHMWPE 共混物材料[16]。

而混炼方式对共混物性能的影响也不可忽视。以 PP/LLDPE 共混体系为例，如图 6-2 所示，分别选用直接熔融混合注射、单螺杆挤出机混炼造粒后注射以及双螺杆挤出机混炼后注射等三种混炼方式制备 PP/LLDPE 共混物，其冲击性能在 LLDPE 含量较高时存在较大的差别。研究发现，混合过程中共混熔体受到的剪切应力越大，所承受的剪切时间越长，共混物的性能就越好[17]。

图 6-3 是通过普通熔融混合得到的 PE/PET(80/20)共混体系的 SEM 形貌图。研究发现，PE/PET 共混物呈典型的海-岛结构，即组分含量少的 PET 作为分散相分布于连续相 PE 中，其分散相尺寸大约为 1～5μm[18]。

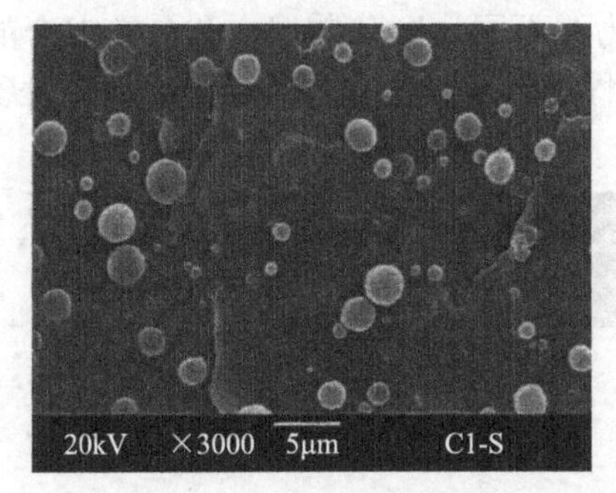

图 6-3 PE/PET（80/20）共混体系 SEM 图[18]

图 6-4 PE/PET 体系原位成纤微观 SEM 图[18]

但是，如果利用“挤出–热拉伸–淬冷”技术（即第 3 章中提到的原位成纤技术）制备 PE/PET（80/20）共混物，通过控制熔体温度，分散相 PET 则以微纤的形式分散在连续相 PE 中，如图 6-4 所示。这种在加工过程中原位形成的微纤，对共混物具有很好的增强作用。特别地，如果能事先将炭黑等导电粒子引入到 PET 相中，再通过这种混炼方法制备共混物复合材料，炭黑粒子在 PET 微纤中的选择性分布将赋予共混物复合材料优异的导电性能，其导电逾渗阈值比具有海-岛结构的共混体系的逾渗阈值要低得多 [18]。原位成纤技术的加工装置示意图如图 6-5 所示。

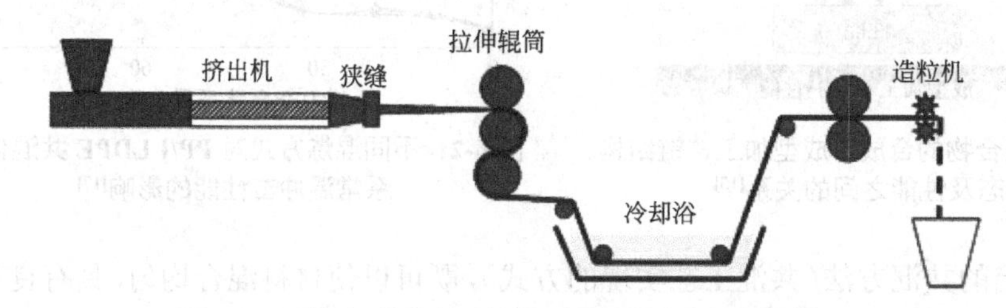

图 6-5 “挤出-热拉伸-淬冷”技术的工艺过程示意[18]

6.1.3 聚合物共混方法的分类

6.1.3.1 分类

对聚合物共混方法进行分类是比较困难的，无论是设备的结构特征，还是方法的作用机理等方面都有很大的差异，难以用一种分类方法来简单归纳。所以，聚合物共混方法的单一分类是没有的，也是不可取的。通常情况下，可以根据材料的不同形态特征或者产品的不同形式将共混方法归类并根据实际需要来选择具体的混合方式[13,19-28]，即依据不同的评价标准对共混方法进行不同的分类。

（1）按分散程度分类

可以分为非分散混合和分散混合。非分散混合也叫分布混合，其特点是在混合过程中各组分粒子只发生相互空间位置的变化，而组分粒子的粒径大小没有变化，如图 6-6 所示。分散混合则主要是指聚合物组分粒子的粒径产生急剧的变化，如图 6-7 所示。虽然在此过程中空间位置也会发生一定程度的改变，但变化的程度有限，故仍视其为宏观上的空间位置没有变化。分散混合又分为固相结块的分散和液滴的破裂、分散[26-28]。在聚合物混合过程中，无论哪种混合方式，分布混合和分散混合是同时进行的，其差别只是各自所占的比例有所差异。不同的混合设备所提供的应力场（剪切应力、拉伸应力）不同，则分散混合和分布混合的程度不同。一般而言，设备提供的剪切力越大，其分散的程度也就越高。而在低剪切混合设备上，则主要是实现分布混合。

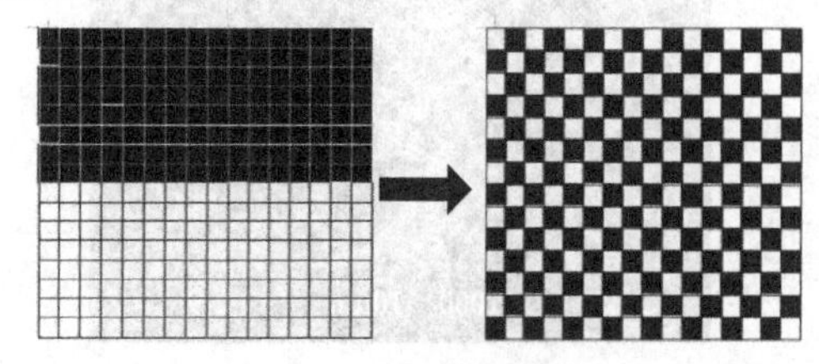

图 6-6 分布混合示意

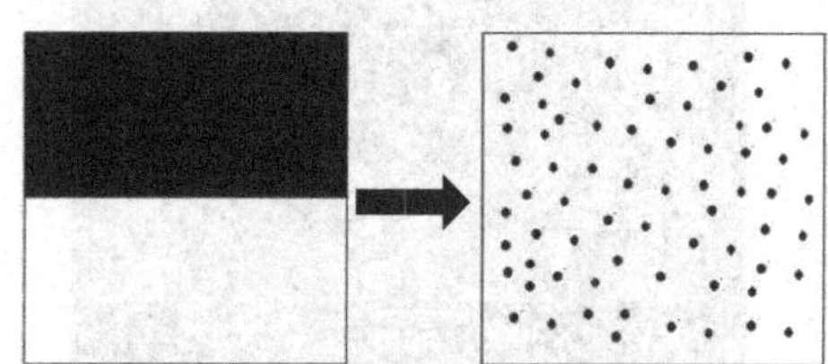

图 6-7 分散混合示意

（2）按共混过程中是否发生化学反应分类

虽然在大多数情况下聚合物的混合主要是以物理混合为主，但在一些特定的混合过程中，聚合物或者填充物之间也有可能发生化学反应。因此，我们在将聚合物混合方法进行分类时，可以根据有没有产生化学反应而将共混方法分为物理共混方法和物理-化学共混方法。物理共混方法又称为简单机械共混方法，它是在共混过程中，直接将两种聚合物或者聚合物及其他成分进行混合制得共混物材料，这种混合可以是熔融态混合也可以是溶液混合，包括分布混合和分散混合。而物理-化学共混方法（又称为反应性共混法）是指两种或多种聚合物在混炼的过程中同时伴随着其中一种或多种聚合物参与化学反应的混合，而这种反应最终的结果是在共混物两相之间或者聚合物与引入的填料、添加剂等组分之间产生化学键连接[19-21]。

物理共混方法主要依靠各种混合、捏合及混炼设备来实现。目前，大多数的商用聚合物共混材料都是采用物理共混方法所制备。聚合物的物理共混过程包括分布混合和分散混合两种形式。事实上，在聚合物共混过程中，只有简单固态粒、粉料的混合或者乳液混合、溶剂混合完全属于分布混合的概念；熔融混合过程中则是混合作用和分散作用同时存在，亦即在混合过程中，混合设备提供的机械能、热能不但会使共混物组分的空间尺寸不断减小，而且设备提供的拉伸作用和剪切作用也会使得各组分间的分散更为均匀，最终形成分散相尺度符合预期要求而且均匀分布的聚合物共混物。因此，组分的分散程度和共混物料的均匀程度是评定混合效果的两个尺度[19-21]。

在物理共混过程中，不同聚合物的共混过程主要包括扩散、对流和剪切等三种作用。其中，扩散作用是依靠参与混合各组分在不同区域的浓度差来完成的；对流作用是各种聚合物物料在空间位置上相互变换；而剪切作用是利用剪切力，促使物料颗粒产生变形以致破碎分散。剪切的混合效果与剪切力的大小、作用力的距离和作用力的方向有关。通常，剪切力越大，作用力的距离越短时，越有利于混合作用。采用物理法共混时，物料即使是液态的（溶液、乳液或熔体），但由于黏度高，共混过程中的扩散作用也是很微小的。因此，聚合物的物理共混过程主要凭借对流和剪切作用来完成[28]。

（3）按共混过程中物料的状态分类[13,22-25,28]

根据聚合物混合时的形态不同，我们可以将混合方法分为固体粒（粉）共混、熔体共混、溶液共混以及乳液共混等。不同的混合方式，其选用的设备及其工艺条件则大相径庭。但在实际生产中要注意的是：聚合物的混合并不应该根据其形式不同而机械地归于某一种类型而将混合设备局限于一种，而是应该根据最终的混合效果及加工简便程度对混合设备进行选择。其中，固体粒（粉）料共混和熔体共混的区别不在组成而在混合、塑化和细分的程度不同。

① 固体粒（粉）共混　是将两种或两种以上种类不同的粉状或粒状或者是两者兼有的聚合物在塑料混合设备中加以混合，形成组分均匀分散的粒状或粉状聚合物混合物的方法。配制固体粒（粉）料混合物时，一般只是使各组分分散均匀，即仅需经过简单混合作业即可制得。单纯的粒料共混与纯粹的干粉共混相比，由于聚合物粒料不存在粉尘飞扬等问题，因此设备与干粉共混相比更为简单，选择面也更为宽广。一般来说，在选择粒料共混设备的时候，主要考虑的是混合效率。但需要注意的是，大多数经固体粒粉料混合的混合物不能直接用于后续共混物制品的制备，还需进一步的熔融共混，减小分散相尺寸，提高不同组分之间的混溶性。因此，该方法经常是作为熔融共混的前一步骤，其目的是改善熔融共混的效果。

② 熔体共混（即熔融共混）　是将共混所用的聚合物组分升温到黏流温度（T_f）或者熔点（T_m）以上，通过混炼设备（如挤出机或密炼机），使之熔融塑化，然后冷却（风冷或水冷）、

造粒（或粉碎）而获得均匀的聚合物共混材料的一种方法。由于熔体共混方法对聚合物原料在粒度大小及粒度均一性方面不似干粉或粒料共混法那样严格，所以原料准备操作较简单，而且聚合物在熔融状态下，不同组分之间扩散和对流激化，加之混炼设备的强剪切分散作用，使得混合效果显著高于干粉共混，共混物料成型后，制品内相畴较小。熔体共混具有设备简单、操作方便，在混合过程中一般不涉及溶剂等工艺优点；制备的共混物具有分散粒径小、混溶性好等结构特点，因而成为目前制备聚合物共混材料最常用的方法。

③ 溶液共混　是将不同聚合物组分溶解在溶剂中配制成溶液然后进行混合的方法。溶剂可以为各组分的共溶剂也可以是不同的溶剂，但溶剂之间必须有良好的混溶性；待聚合物完全溶解后，通过高速分散或其他方法使其进一步混合均匀，然后使溶剂挥发（必要时可采用负压的方法）或加入非溶剂共沉淀，经进一步干燥处理后即可获得聚合物共混物。聚合物由于分子量大、分子间作用力强，溶解很困难且溶解度较小，因此要配制聚合物的溶液通常是很难的。特别地，绝大多数塑料都不是水溶性的，在配制溶液时往往需要大量的有机溶剂。溶液混合后去除有机溶剂既是耗能费时的过程，也容易引起环境污染。因此，溶液混合的方法在工业中应用较少。但是，当聚合物的分解温度（T_d）低于T_f时，则必须采用溶液共混的方法。

6

④ 乳胶共混　是将不同的聚合物乳液混合在一起，通过高速分散使其混合均匀，然后加入絮凝剂使聚合物组分共沉析，形成聚合物共混体系的方法。在乳液共混时需要注意乳化剂的匹配问题，如果乳化剂不匹配，则形成的聚合物共混体系的分散均匀性会受到极大的影响。

溶液共混和乳液共混是制备聚合物涂料体系最常见的方法，由于溶液或乳液黏度较之聚合物熔体黏度更低，且对环境温度要求不高，因此其混合设备较熔体共混或干粉共混而言更为简单，在设备设计上，更多的是考虑提高分散设备的剪切作用和生产效率；同时由于设备结构的简单以及工艺操作简便，因此也很容易实现自动化连续生产。

（4）按共混过程的连续性分类

在工业生产中，针对混合工艺过程的不同，可以将聚合物的混合过程分为间歇共混和连续共混，这也是工业生产中最常用的分类方法。间歇共混的过程分为投料、混合、卸料三个分离步骤，是一个不连续的循环过程。连续共混的特点是投料、混合、卸料三个步骤连续完成，生产效率高，混合性好，过程易于控制，易操作，环境友好[13, 26-27]。但在实际生产中，要将生产过程严格地区分为间歇或者连续是比较困难的，特别是针对整个生产过程而言，比如超韧尼龙的生产，其粒料混合阶段符合间歇式生产过程的特点，但熔融共混阶段则是典型的连续共混过程。

（5）按共混的特殊性分类

可以分为常规共混法和特种共混法。其中，特种共混法包括混沌混合法、力化学混合法、超声辅助混合法、超临界辅助混合法等。这些制备方法对共混物微观形态结构和性能的影响，散见于本教材不同章节中，在这里就不再一一阐述。

6.1.3.2 共混方法的选用

聚合物共混改性方法多种多样，工艺实现的设备千变万化，不同的方法和设备的组合就可能产生巨大的性能和价格等方面的差异，因此在选用时需要多方考虑、反复权衡，故聚合物共混改性方法的选用是一项十分复杂的工作，应从多方面着手，不仅要考虑共混组分的物理状态和物理性质、组分之间的相容性、共混比例，以及共混产品的物理力学性能、耐热性、耐化学腐蚀性、耐老化性以及对使用环境的适应性等各方面的要求，也要考虑所选用设备的性能、来源、成本以及助剂和生产工艺等诸多方面的因素[29]。

6.2 聚合物物理共混的工业实施

前面提到的几种共混方法，如固态粒（粉）共混、熔体共混、溶液共混和乳液共混等，在实际生产过程中都有不同程度的应用。在这里，我们将从共混设备和工艺的角度出发，详细介绍固态粒（粉）共混和熔体共混这两种在塑料加工中广泛使用的方法，以及近年发展出来的新型熔体共混方法；而溶液共混和乳液共混的工业实施，可参考相关专业书籍。

6.2.1 固态粒（粉）共混

固态粒（粉）共混是将两种或两种以上种类不同的固态粒状或粉状聚合物在混合设备中加以混合，形成宏观上均匀分散的固态聚合物混合物的方法。常用的共混设备主要是以促使物料对流的方式来帮助达到组分共混分散的目的。该类共混设备一般包括转鼓式混合机、倒锥式混合机、螺带式混合机、Z 形捏合机以及高速混合机等，如图 6-8～图 6-12[30-31]。

图 6-8　转鼓式混合机结构示意

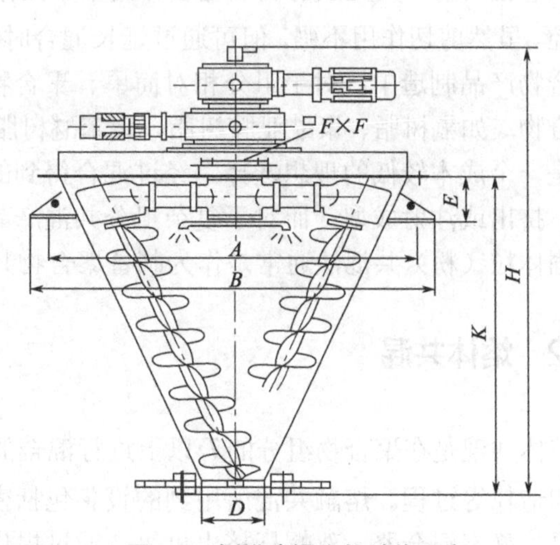

图 6-9　倒锥式混合机结构示意

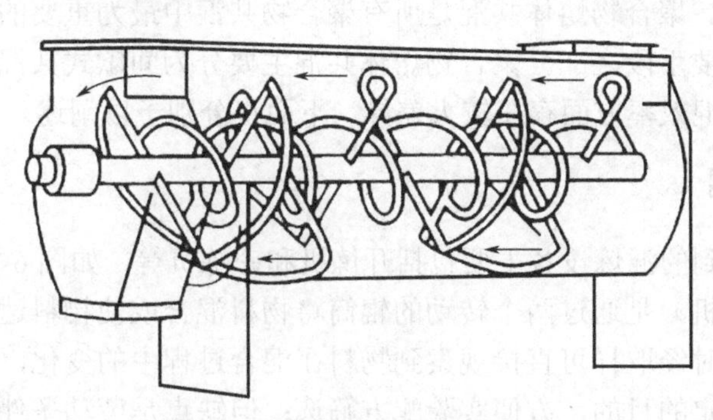

图 6-10　螺带式混合机结构示意

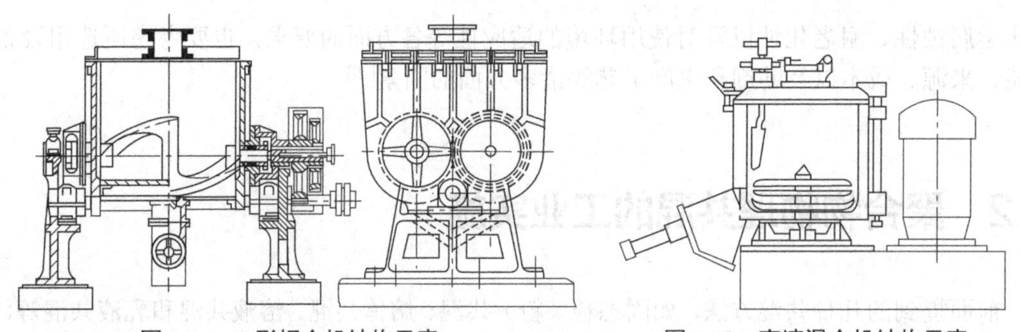

图 6-11　Z 形捏合机结构示意　　图 6-12　高速混合机结构示意

采用上述混合设备进行聚合物混合时，可以添加润滑剂、增塑剂、着色剂、防老剂以及填料等各种助剂。当混合机工作时，旋转的叶轮或者螺带借助表面与物料的摩擦力以及侧面对物料的推力使物料沿叶轮或螺带切向运动，物料被抛向混合室内壁，并且沿壁面上升到一定高度后，在重力作用下又落回到叶轮或螺带的中心位置，接着又被抛起。在此过程中，运动的粒子间也会产生相互碰撞摩擦，使物料温度相应升高，同时进行着交叉混合，这些作用促进了组分的均匀分布和对液态添加剂的吸收。混合结束后，物料在叶轮或螺带作用下由排料口排出。对于固体粒（粉）聚合物共混材料而言，叶轮或螺带的转速是混合工序的关键工艺参数，决定了物料的混合程度，转速越高，其混合效果越好。

固态粒（粉）共混法的优点是设备简单、操作容易，共混过程中温度低（$<T_f$）、混合时间可控。虽然剪切作用不强，但可通过延长混合时间或提高混合温度来提高混合效果。因此，在聚合物产品制造中，对于组分相对简单、聚合物共混体系各组分间相容性较好、难溶难熔的聚合物（如氟树脂、聚酰亚胺树脂、聚苯醚树脂、聚苯硫醚树脂等），采用固态粒（粉）共混法是一个成本较低的理想选择。经过混合得到的聚合物共混物料，一般可直接用于压延、压制、挤出或注射成型；而对于复杂组分共混产品，或者对分散相空间尺寸有特殊要求的产品，固体粒（粉）共混法通常是作为制备聚合物共混材料的前序工序使用。

6.2.2　熔体共混

熔体共混是在聚合物组分的 T_f 以上进行混合的一类加工方法，其工艺步骤一般包括塑炼、冷却和造粒等过程。熔融共混所用到的设备包括密炼机、双辊混炼机、单螺杆挤出机、熔体齿轮泵、静态混合器、双螺杆挤出机等，通过提供温度场和应力场促使聚合物熔融、流动并达到均匀分散的作用。聚合物熔体共混是所有聚合物共混中最为重要的混合方法，也是开发新型聚合物材料的主要手段之一。聚合物熔体共混主要分为间歇式共混和连续式共混两种方式，在共混效果和共混效率方面存在较大差异，下面将分别予以阐述。

6.2.2.1　间歇式共混

间歇式共混所用到的混炼设备主要包括开炼机和密炼机等，如图 6-13、图 6-14 所示。开炼机（又称双辊炼塑机）是通过两个转动的辊筒将物料混合或使物料达到规定状态的一种加工方法。开炼机工作时经取样可直接观察到物料在混合过程中的变化，从而能及时调整操作工艺及配方而达到预定的目的，方便实验配方筛选；但缺点是劳动条件差、劳动强度大、物料易发生氧化，且在双辊上每一瞬间被剪切的料并不多，且主要为单方向的剪切，很少有对流作用，因此混合的效果较差。开炼机在橡胶混炼过程中较常使用，主要通过采取“打三角包”的方法对其混合效果进行强化[13]。

在间歇式共混工艺中，密炼机是最重要的混炼设备，其主要部件是一对转子和一个混炼室。其中，塑炼室的外部和转子的内部都开设有循环加热或冷却载体的通道，以对物料进行加热或冷却。当密炼机工作，即转子转动时，塑炼的聚合物熔体不仅绕着转子，而且也沿着轴向移动；转子在这些位置扫过时都会对物料施加剪切力作用。密炼过程是在隔绝空气下进行的，因此不会出现物料外泄的问题，也可避免由于跟空气接触造成的聚合物氧化或高温挥发等问题；特别地，如果在混炼过程中需要引入其他液态添加剂，也很容易加入。密炼混合采用密炼机熔融共混制备共混物材料时，劳动强度低、生产周期短，可以方便嵌入自动化生产线中，为自动控制技术的应用创造了条件。此外，工作环境也比通过开炼机制备共混物材料要好得多。

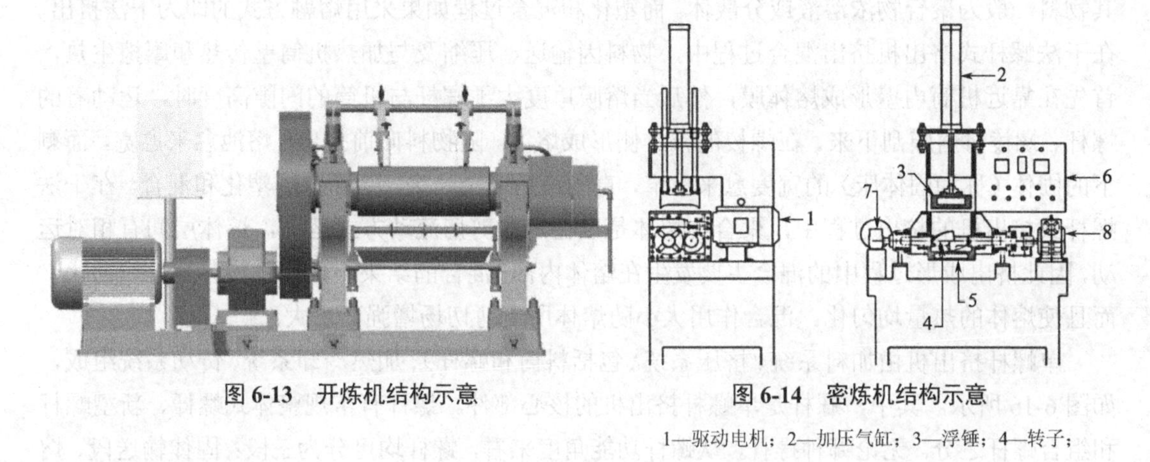

图 6-13　开炼机结构示意　　**图 6-14　密炼机结构示意**

1—驱动电机；2—加压气缸；3—浮锤；4—转子；
5—混炼室；6—控制柜；7—翻转电机；8—减速机

6.2.2.2　连续式共混

聚合物连续共混法以其效率高、混合效果好、易操作以及易控制等特点，已经成为实际生产中应用最为广泛的改性方法。连续混合过程包括加料、固态物料的输送、熔融、熔体输送、混合、排气和建压（压缩）等，而共混物不同组分之间的混合主要是在物料的熔融和熔体输送中进行和完成的。

连续混合设备有很多种类型，包括螺杆类、转子类等。图 6-15 列出了螺杆类连续混合机的类型，包括单螺杆挤出机、双螺杆挤出机、多螺杆挤出机等。转子类混合设备主要指法劳连续混炼机（FCM）、长距离连续混炼机（LCM）类混炼设备。还有的混合设备，虽属单螺杆，但其螺杆由螺纹段和磨盘状元件构成，即所谓的新型连续混炼设备，同时具有粉碎、研磨、剪切等多种效应。

连续混合设备的发展趋势是高生产率、大扭矩、高转速以及低能耗。各大厂家以及研究机构在连续混合设备的挤压混合系统上加大了研发力度，研制出了若干新型螺杆元件（及其组合）和一定类型的新型转子，使其生产能力、混合质量、混合效率等大大提高，同时降低了能耗。当前，连续混合生产线也正朝着智能化控制方向发展[13]。

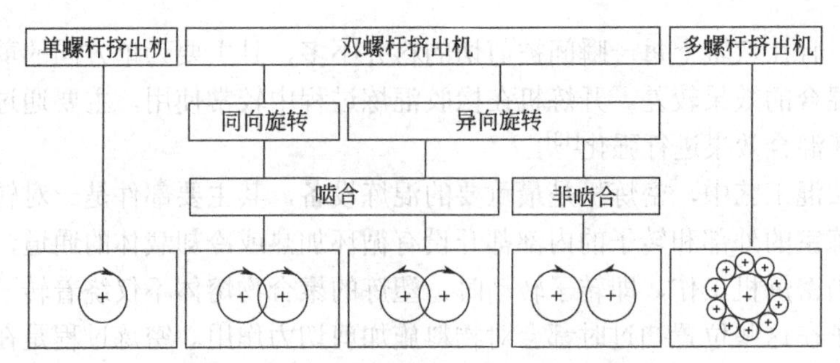

图 6-15　螺杆类连续混合设备[13]

（1）单螺杆挤出机

单螺杆挤出机用于聚合物共混时，主要包括干法挤出和湿法挤出两种形式。其中，湿法挤出中，聚合物的塑化和混合采用溶解方式（即其塑化和混合随溶剂的溶解和混合过程完成），其物料一般为聚合物浓溶液或分散体。而塑化和混合过程如果采用熔融方式的即为干法挤出。在干法螺杆式挤出机挤出混合过程中，物料因输送、压缩及与加热机筒壁传热和摩擦生热，首先在靠近机筒内壁形成熔体膜，然后当熔膜厚度大于螺杆与机筒的间隙高度时，运动着的螺杆、螺棱将熔膜刮下来，在螺棱的推进侧形成熔池。随物料向前挤出，熔池愈来愈宽，而剩下的固体（称为固体床）的宽度愈来愈窄，直到最后完全消失，从而完成塑化和混合。在干法螺杆式挤出机的挤出过程中，聚合物熔体是以稳定的剪切流动方式运动，熔体层间有相对运动，因此挤出成形过程中的混合主要发生在熔体内部。混合的结果不仅使物料各组分均匀化，而且使熔体的热量均匀化。混合作用大小随熔体所受剪切场增强而增大。

单螺杆挤出机由加料系统、挤压系统（包括料筒和螺杆）、加热冷却系统、传动系统组成，如图 6-16 所示。其中，螺杆是单螺杆挤出机的核心部件。螺杆有常规整体式螺杆、新型螺杆和组合螺杆之分。无论哪种螺杆，从螺杆功能角度来看，螺杆均可分为三段：固体输送段、熔融段和熔体输送段[32]。

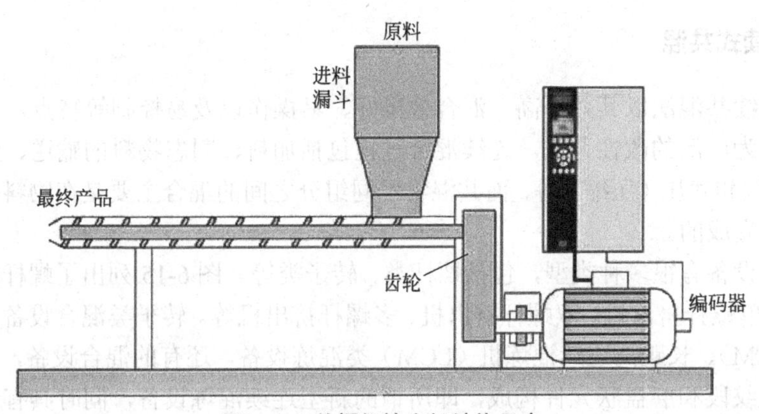

图 6-16　单螺杆挤出机结构示意

单螺杆挤出机结构简单、易于制造、成本低，具有一定的混合能力，但因混合能力有限，故不能作为专用混合设备使用，只有经过改进配上具有混合能力的新型螺杆后，才能在一定程度上、在一定范围内完成混合任务。这是由于其挤出过程的机理和螺杆构型等原因造成的：

①强制熔体移走下的传导熔融机理限制了其混合能力；②常规单螺杆没有窄间隙的高剪切区，流体微元不能连续地调整界面取向，限制了其混合能力；③加料量不是一个独立的操作变量，影响了对不同螺槽区段充满度及剪切强度的调控，增加了在下游加料口加料的困难；④整体式的螺杆（机筒）限制了常规单螺杆挤出机的适应性。因此，用于混合的单螺杆挤出机一般会对整机，特别是螺杆进行改进。其改进的思路主要包括：①将强制熔体移走下的传导熔融机理转变为耗散-混合-熔融机理；②在螺杆上设置能产生高剪切和拉伸流动的窄间隙区；③将溢流加料改为计量加料；④将整体螺杆（机筒）改为组合螺杆（机筒）；⑤加大螺杆长径比，提高螺杆转速，增加主电机功率。图 6-17 给出了具体的几种螺杆改进形式，包括：销钉式螺杆[图 6-17（a）]、屏障型螺杆[图 6-17（b）]、DIS 螺杆[图 6-17（c）]、波形螺杆[图 6-17（d）]以及涡轮混炼头[图 6-17（e）][33]。

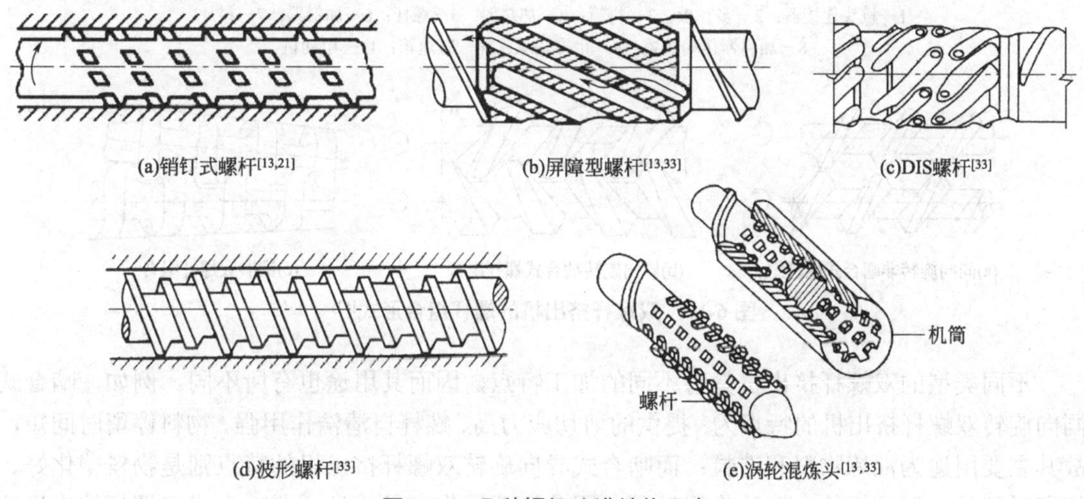

图 6-17 几种螺杆改进结构示意

（2）双螺杆挤出机

为了克服单螺杆挤出机制备聚合物共混物时存在的不足，包括：①不能混合摩擦系数很低的粉状物料，如 UHMWPE 和一些黏性物料等；②剪切作用小、混合效果不够理想等，由意大利的 LMP Roberto Colombo 和 Pasqqtti 公司于 1935 年首先提出双螺杆挤出机的概念并分别研制出同向和异向旋转双螺杆挤出机。此后，经过半个多世纪的不断改进和完善，双螺杆挤出机的设计和制造得到了长足的发展，已成为目前制备聚合物共混物或复合材料的最常用到的设备之一。

双螺杆挤出机由主机和辅机两大部分组成。主机的主要组成部分包括传动部分（由驱动电机、减速箱、扭矩分配器和轴承包等组成）、挤压部分（主要由螺杆、机筒和排气装置等组成）、加热冷却系统、定量加料系统和控制系统组成，如图 6-18 所示。

双螺杆挤出机的分类方法很多，有按螺杆几何形式分为啮合式、非啮合式双螺杆挤出机，开放与封闭型双螺杆挤出机和同轴双螺杆挤出机。啮合与非啮合式双螺杆挤出机按旋转方式又分为同向旋转式双螺杆挤出机和异向旋转式双螺杆挤出机。图 6-19 给出了几种双螺杆挤出机的螺杆组合形式。

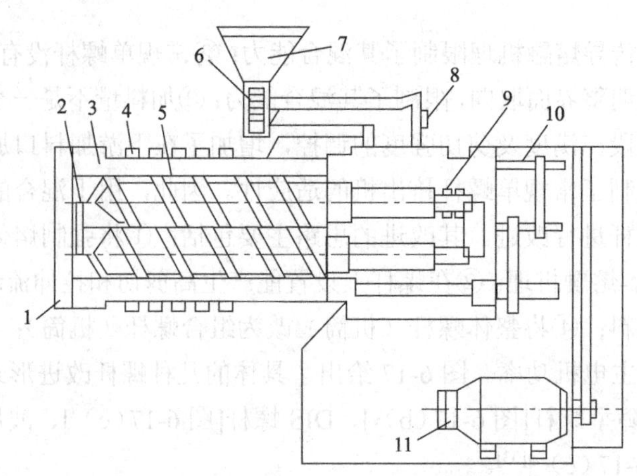

图 6-18 双螺杆挤出机结构示意[26]

1—机头连接器；2—多孔板；3—料筒；4—加热器；5—螺杆；6—加料器；7—料斗；8—加料器传动装置；9—止推轴承；10—减速箱；11—电动机

(a)同向旋转非啮合式螺杆组合 (b)异向旋转啮合式螺杆组合 (c)锥形双螺杆组合

图 6-19 双螺杆挤出机的螺杆组合形式[13]

不同类型的双螺杆挤出机具有不同的加工特点，因而其用途也有所不同。例如，啮合式同向旋转双螺杆挤出机的特点为：提供的剪切应力高、螺杆自清洁作用强、物料停留时间短，故其主要用途为混炼物料和造粒；而啮合式异向旋转双螺杆挤出机的特点则是物料塑化好、停留时间长，但螺杆的自清洁作用较差，因此主要用作制品成型；非啮合式双螺杆挤出机的特点是混炼效果好、物料停留时间长，但螺杆无自清洁作用，因此主要用于一些共混物或复合材料的简单混合制备，制备的样品对填料的分散或共混物的相畴一般要求不高；而锥形双螺杆挤出机和啮合平行异向旋转双螺杆挤出机没有什么区别，如果螺槽纵横向皆封闭，其输送为正位移输送，如果螺槽纵横向有一定开放，则会丧失一部分正位移输送能力，但会加大混合作用[13]。

虽然双螺杆挤出机的类型很多，但实际上在工业中运用最为广泛的仍然是啮合式同向旋转双螺杆挤出机为主，其特点是螺杆和机筒元件均可拆卸，而且螺纹元件极为丰富，根据其功能不同，有输送元件、捏合元件、转子类元件以及特殊元件，而且各元件的尺寸规格差异也会产生不同的效果。例如捏合元件的厚度不同，其对物料的剪切强度就不同，从而直接影响到共混材料力学性能的变化，其数值可以相差约 10%甚至更高。因此，在实验室研究或实际生产中，可以根据所加工的材料的不同特性和产品性能要求，设计出具有不同剪切强度和混合能力的螺杆元件组合方法，然后如同搭积木一般，将不同几何形状或特征参数的螺杆元件和机筒元件组合在一起以适应不同工艺配方，满足不同加工对象的需求。

作为聚合物改性用的主要混合设备，同向双螺杆挤出机以其灵活多变的螺纹元件排列方式以及与之相对应的优异的混合性能获得了越来越广泛的应用。随着技术的发展，啮合式同向双螺杆挤出机不断向着高速、大扭矩、大挤出量、低能耗的方向发展。

（3）三螺杆挤出机

三螺杆挤出机是继柱塞式、单螺杆式、平行双螺杆式、锥形双螺杆式挤出机后的又一新型共混机械，具有灵活多变的排布方式，以及啮合区多、长径比小、物料输运能力和混合能力高、混合特性优异等特点，获得了较好的工业化应用[33]。

三螺杆挤出机具有多种螺杆及排布形式，如图6-20所示，包括一字排列的等长不等径三螺杆组合、等径三角形排列三螺杆组合、一字排列的不等径不等长三螺杆组合等，其中又以等径三角形排列为最常见的组合方式。当三螺杆挤出机成品字形排列时，与双螺杆挤出机相比，三螺杆挤出机增加了一个中心区和两个啮合区，其结构更加复杂。特别是中心区为三螺杆挤出机所独有，呈现出几何面积由大到小的周期性变化，物料在中心区域呈现出“拉伸–压缩–折叠”的周期性受力状态。因此，三螺杆挤出机内中心区域的动态循环特性研究是研发新型高效螺杆挤出设备的关键，因而受到了广泛关注。例如，胡冬冬、王天书等[34-35]采用Polyflow软件研究了螺棱数对三螺杆挤出机混合段局部和全局流动以及混合特性的影响，建立了三螺杆挤出机啮合块元件的三维等温流动有限元模型，分析了三螺杆啮合块元件的物料流动和混合规律；Zhu等[36]采用有限元数值模拟和实验相结合的方法，对三螺杆挤出机的物料输运能力和剪切效率进行了研究；Miao等[37]则研究了三螺杆挤出机螺杆几何参数对温度分布和能耗的影响。

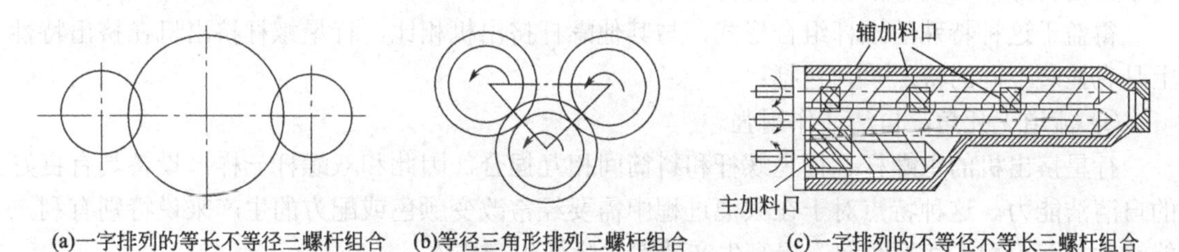

(a)一字排列的等长不等径三螺杆组合　(b)等径三角形排列三螺杆组合　(c)一字排列的不等径不等长三螺杆组合

图6-20　三螺杆挤出机的不同螺杆组合形式[33]

三角形排列的三螺杆挤出机具有塑化混合能力强、排气性能良好的特点，与双螺杆挤出机相比，捏合区和中心区混炼效果明显，因而其制备的聚合物共混材料的分布性能优于双螺杆挤出机。信春玲等对比研究了三角形排列的三螺杆挤出机与双螺杆挤出机在制备玻纤（GF）增强PPO材料时的效果（图6-21），发现采用三螺杆挤出机所制备的PPO/GF共混材料的玻纤长度保留率和纤维的长度分布均优于采用双螺杆挤出机制备的产品[38]。

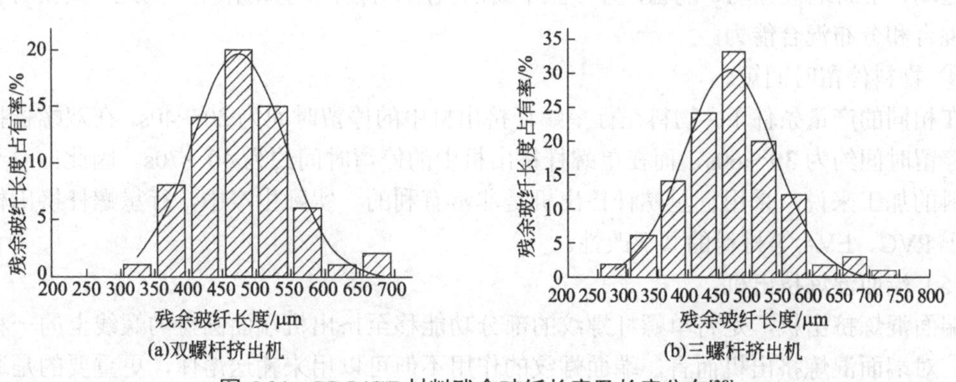

(a)双螺杆挤出机　(b)三螺杆挤出机

图6-21　PPO/GF材料残余玻纤长度及长度分布[38]

三螺杆挤出机以其优异的混合特性、较好的产能比、较小的长径比等优点，特别是其中心区域具有拉伸流动场的特殊作用，对分散相或填料在聚合物基体中的分散、分布有促进作用，因而在同等条件下，三螺杆挤出机与双螺杆挤出机相比，所制备的共混材料具有更为优异的力学性能[37]。目前，三螺杆挤出机已经逐步替代双螺杆挤出机，在新型共混物材料的制备方面具有较好的应用前景。

（4）行星螺杆挤出机

行星螺杆挤出机因其挤压系统的特点而得名：即挤压系统某一区段的若干螺杆之间的相对运动如同行星轮系，如图 6-22 所示。

行星螺杆挤出机由传动系统、挤压系统、加料系统和温控系统组成。其中挤压系统分两段：第一段为常规单螺杆，第二段为行星螺杆。行星螺杆由类似于行星轮系的多根螺杆组成，即中心一根直径大的螺杆为主螺杆，在其周围安置着与之啮合的若干小直径的螺杆。小螺杆除与主螺杆啮合外，同时与机筒内壁上加工出的内螺旋齿相啮合，而主螺杆与第一段单螺杆连成一体。当主螺杆转动时，带动小螺杆转动；小螺杆除绕自己的几何中心自转外，还绕着主螺杆作公转[13]。

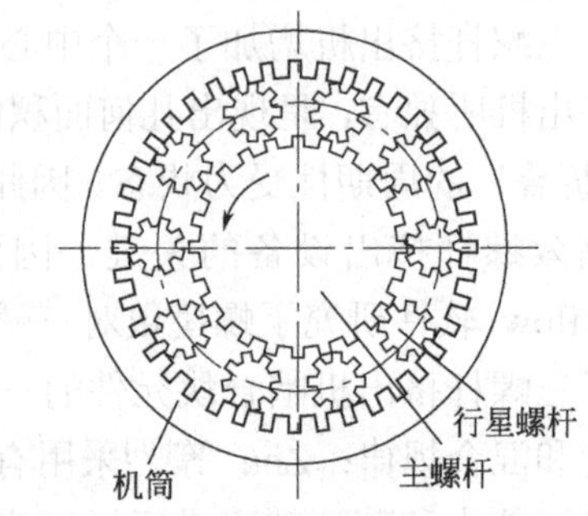

图 6-22 行星螺杆挤出机挤压系统[13]

得益于这种特殊的螺杆组合形式，与其他螺杆挤出机相比，行星螺杆挤出机在挤出特性上具有显著不同的特点[39]，包括：

① 流道无死角，自清洁作用强。

行星挤出机的主螺杆、行星螺杆和料筒间相互捏合，因此和双螺杆一样，设备具有良好的自清洁能力。这种特点对于在共混过程中需要经常改变颜色或配方的生产来说特别有利，能够大大缩短配方切换时间，提高生产效率并降低生产成本。

② 热交换面积大，生产能耗低。

行星螺杆挤出机热交换面积为主螺杆和料筒的表面积之和，是单螺杆挤出机的 4 倍、双螺杆挤出机的 2 倍，且物料以薄膜形式进行热交换，因此行星螺杆挤出机的热交换效率高，与传统单、双螺杆挤出机相比，物料的温度控制更加精准，生产能耗较低。

③ 啮合次数高，混合效果好。

行星螺杆挤出机在混炼过程中，物料在相互啮合转动的主螺杆、行星螺杆的螺纹齿隙中往复运动，不断地被翻动、混合，且受到不断的挤压、拉伸和剪切作用，因此，其具有良好的分散混合和分布混合能力。

④ 物料停留时间短。

在相同的产量条件下，物料在行星螺杆挤出机中的停留时间为 20～40s，在双螺杆挤出机中的停留时间约为 30～60s，而在单螺杆挤出机中的停留时间约为 40～70s。因此，对于热敏性塑料的加工来说，采用行星螺杆挤出机是非常有利的。实际生产中，行星螺杆挤出机常被应用于 PVC、EVA 等材料的共混改性。

（5）端面混炼挤出机

端面混炼挤出机，是将单螺杆螺纹的部分功能移至挤出机端面圆盘的螺线上的一种混炼设备。对端面混炼挤出机而言，端面螺纹的作用不但可以用来输送熔体，更重要的是通过端面螺纹所提供的强烈剪切作用，使共混物料在流经端面时得到充分的分散，从而提高挤出机混炼质量、提高输送效率，并减小机身尺寸等[33]。端面混炼挤出机具有挤出稳定、产量高、能耗低、结构紧凑、体积小的优点。

端面混炼挤出机的结构如图 6-23 所示。转盘的端面与定盘的端面既可以是圆盘平面，也可将定盘的端面设计为平面而转盘的端面开设阿基米德螺旋槽[图 6-24（a）]或辐射折线槽[图 6-24（b）]，或者将转盘与定盘的端面均设计为扇形镶嵌结构[图 6-24（c）]。

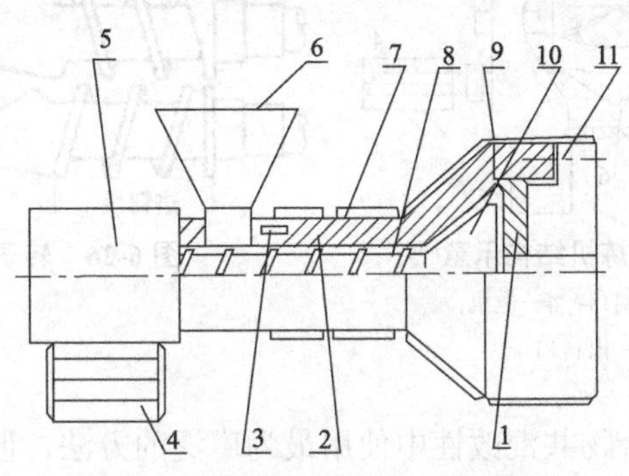

图 6-23　端面混炼挤出机结构示意[33]

1—定盘；2—料筒；3—冷却水通道；4—电机；5—减速器；6—料斗；7—加热器；8—螺杆；9—密封圈；10—动盘；11—端面压盖

(a)转盘端面为阿基米德螺旋槽

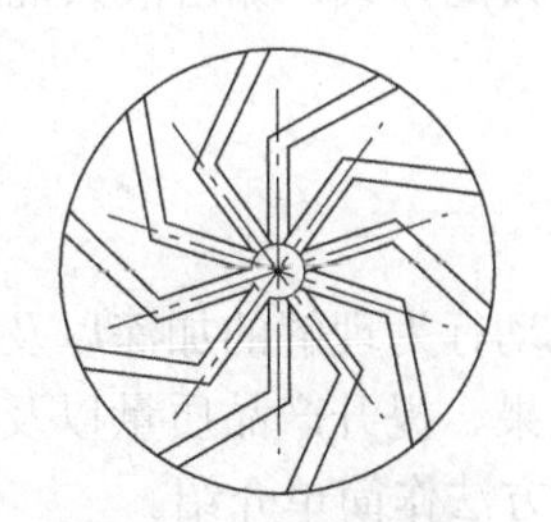

(b)转盘端面为辐射折线槽

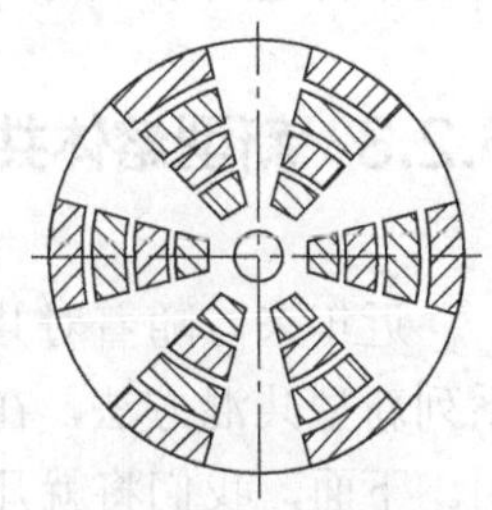

(c)转盘端面为扇形镶嵌结构

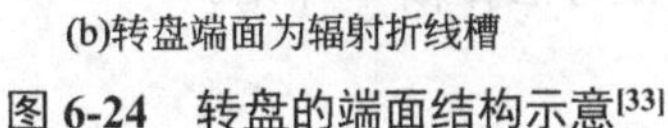

图 6-24　转盘的端面结构示意[33]

由于端面挤出机其端面盘直径远大于普通单螺杆挤出机的螺杆直径，当转速相同时，端面盘主要工作区域的运动线速度远大于机筒对螺杆的相对速度，可以对物料实施更强的拉伸、剪切和挤压作用。因此，端面挤出机的分散效果远优于单螺杆挤出机；同时，在混炼过程中，物料反复经历端面盘的径向分流槽，在受到挤压的同时，不断产生分流和合并，混合均匀程度大大提高。

（6）双转子连续混炼机

双转子连续混炼机是一种既保持了密炼机优越的混合特性同时又能连续进行工作的新型聚合物共混机械，具有优异的分布分散混合能力，产品适应性能比较好，特别适用于合成聚烯烃材料的造粒、高黏度聚合物材料混合以及高填充复合材料制备、橡塑材料共混等[40-41]。

双转子连续混炼机的结构如图 6-25 所示，其核心部件转子的结构如图 6-26 所示。

在双转子连续混炼机混炼时，物料首先经过定量加料装置加入连续混炼机中，通过加料段的螺纹输送到混炼段；在混炼段，物料首先受到与加料段螺纹相连部分螺纹的向前推动作用继续前进，而与卸料段相连部分螺纹方向则与物料的运动方向相反，会迫使物料向进料方向运动，这样，物料便在混炼段堆积，并在转子的剪切作用和辊压作用下被粉碎、熔融和混合，其工作原理与密炼机近似；随着新物料的不断加入，其正向压力越来越大，迫使已经混合好的物料向卸料段移动，并通过出料口排出。

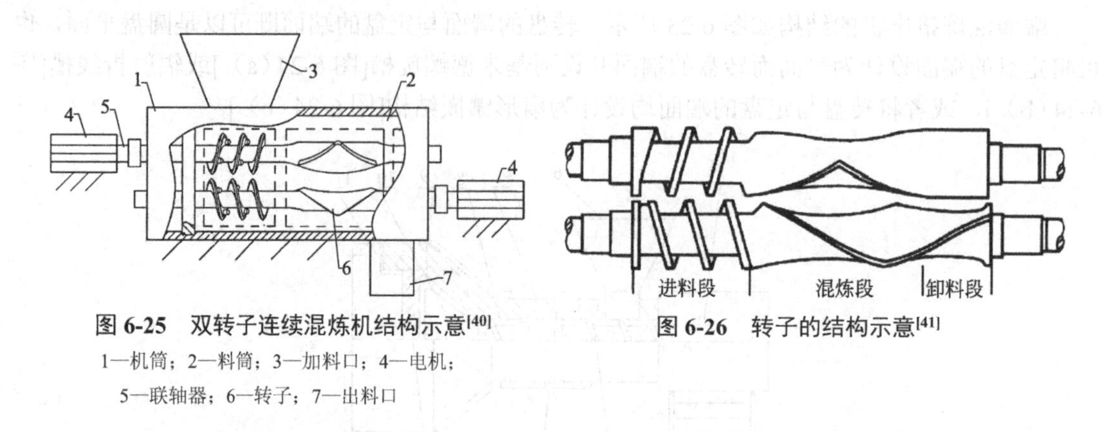

图 6-25　双转子连续混炼机结构示意[40]

1—机筒；2—料筒；3—加料口；4—电机；5—联轴器；6—转子；7—出料口

图 6-26　转子的结构示意[41]

熔体共混法是目前聚合物共混改性中使用最为广泛的方法，但该方法不适用于某些热性能性质（行为）较为特殊的聚合物物料或共混体系的混合。例如，当聚合物的分解温度接近或低于 T_m（或 T_f）时，或者用于共混的两种聚合物的熔融温度或黏度差别较大时，熔体共混法就不再适用了，需要寻求其他的共混方式，如溶液共混法等，这里不再一一赘述。

6.2.3　新型熔体共混方法

近年来，随着对共混物熔体流动行为理解的加深以及加工技术的进步，研究者设计出一系列新型共混方法，在改善混合效果、提升产品质量以及提高生产效率方面显示出特殊的作用。下面，我们将就几种新型共混方法作简单介绍。

（1）混沌混合法

混沌是指确定性动力学系统因对初值敏感而表现出的不可预测的、类似随机性的运动，即现实世界中存在的一种类似无规律的复杂运动形态。在聚合物共混中，通过特定的设备约束以确定混合初始条件诱导，在共混过程中产生混沌流动。混沌混合技术的基础是混沌对流原理，即两股（或多股）料流通过混沌混合器的作用使之产生混沌对流以实现混沌混合。混沌混合器的核心部件为由计算机控制的搅拌杆，可同时进行周期性和交替性运动，实现混沌运动；通过改变设置参数可以改变混沌混合状态，从而得到具有不同形态的共混物[42]。

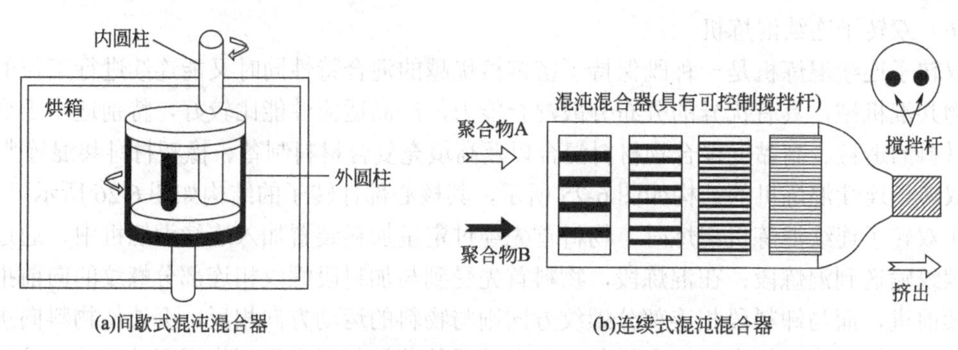

图 6-27　混沌混合器示意[43]

混沌混合装置的形式多种多样，不同的结构和程序设计都可以产生不同形式的混沌运动。图 6-27 为 Zumbrunnen 等设计的间歇式混沌混合装置和连续式混沌混合系统示意图。其中连续式混沌混合系统由两台挤出机供料进入机头的混沌混合器中，混沌混合器内有两根由电动机驱动的偏心搅拌杆，通过搅拌杆的运动可以实现料流的混沌混合[43-47]。

通过混沌混合调控共混物中的分散相形态，可实现对共混物宏观力学性能的调控。例如，Liu 等[48]采用混沌混合的方法，使 PS/LDPE（91/9）共混体系的冲击强度达到 PS 冲击强度的 1.69 倍；而利用传统的工艺如混炼、挤出等制备的 PS/LDPE（85/15）体系，其冲击强度仅仅提高了 25%。通过形态观测发现，经混沌混合的 PS/LDPE 共混体系的 PS 基体中出现了长径比较大的纤维结构，从而使得共混物的力学性能得到了极大的提高。

Sau 和 Jana[49]利用自行设计的间歇式混沌混合器，对 PA6/PP 共混物进行混沌混合，研究了共混物的形态演变以及黏度比和组分比对形态的影响。研究结果显示，反复拉伸和折叠使分散相在混合初期即产生层状结构，同时延缓了层状结构向纤维和液滴破裂的进程；随着剪切间歇的减小，形态演变速率加快。进一步研究发现，共混物的黏度比对形态演变速率及其粒子分布也存在影响，当黏度比约为 1 时，分散相更容易形成球状粒子并且尺寸分布小；随着黏度的增大，形态演变的速率减慢，粒子尺寸分布变宽。

井新利等[50]采用自制的三维混沌混合装置，研究了 PS/LDPE 共混物在混沌混合过程中分散相 LDPE 的结构演化及其对共混物韧性的影响。研究发现，混合的周期数是影响分散相形态结构的主要因素，随着周期数的增加，分散相经历了由宏观颗粒→层片→纤维→微观颗粒的演化过程，最终形成了高长径比的纤维和大量尺寸均匀的颗粒；与此同时，材料的韧性相对于纯 PS 而言最高增加了 90.9%。

（2）超声辅助混合法

在共混过程中，将力场直接作用于熔融聚合物上是提高聚合物共混性能的有效强化技术，而超声波技术就是其中之一。通过引入超声波作用到聚合物熔体上，使共混体系在超声振动作用下产生结构和形态上的改变，能够实现对共混物材料宏观性能的调控。可用于聚合物材料的超声波有两类：高频低能超声波和低频高能超声波，前者主要用于聚合物的探伤和测厚等检测方面，而后者才是超声辅助混合的超声波类型。超声辅助混合技术实质上是属于熔体振动技术的一个方面，为制备高性能的聚合物及其共混复合材料提供了一个可行的方案[51-57]。图 6-28 为典型的超声辅助挤出技术的装置示意图。

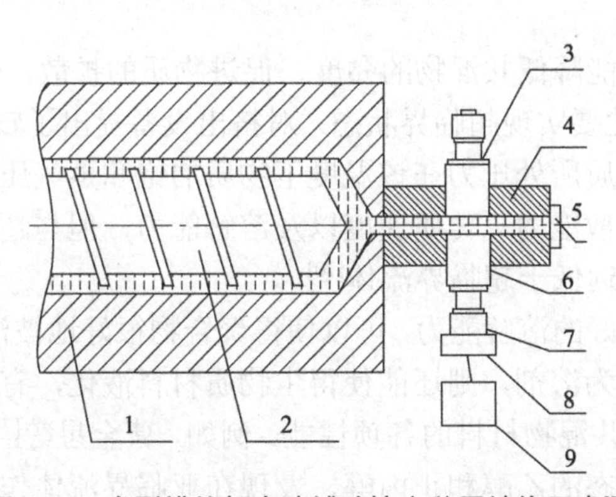

图 6-28 含裂模的超声波辅助挤出装置结构示意[56]

1—料筒；2—螺杆；3,6—探头；4—裂模；5—定型口模；7—放大器；8—转换器；9—超声波发生器

郭少云等[58]利用自行设计的超声辅助混合挤出机研究了挤出加工过程中，超声波对PA6/HDPE以及HDPE/PS共混物加工性能和结构的影响。发现超声波的引入一方面可以提高基体与分散相之间的相容性，减小分散相尺寸，并提高分散相的分散性能；另一方面还能调控共混物组分的结晶性能，最终实现了共混物力学性能的改善。Isayev 等[59-60]将超声波引入不相容共混物的混合发现，在超声波作用下，共混物两相之间原位生成嵌段共聚物，大大增强了共混物的相容性。结果，共混物的力学性能得到了显著改善，硬度最大增加470%，冲击强度最大增加212%。

（3）超/亚临界流体辅助混合法

临界流体是指处于临界温度和临界压力附近的气体或液体，有很多独特的性能，因此获得了广泛的关注。在聚合物共混中，采用超/亚临界流体辅助混合也是近年发展起来的新方法。

超临界气体是一种具有独特性质的气体，它是指处在临界温度（T_c）和临界压力（p_c）之上的气体。处于超临界状态的气体性质已经完全不同于它在常温常压下的性质，它具有与液体相近的密度、表面张力几乎接近为0、热导率比常压气体大、黏度低等性质，并且其性质很容易通过压力的调节来控制[61]。

超临界气体应用最多的是二氧化碳（$SCCO_2$）。在聚合物共混过程中引入$SCCO_2$，通过扩散溶解作用，能够降低聚合物共混物中两相的黏度比和界面张力，减小分散相的尺寸[62-68]。例如，Elkovitch 等[66-67]在超临界CO_2环境下制备了PS/PMMA共混体系，获得了分散相尺寸明显减小的共混材料，如图6-29所示。而Lee等[69]也在$SCCO_2$环境下制备了PE/PS共混体系，也证实了引入$SCCO_2$可以大幅度减小分散相的尺寸。

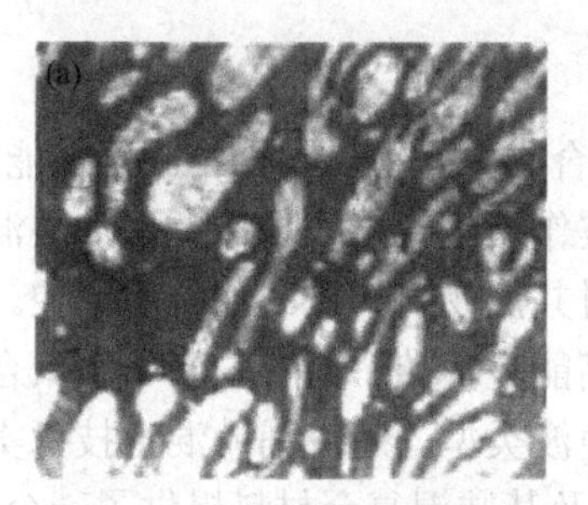

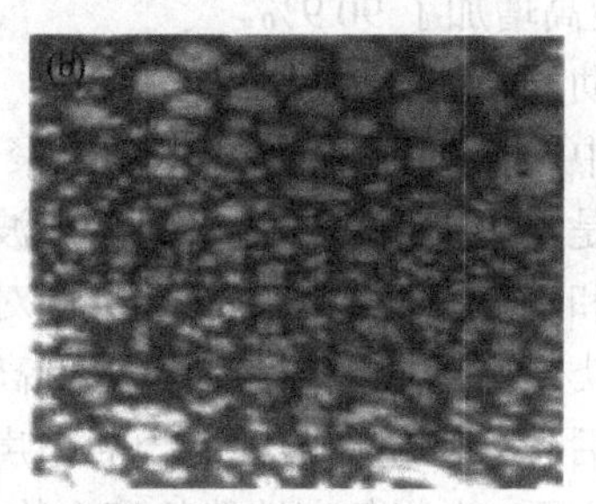

图6-29 PMMA/PS（50/50）共混物（a）和PMMA/PS/$SCCO_2$（50/50/20）共混物（b）复合材料的TEM照片[68]

超临界气体辅助混合能降低共混物的黏度，促进物质的扩散，但即便是$SCCO_2$，其临界压力也达到7.4 MPa，因此要实现超临界状态，对挤出设备提出了较高的要求。亚临界流体是指在一定温度条件下，物质所处压力在该温度下物质的饱和蒸气压之上的一种状态。亚临界流体同样也具有良好的扩散能力、传质速度以及溶解能力，但与超临界状态相比，实现亚临界状态的能耗和设备要求远低于超临界流体[70]。

亚临界流体由于其良好的溶解能力，可以使得聚合物很好地被溶胀从而促进流动和扩散；如果选择水或醇类液体作为溶剂，则还能使得生物质材料液化，有效改善生物质材料与聚合物之间的界面，从而提高共混物材料的各项性能。例如，曹金星等[71]在挤出制备PP/木粉复合材料时引入处于亚临界状态的乙醇和正丙醇，发现在亚临界流体作用下，木粉发生溶胀、液化等现象，可有效促进PP-*g*-MA渗入到木粉内部，增强马来酸酐和木粉中羟基之间的酯化反应，从而提高了PP与木粉复合材料的界面结合强度，使得材料的拉伸性能、弯曲性能和韧性都得到了一定程度的提高。图6-30为PP/木粉复合材料界面结构的SEM图，对比可发现亚临界流体的引入能够显著改善PP和木粉之间的界面黏结。

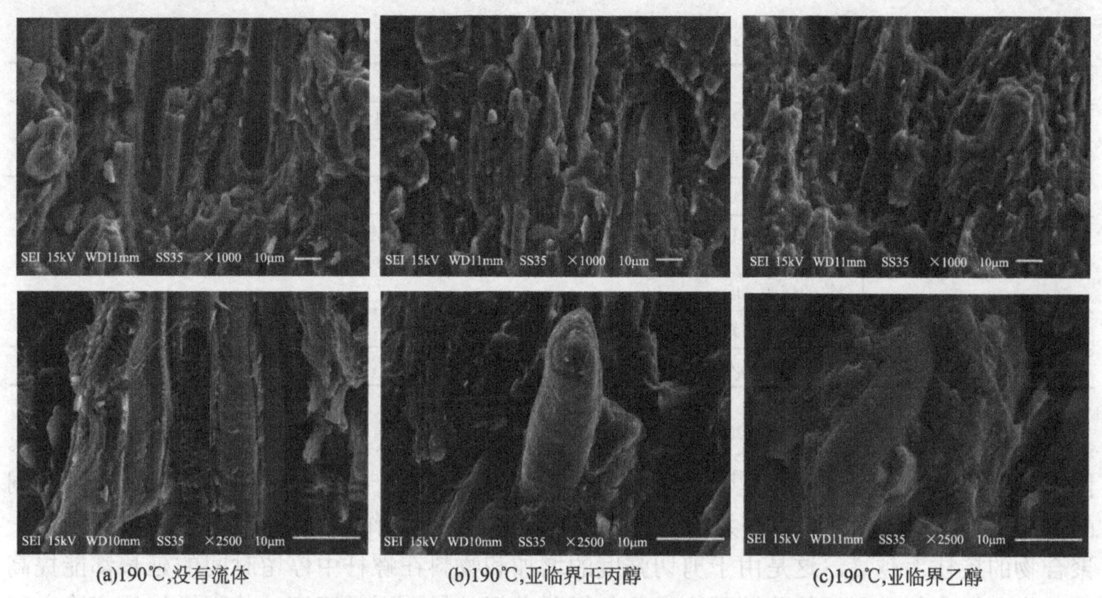

(a)190℃,没有流体 (b)190℃,亚临界正丙醇 (c)190℃,亚临界乙醇

图6-30 不同条件下制备的PP/木粉复合材料的断面SEM图像对比[71]

亚临界流体辅助共混在交联聚合物回收利用和橡胶脱硫等方面也有其独特的优势，利用亚临界流体的强渗透性能，可以使得交联聚合物迅速溶胀并在强剪切作用下发生机械破裂，从而使得交联聚合物重新获得热塑性能。例如，孟海狮等[72]利用亚临界流体的这一特性，通过双螺杆挤出机辅以临界水成功制备了废轮胎胶粉/HDPE热塑性弹性体材料。

6.3 物理-化学共混方法

在聚合物共混物的制备过程中，当聚合物受到强烈的机械剪切作用时，少量聚合物分子链会断裂产生大分子自由基，然后随机生成少量接枝或嵌段共聚物。这种在机械力作用下发生化学变化的共混方法可称为物理-化学共混法。在共混过程中生成的接枝或嵌段共聚物，可作为不相容共混物的增容剂，起到原位增容的作用，能够有效改善共混物的混合效果，增强共混物的相容性。特别地，当共混物两相比较稳定，难以通过自身分子链断裂产生自由基时，还可以引入能够产生自由基的引发剂，促使化学反应的产生。物理-化学共混法主要包括反应挤出共混法、动态硫化法、共聚-共混法、IPN法、力化学混合法、釜内共混法等。

（1）反应挤出共混法

反应性挤出共混法是指聚合物或可聚合单体在连续挤出过程中完成一系列化学反应的共混操作过程。反应物的物理形态必须适合于挤出共混过程，化学反应在熔融态聚合物或液化单体中，或者在溶解或悬浮于溶剂的聚合物中，或者在被溶剂塑化的聚合物中发生和完成。因此，反应性挤出共混又称为“反应性配混”或“反应性加工”[73]。通过反应性挤出完成的化学过程，可以用表 6-1 进行分类描述。反应挤出在共混物改性制备中最常见的例子是利用原位反应增容的方法提高聚合物共混物的相容性，从而提高共混体系的力学性能。相关的实例可参见本书其他章节，在这里不再一一赘述。

表 6-1　通过反应挤出所完成的化学反应类型

类　型	描　述
本体聚合	由单体、低分子量预聚体、单体混合物、单体与预聚体的混合物制备高分子量的聚合物
接枝反应	由聚合物和单体反应，生成接枝聚合物或共聚物
链间共聚物的形成	两种或多种聚合物通过离子键或共价键反应生成无规、接枝或嵌段共聚物
偶联/交联反应	聚合物与多官能度的偶联剂或支化剂反应，使大分子链增长、支化，从而提高分子量；或聚合物与缩合剂反应，使分子链延长，从而获得较高的分子量；或聚合物与交联剂反应，通过交联而提高聚合物的熔融黏度
可控降解	使高分子量聚合物发生分子量可控降解（可控流变学），生成单体可控降解
官能化（团）改性	将官能团引入聚合物主链、端基、侧链，或对原有的官能团进行改性

影响反应挤出共混的因素很多，包括设备、工艺条件（如温度、螺杆转速）、材料等。例如林建荣等[74]、王明辉等[75]研究了螺杆结构对反应挤出产品性能的影响，发现采用不同的螺杆组合和螺纹元件制备的共混物的改性效果不同：剪切作用越强，物料停留时间越长，聚合物的接枝率越高。这是由于剪切强度的增加和物料在螺杆中停留时间的延长都能提高共混物各组分相互之间的分散程度以及各组分之间的界面更新速度，从而增加反应物之间的接触概率，促使接枝反应发生。王瑾等[76]在实验中研究了螺杆转速对苯乙烯（St）接枝聚烯烃热塑性弹性体（POE）的影响，其结果充分证明在反应挤出中螺杆转速（表 6-2）、加工温度（表 6-3）都会对接枝率产生重要影响。

表 6-2　螺杆转速对 POE-*g*-St 接枝率的影响[76]

螺杆转速/（r/min）	*A*（St）/*A*（POE）	接枝率/%	均聚比例/%	单体利用率/%
110	0.0364	4.84	0.81	32.27
130	0.1131	6.05	1.23	40.33
150	0.1358	6.41	0.98	42.73
170	0.0504	5.06	1.11	33.73

注：*A*—红外特征吸收峰面积。

表 6-3　加工温度对 POE-*g*-St 接枝率的影响[76]

加工温度/℃	*A*（St）/*A*（POE）	接枝率/%	均聚比例/%	单体利用率/%
120	0.0649	5.28	0.93	35.20
130	0.1131	6.05	1.23	40.33
140	0.125	6.24	1.24	41.60
150	0.0432	4.94	1.04	32.93

注：*A*—红外特征吸收峰面积。

（2）动态硫化法

在橡胶和塑料的共混改性过程中，动态硫化法通常用作塑料增韧改性和热塑性弹性体（TPV）的制备。

动态硫化技术，是指在混炼过程中通过引入硫化剂（或引发剂）诱导橡胶组分发生交联反应，改变共混物两相黏度比进而调控共混物微观形态发展的技术。动态硫化可使橡胶产生部分或全部交联结构，从而赋予共混物良好的力学性能以及良好的耐候性、耐热老化性、耐化学腐蚀性等。动态硫化技术一般在采用密炼机或双螺杆挤出机熔融共混制备共混物材料时使用。在混合过程中，一般经历三个阶段：①简单共混；②部分动态硫化共混；③动态全硫化共混。在这三个阶段中，经历动态全硫化共混制备的共混物的综合性能最好，其实现过程如下：首先将橡胶与塑料熔融共混，并控制橡胶相的体积分数大于塑料相，因此在混合初期，橡胶为连续相、塑料为分散相；随着混合时间的增加，在交联剂和机械剪切应力作用下，橡胶相发生硫化交联反应，其黏度持续增加；在混合后期，橡胶相完全交联，并以颗粒（分散相）的形式分散在塑料连续相中，共混体系发生相反转。

动态硫化是在高温和高剪切应力作用下发生的交联反应，交联键结构的变化是一个动态的过程，在反应过程中存在已生成的多硫键变短、交联键破坏以及主链反应等不同情形。其中交联键变短是指多硫键中的硫原子部分脱除使硫原子数减少，而脱除的硫原子既可生成环化结构，也可与促进剂反应生成中间产物，或直接断裂生成橡胶分子主链的多硫化氢侧基[77][图 6-31（a）和（b）]。生成的多硫化氢侧基，既可以通过橡胶分子内环化反应生成环化结构，也可以脱离橡胶分子与另一橡胶分子链形成共轭三烯结构，使主链结构发生改变[图 6-31（c）和（d）]。

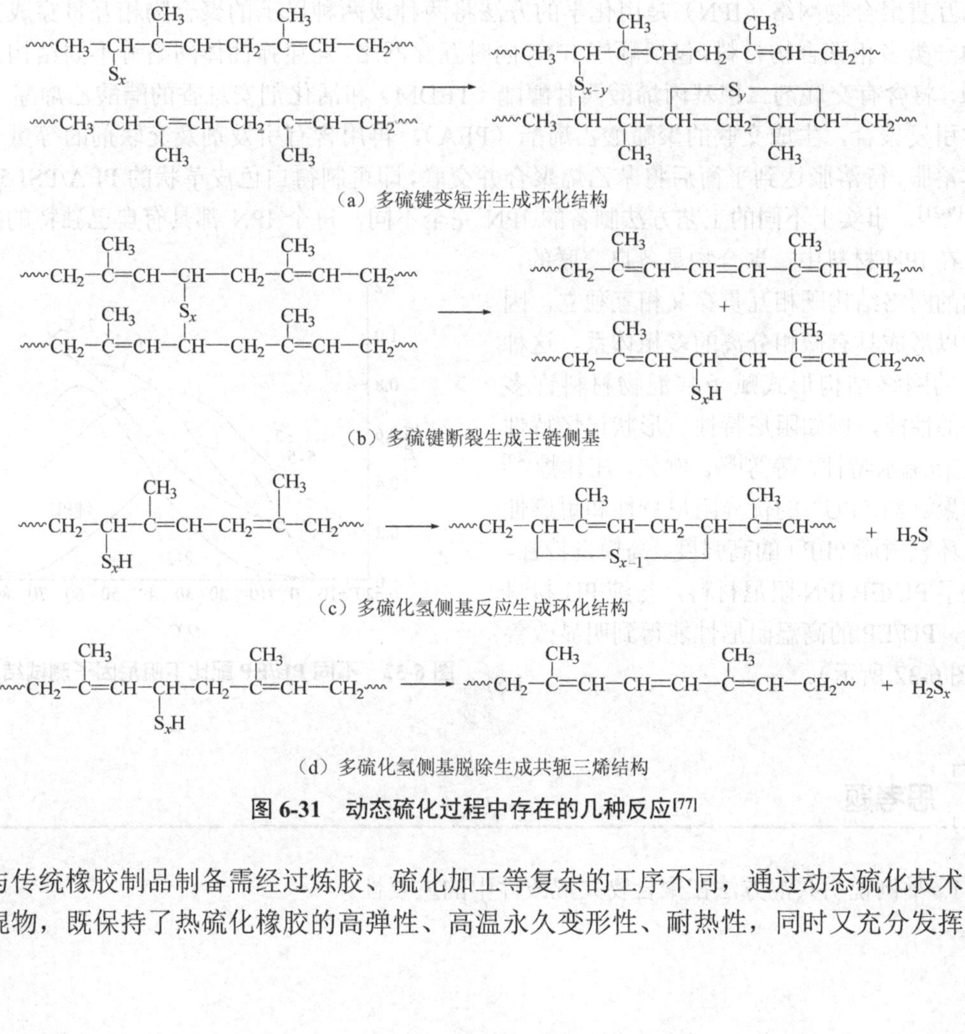

（a）多硫键变短并生成环化结构

（b）多硫键断裂生成主链侧基

（c）多硫化氢侧基反应生成环化结构

（d）多硫化氢侧基脱除生成共轭三烯结构

图 6-31　动态硫化过程中存在的几种反应[77]

与传统橡胶制品制备需经过炼胶、硫化加工等复杂的工序不同，通过动态硫化技术制备的共混物，既保持了热硫化橡胶的高弹性、高温永久变形性、耐热性，同时又充分发挥了热塑性树脂良好的加工性能，因而显著降低了设备投资、劳动力成本，提高了生产效率；特别地，共混物制备过程中出现的边角料还可重复使用，对于生态环保来说也是非常有意义的[78-87]。将这种动态硫化技术应用于橡胶增韧塑料体系，可大幅度减小橡胶相的分散粒径，共混物呈现优异的抗冲击韧性。

（3）共聚-共混法

共聚-共混法制备聚合物共混物是一种较为典型的物理-化学方法。共聚-共混法主要有接枝共聚-共混以及嵌段共聚-共混两种，其中接枝共聚-共混法更为常见，HIPS 和 ABS 的制备就是这种方法的具体体现。接枝共聚-共混法制备的聚合物共混物的性能通常优于机械共混法制备的产物。

接枝共聚-共混法制备聚合物共混物包括本体法接枝共聚-共混工艺、本体-悬浮接枝共聚-共混工艺等。其中本体-悬浮接枝共聚-共混工艺流程可通过 HIPS 的制备为例来说明：①将未经硫化的橡胶溶于苯乙烯单体中，得到橡胶溶液；②在橡胶溶液中加入抗氧剂、增塑剂和引发剂等反应助剂进行本体预聚合，单体转化率控制在 33%～35%，并完成相反转；③在预聚釜中加入或将预聚物溶液转移至含有引发剂、分散剂和悬浮剂的水溶液中，在 80～130℃下完成后聚合，即悬浮聚合，该过程历时约 10～16h，单体转化率提高到 99%；④将聚合物颗粒经水洗、离心分离、干燥和造粒等后处理，最后得到成品 HIPS[21]。

（4）IPN 法

互贯聚合物网络（IPN）是用化学的方法将两种或两种以上的聚合物相互贯穿成交织网络的一类多相聚合物材料，包括顺序 IPN、同时互穿网络、互穿弹性体网络等不同结构形式。例如，将含有交联剂二甲基丙烯酸四甘醇酯（TEDM）和活化剂安息香的醋酸乙烯酯（EA）单体引发聚合，生成交联的聚醋酸乙烯酯（PEA），再用含有引发剂及交联剂的等量苯乙烯单体溶胀，待溶胀达到平衡后将苯乙烯聚合并交联，即可制得白色皮革状的 PEA/PS（50/50）IPN[19-21]。事实上不同的工艺方法制备的 IPN 完全不同，每个 IPN 都具有自己独特的拓扑结构。在 IPN 材料中，聚合物是各自交联的，它们的网络结构既相互贯穿又相互独立，因此可以形成具有微相分离的多相体系。这种独特的网络结构形式赋予共混物材料许多独特的性能，例如阻尼特性、形状记忆特性以及亲/疏水特性，等等[88]。例如，庄建煌[89]利用聚氨酯（PU）的优异阻尼特性和耐磨性以及环氧树脂（EP）的高强度、高模量特性，构筑了 PU/EP IPN 阻尼材料，与纯 PU 材料相比，PU/EP 的高温阻尼性能得到明显改善（如图 6-32 所示）。

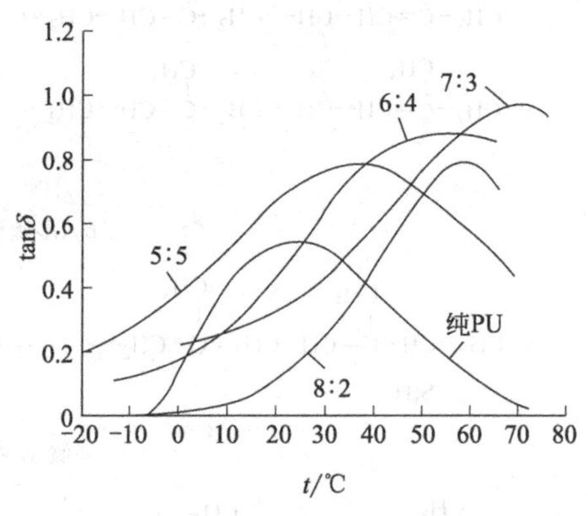

图 6-32　不同 PU/EP 配比下阻尼因子测试结果[89]

思考题

1. 举例说明共混方法在聚合物共混改性中的重要性。

2. 聚合物共混方法有哪些分类？

3. 固态粒（粉）共混方法有何优缺点？

4. 双螺杆挤出机、三螺杆挤出机和行星螺杆挤出机在结构和混合效率上有何不同？

5. 如果要通过熔融共混的方式制备纳米复合材料，你准备选用哪种挤出机？为什么？

6. 玻纤增强热塑性复合材料的宏观力学性能与玻纤的长径比紧密相关。在采用双螺杆挤出机熔融共混制备这类复合材料时，应注意什么？

7. 绝大多数聚合物呈现假塑性流体的特征。试阐述在熔体共混过程中如何利用这种特性来改善共混效果？

8. 超声辅助混合技术有何特点？超声波在共混物混合过程中的作用机制是什么？

9. 什么是超/亚临界流体辅助混合法？其工作原理是什么？

10. 举例说明反应性挤出加工在共混物改性中的作用。

11. 举例说明动态硫化技术的实施过程。

12. 设计一种基于动态硫化技术的抗冲改性聚乳酸产品的配方和实施工艺。

参考文献

第7章　聚合物粉体填充改性

随着聚合物改性技术的不断进步，改性聚合物的应用也越来越广泛，聚合物的填充改性在满足某些愈加苛刻的要求中起着重要的作用。例如，在汽车中引入塑料部件曾经步履维艰，这方面的早期尝试都以失败告终，因为塑料部件没有足够的强度和耐候性，而通过填充改性可以将这些塑料转化为坚固耐用的汽车部件。计算机如今变成真正的便携式膝上电脑很大程度上是使用了重量更轻的增强塑料所致。用这些塑料制成的外壳不仅外观光滑柔和，而且可以屏蔽电磁辐射，可以在飞机飞行时使用。添加填料曾一度被认为是降低成本的手段，但目前的填充改性可以赋予材料许多独特的性能，满足一些更加复杂的要求。实际上，现在某些填料的成本比所要填充的聚合物的成本还要高，但是添加填料仍有经济上的意义，因为填料带给聚合物材料更高的价值，因此，填充改性在聚合物改性中的地位也愈来愈重要。

聚合物填充改性的主要发展趋势表现在以下几个方面：

（1）高性能化

作为填充材料的无机材料、金属等，由于强度、模量和耐热性远高于聚合物材料，通过改性技术加入聚合物中可以显著提高聚合物材料的力学性能和耐热性能，实现聚合物材料的高性能化。

（2）功能化

很多金属或无机非金属材料具有普通聚合物材料不具备的光、电、磁、阻燃、耐磨等性能，加入聚合物中可以赋予聚合物材料相应的功能性，同时又具有了聚合物特有的韧性和可加工性。通过这些功能性填充获得的功能性聚合物复合材料生产成本通常远低于通过聚合方式得到的功能聚合物材料，因此功能性填充是获得功能性聚合物材料的主要手段。

（3）微细化

近年来的研究表明，无机或金属粉体的功能随着粒度的超细化有着显著提高。塑料填充过去经常使用的微米级填料，如果将其粒径缩小到纳米尺度，加入很少的量就可以达到相同的效果，如用5%的有机蒙脱土改性的尼龙6的热变形温度可以提高1.5倍。过去一般采用微米级填料，加入量在20%～50%，而如果加入纳米级填料，加入量仅仅2%～5%就可达到相同的效果，且复合材料的密度与原来树脂相比几乎不变或增加很小，同时也克服了过去因高填充带来的其他性能如透明度、断裂伸长率、抗冲击韧性下降的弊端。

（4）环保化

随着人们环保意识的增强和环保法规的日趋严格，聚合物的可再生利用、可生物降解、无毒、无味、无环境污染等理念已融入聚合物填充的设计和制造过程中。通过填充改性降低石油及煤等不可再生资源的使用量，以及研制开发无污染、全降解、可再生循环使用的绿色环保型改性聚合物产品成为新热点。

聚合物填充改性涉及的范围非常广，只要在聚合物基体中引入固体填料制备聚合物基复合材料就可视为对聚合物进行填充改性。这种固体填料可以是粉体颗粒，也可以是纤维填料；可以是微米尺度的填料，也可以是纳米尺度的填料；可以是普通的增强增韧填料，也可以是功能性的填料，等等。从本章开始，我们将系统学习聚合物填充改性的各种方法、填料的种类和性质、复合材料的结构和性能关系等。本章主要学习通过引入粉体填料制备聚合物基复合材料的相关知识。

7.1 粉体填料的基本性质

粉体填料通常以颗粒形式出现，其性质如纯度、密度、硬度、吸油值、粒子形状、尺寸、表面积、光学性质、电、磁、热和阻燃等物理化学性质直接影响填充复合材料的性能。下面我们将对这些性质进行详细讨论。

（1）纯度

虽然人们总是期望使用高纯度的粉体填料，但是通常很难实现。许多杂质对材料没有很明显的影响，但是有的杂质在很低的含量就会表现出危害。常见的危害包括：①对复合材料的颜色有影响，比如在氢氧化铝中残留的有机物；②增加复合材料的磨损，如石英杂质的存在常会引起这一问题；③增加吸水性、降低电性能，如微量可溶性盐的存在；④降低复合材料的热和光的稳定性，如微量过渡元素或者铜的存在；⑤有害健康的杂质，如矿物填料里面存在的微量石棉，等等。

（2）密度

填料密度可从 0.03g/cm^3（膨胀聚合物珠粒）到 18.8g/cm^3（金），但聚合物填充主要使用的无机粉体填料的密度范围多在 2.3～2.8g/cm^3，聚合物的密度一般在 0.9～1.4g/cm^3 左右，因此，粉体填料的加入会显著增加复合材料的密度。

（3）硬度

通常，无机粉体填料的硬度远高于聚合物，因此采用填充的方法提高聚合物的硬度是非常有效的，这种提升效果远优于采用另一种高硬度的聚合物进行共混的方法。然而，加入高硬度的填料虽然可以提高聚合物制品的耐磨性，但较硬的填料会导致加工设备的金属材质磨损。因此，在加工高硬度填料填充的聚合物复合材料时，设备往往需要做特殊的处理。例如，我们常见的塑料挤出机料筒和螺杆所用的金属材料为经氮化处理的 38CrMoAl 合金钢[1]，维氏硬度为 800～900。这种挤出机在用于挤出重质碳酸钙（维氏硬度为 140）填充塑料时磨损并不特别严重，但如果用于加工粉煤灰玻璃微珠或石英砂（维氏硬度在 1000 以上）填充塑料时就很容易导致严重的设备磨损。因此，必须对加工设备的钢材做特殊处理，例如将普通 45 号钢做渗硼处理，其维氏硬度可达 2000 左右，超过了粉体填料的硬度，这样加工玻璃微珠或石英砂填充塑料时的设备磨损就大大降低了。

（4）吸油值

固体表面总会自发吸附那些能够降低其表面能的物质。在聚合物熔融加工中，粉体填料常会吸附增塑剂从而降低增塑剂的效果。这种吸附作用往往也涉及其他助剂。粉体填料的吸油值定义为 100g 填料吸收液体助剂的最大体积（mL）或质量（g），其值主要取决于粉体填料的粒径、粒子形态、表面粗糙度以及化学组成等。在聚合物填充过程中要充分考虑到填料吸附带来的助剂损失并在配方中加以弥补。例如，在使用碳酸钙填充改性 PVC 人造革时，为改善加工流动性，需要添加大量的增塑剂。重质碳酸钙的吸油值为 30～40g(DOP)/100g，而轻质碳酸钙吸油值为它的 4～5 倍，故在达到相同的增塑效果情况下，使用重质碳酸钙可以减少增塑剂的用量。

（5）几何形态

填料粒子的形态是决定填充复合材料性能的影响因素之一，在实际应用中的影响非常复杂。常用的表征填料形态的参数有比表面积、平均粒子尺寸、有效最大尺寸等。

不同种类矿物加工出来的填料颗粒形状区别很大，通常可以将填料分为颗粒型（零维）、片状（二维）以及纤维状（一维）三种。二维片状填料的平均直径与厚度之比即径厚比越大，片状特性越明显；纤维状填料的长度与平均直径之比即长径比越大，则纤维特征越明显。一般来说，均匀分散的粉体填料颗粒粒径越小，填充改性的效果越好。

（6）表面形态

粉体填料的比表面积取决于颗粒的粒径、几何形状和表面粗糙程度等。填料颗粒的比表面积从 $10m^2/g$ 到大于 $400m^2/g$ 不等。根据比表面积的不同，填料颗粒可以有不同的空隙度，可以从完全无孔和光滑的颗粒到有不同尺寸孔径的多孔颗粒等。

填料颗粒表面自由能越大，越容易团聚，因此近年来的纳米级粒子填充聚合物材料制备过程的关键就集中在如何解决纳米粒子的团聚问题，而降低其表面自由能是主要手段之一。

（7）颜色及光学性能

填料的颜色通常会影响填充聚合物复合材料的颜色。为满足配色要求，无色或者白色填料是最理想的。除此之外，由于很多填料纯度不够，在加工过程中有些杂质成分有可能因发生分解或其他化学反应而变色，也会影响到制品的颜色。

填料与基体折射率的差别是填充改性塑料透明性下降的原因之一，但也有一些填料的折射率与某些聚合物的折射率相近，如霞石和 PVC，因而可以制得透明 PVC 填充制品。

特别地，一些填料能选择性地吸收一定波长的光，如炭黑、石墨、氧化锌等对紫外线有很强的吸收，而紫外线是聚合物老化降解的主要原因之一，因此这类填料可以作为光屏蔽剂用于聚合物耐候改性[2-3]。高岭土对红外线有很强的阻隔作用，可以增强塑料大棚的保温作用[4]。

（8）热性能

聚合物基复合材料的热性能包括热导率、比热容、热膨胀系数等。绝大多数聚合物的热导率远远小于无机填料，因此改善聚合物导热性的主要手段是引入具有高热导率的填料。金属、石墨等的传热系数高，可作为导热填料改善聚合物的导热性能。按质量计算，一般填料的比热容为聚合物的比热容的 1/3～1/2，若将质量换算为体积，则聚合物和填料的体积比热容值处于同一范围。大多数矿物填料的线膨胀系数在$(1\sim10)\times10^{-6}K^{-1}$范围内，而多数聚合物的线膨胀系数则在$(60\sim150)\times10^{-6}K^{-1}$范围内，后者通常是前者的几倍到十几倍，这个差异往往导致制品冷却过程产生较强的内应力和缺陷。

（9）电性能

粉体填充材料的电性能包括导电性和介电常数。就导电性而言，金属是电的良导体，因此金属粉末作为填料使用可影响填充塑料的电性能。若填充量不大，树脂基体能包裹每一个金属填料的颗粒，其电性能的变化就不会发生突变；只有当填料用量增加至使金属填料的颗粒达到互相接触的程度时，填充聚合物的电性能将会发生突变，体积电阻率显著下降，成为半导体聚合物或导电聚合物。除金属外，碳材料也是很好的导电填料。常见的碳材料包括炭黑、碳纳米管、石墨烯等，将在后续章节中一一介绍。

（10）磁性能

通过聚合直接得到磁性聚合物是比较困难和昂贵的，工业上一般都采用将磁性粉末物质与聚合物共混来制备具有磁性的聚合物基复合材料，例如电冰箱的门封条[5]。目前已商品化的磁粉材料分为铁氧体和稀土两大类。铁氧体类磁粉是以三氧化二铁（Fe_2O_3）为主要原料，并加入适量锌、镁、钡、锶、铅等金属的氧化物或碳酸盐，经研磨、干燥、煅烧、再研磨工艺制成的陶瓷粉末，其粒径通常在 1μm 以下。例如，常用的铁氧体磁粉为钡铁氧体（$BaO \cdot 6Fe_2O_3$）。稀土类磁粉磁性更强，加工性能也更优异，但价格较高，储量也有限。目前使用的稀土类磁粉主要有 $SmCo_5$、$Sm_2(Co、Fe、Cu、M)_{17}$（M=Zr、Hf、Nb、Ni、Mn 等）。

（11）阻燃性能

很多聚合物容易燃烧，通过引入无机粉体填料制备聚合物复合材料是改善其阻燃性的重要手段之一。在聚合物燃烧时，无机粉体填料可以通过自身的化学反应或参与其他阻燃剂的化学反应达到更显著的阻燃效果，前者如镁、铝等的氢氧化物，后者如锑化合物等。

7.2 填料分类、特点及用途

粉体填料的分类方法很多，一般可分为无机粉体填料和有机粉体填料两大类，常见的无机粉体填料包括碳酸钙、滑石粉、云母、高岭土、二氧化硅、炭黑等，有机粉体填料包括木粉、棉短绒、秸秆等。也可根据化学组成将粉体填料分为氧化物、盐、单质和有机物四大类，或根据填料的几何形状分为球形、无定形、片状、纤维状等。本书按其在聚合物中的作用主要分为常用粉体填料和功能性粉体填料两大类。

7.2.1 常用粉体填料品种及特性

（1）碳酸钙

碳酸钙是最常见的无机粉体填料。碳酸钙为无毒、无味的白色粉末，白度大，属于惰性填料。其颗粒形态根据矿物结构不同分为多方体、扁平体、多棱体、长方体、长棒体等，一般可近似认为球形，在聚合物中增强效果不明显。碳酸钙资源丰富、价格低廉，在聚合物中填充量大，对于降低聚合物制品成本效果显著；同时由于其色泽好、硬度低、化学结构稳定，经良好表面处理后即使高比例填充仍能很好地保持聚合物的抗冲击韧性，所以在聚合物填充领域一直保持着最大的使用量，占塑料填充剂的 80%以上。

碳酸钙根据生产方式不同分为轻质碳酸钙（化学法）和重质碳酸钙（机械粉碎法），两者的差异主要在于表观堆积密度不同，也就是同等体积的碳酸钙的质量不同。工业上用沉降体积判断碳酸钙属于重质还是轻质：轻质碳酸钙为 2.5mL/g 以上，重质碳酸钙为 1.2～1.9mL/g。实际上两种碳酸钙的真实密度相差并不大，重质碳酸钙为 2.6～2.94g/cm^3，轻质碳酸钙为 2.4～2.6g/cm^3。

碳酸钙主要用于聚烯烃（PO）、PVC、PS、ABS 等聚合物材料生产的薄膜、管材、片材、板材、型材等产品，为降低加工成本和改善加工现场工作环境，目前常将碳酸钙做成高填充母料再将其加入塑料中。

（2）滑石粉

滑石是一种含水的、具有层状结构的硅酸盐矿物，英文名 Talc，化学式表示为：$Mg_3(Si_4O_{10})(OH)_2$。滑石的密度为 2.7～2.8g/cm^3，硬度是矿物填料中最小的一种，莫氏硬度为 1，有柔软滑腻感。

滑石片层仅靠微弱的范德华力结合，在外力作用时极易产生相互滑移或脱离。在加工过程中滑石粉可以沿物料流动方向取向排列，由于其片状结构特点，使得在特定方向上复合材料的刚度得到显著提高，因此滑石粉可看成是增强型填料。另外，滑石粉还可以显著提高填充塑料的耐热性，降低塑料成型收缩率，以及改善复合材料的耐蠕变性能。

滑石粉目前主要用于 PP 和 PA 的增强填充改性，经过大量滑石粉填充改性后可用作汽车零部件。例如，滑石粉填充 PP 可用于制造保险杠、仪表盘面板、内装饰面板等几十种汽车零部件。此外，滑石粉填充改性的塑料还可用于家电行业如洗衣机零部件、空调零部件、电视机后壳以及各种日用家电外壳等。

（3）高岭土

高岭土是黏土中的一种，是一种水合硅酸铝矿物质，英文名 Kaolin，其分子式可表达为 $Al_2O_3·2SiO_2·2H_2O$。高岭土的单晶是一种双层水合硅酸铝，一层是二氧化硅，一层是水合氧化铝，通过化学结合而成，具有六角形片状构型。高岭土的密度为 2.60～2.63g/cm^3，莫氏硬度为 1，吸油量为 30%～50%，折射率为 1.56。

高岭土也是一种片层状填料，因此在塑料中使用时可以提高塑料的拉伸强度和模量；高岭土同时也是一种橡胶补强剂，其补强效果在填料中仅次于炭黑和白炭黑（二氧化硅）。

（4）云母

云母的主要成分是硅酸钾铝，按来源和种类不同也可含有不同比例的镁、铁、锂或氟，因此各类云母的化学组成有很大差别。通常用作电气绝缘材料的是硬质云母，也叫白云母，其化学结构式为 $KAl_2(AlSi_3O_{10})(OH)_2$；作为发电机整流垫片的为软质云母或镁云母，化学结构式可表达为 $KMg_3(AlSi_3O_{10})(OH)_2$。此外还有红云母、黑云母等。

工业上使用云母往往留下许多碎片，经粉碎后可用作塑料填料。云母的硬度较低，莫氏硬度为 2～2.5，密度为 2.75～3.2g/cm^3。云母的晶形是片状的，其径厚比较大，对塑料也有明显的增强效果。

（5）二氧化硅

二氧化硅有天然和人工合成的两种，工业上一般使用合成出来的二氧化硅，其价格较高、粒径小，是一种超微细类球形粒子填料。合成二氧化硅呈白色、质轻，其原始粒子在 0.3μm 以下，密度为 2.65g/cm^3，莫氏硬度为 7，不溶于水和弱酸，溶于苛性钠及氢氟酸。在高温下不分解，多孔，有吸水性，比表面积很大，是橡胶工业中仅次于炭黑的补强剂。由于其颜色优势，在浅色制品中得到很好的应用，工业上俗称白炭黑。在塑料中有消光作用，使塑料制品有亚光效果，用于生产薄膜可防粘连。

（6）玻璃微球

玻璃微球是一种比较新型的填料，有人工制得的，也有从粉煤灰中分离出来的。玻璃微球既有实心也有空心的，从降低聚合物制品密度的角度考虑，空心微球有更大的优势，但需要避免加工过程中破壁，一般不宜采用挤出、注塑、压延等热塑性塑料加工方式，适合热固性塑料的模压或浇注成型。实心玻璃微球的直径可达 4～5000μm，密度是 2.2g/cm^3；空心玻璃微球密度在 0.3～0.6g/cm^3 范围内，直径通常在 10～250μm。

玻璃微球的优点在于它们具有相同的形状，透明、抗压、粒度可控，而且有很高的热稳定性。玻璃微球在塑料或橡胶中可以提高其拉伸强度、压缩强度及弯曲模量。同时由于其粒子形态的各向同性，填充增强塑料的体积收缩率在各个方向几乎相同，有利于注塑制品的尺寸控制。

（7）长石和霞石

长石和霞石是以无水硅酸碱/硅酸铝存在于自然界，密度为 2.6g/cm^3，莫氏硬度为 6.0～6.5，折射率为 1.53，两种矿物都具有高的化学耐受性并略显碱性（pH 为 8～9），吸油度低（13～14g/100g），可用于热固性树脂和 PVC 中。由于这种填料的折射率与 PVC 相近，在保证填料均匀分散的情况下可用于制备透明 PVC 填充复合材料[6]。

（8）硅灰石

硅灰石是一种比较典型的针状填料，它的长径比大约为 15∶1，化学式为 $Ca_3Si_3O_9$。天然硅灰石具有β型硅酸钙化学结构，密度为 2.9g/cm^3，莫氏硬度为 4.5～5.0，pH 为 9～10，具有吸油量小、吸水性低、电绝缘性好等优点。硅灰石作为填料在塑料中的作用主要是用来提高拉伸强度和挠曲强度，可代替部分玻璃纤维。

（9）硫酸钡

天然硫酸钡矿称为重晶石，通过化学方法制成的则称为沉淀硫酸钡。重晶石属斜方晶系，其密度为 4.25～4.5g/cm^3，莫氏硬度为 3.0～3.5，一般为白色或灰色，而沉淀硫酸钡的白度可达到 90%以上。硫酸钡能吸收 X 射线和γ射线，可用于防护高能辐射的塑料材料。由于其密度高，适用于要求高密度的填充塑料材料，如音响材料、渔网网坠等，此外由于硫酸钡粒子球形度高，填充硫酸钡的塑料的表面光泽要优于使用同等份数的其他无机矿物填料的填充塑料。

（10）硫酸钙

硫酸钙也叫石膏，它可分为两种：一种是天然石膏（$CaSO_4 \cdot 2H_2O$），分解温度为 128～163℃，平均粒径为 4μm，呈浅黄色圆柱状结晶；另一种是硬石膏（$CaSO_4$），也叫沉淀硫酸钙，含量 99%，相对密度为 2.95，平均粒径 1.0μm。硫酸钙作为塑料填料，可提高制品的尺寸稳定性。

（11）硅藻土

硅藻土为白色或浅黄色粉状，由硅藻遗骸组成，其硅藻的含量可达 70%～90%，是天然的二氧化硅胶凝体，质轻而软，孔隙度达 90%左右，吸附能力很强，能吸收自身重量 1.5～4.0 倍的水。硅藻土可作为聚烯烃的防粘连剂。

（12）赤泥和白泥

赤泥是氧化铝厂的废渣，即用铝土矿生产氧化铝时所排放出来的废渣。赤泥作为塑料填料，可大大降低塑料制品的成本，还可作为廉价的热稳定剂和光屏蔽剂，提高耐光、热老化性能，延长塑料制品的寿命。白泥是造纸厂碱回收车间苛化工段排出的废渣，主要成分是碳酸钙，它是用石灰（氧化钙）与绿液中的碳酸钠反应生成从而达到回收烧碱（NaOH）的目的，作为工业废渣，其成本优势和环保价值是很突出的。

（13）晶须

晶须是一种单晶纤维，用作晶须的材料可以是单质如 C、Fe、Ni、Cu 等，也可以是无机化合物如 Al_2O_3、SiC、BC 等，大多数晶须是由气相反应生产的。晶须既有硼纤维的高弹性模量（400～700GPa）和强度，又具有玻璃纤维的伸长率（3%～4%），熔点高、耐温性极好、密度低。

晶须对塑料的增强效果十分显著。如果晶须能被塑料熔体充分润湿并合理取向，塑料的抗拉强度可提高 10～20 倍。从价格和性能两方面考虑，晶须目前主要还是应用于航空航天、航海、军工等高技术领域。

此外晶须还具有各种特殊性能，这些具有特殊性能的晶须已被用来制备各种性能优异的功能复合材料，如利用 SiC 晶须的高耐磨性增强氧化铝复合材料做切削工具；而碳晶须的耐热性佳、热膨胀系数小，受电子照射后尺寸变化小，耐磨性自润滑性优异、生物体适应性好等特性，使之作为电子材料、原子能工业材料获得广泛应用；利用钛酸钾晶须化学活性大的特性，可制作成阳离子吸附材料、催化剂载体及过滤器膜材料等，但其缺点是价格昂贵，使应用受限。

（14）木质纤维

木质纤维又称木粉，最早用于热固性塑料（如酚醛树脂）的填充改性，后来在热塑性塑料如 PE、PP 和 PVC 中也得到应用。木质纤维包括锯末、竹屑、稻壳、大豆皮、花生壳、甘蔗渣、棉秸秆等，通过粉碎和研磨制得木粉，粒度可达数十目或更细[7]。木粉最大的特点是质轻，它可使填充塑料的密度与纯树脂加工而成的相差无几，而且表面装饰性好，可以涂饰油漆，因此木塑复合材料广泛用于家具及室内外装修材料。木塑复合材料加工中的主要问题是木质纤维中含有大量水分，容易在制品中产生泡孔，降低制品机械强度；其次是密度低、流动性差、颗粒尺寸不均，与聚合物相容性较差。

7.2.2　主要功能性填料品种及特性

粉体填料在聚合物中的作用不仅限于改善基体树脂的力学性能，某些粉体填料还能赋予聚合物一些特殊功能特性，如阻燃性、导电性、导热性、抗静电性、耐磨润滑性及抗辐射性等。

7.2.2.1　阻燃性填料

绝大多数聚合物都是易燃物质，一旦燃烧起来将会给人们的生命财产带来巨大损失，聚合物的阻燃性研究已经成为聚合物改性的一个重要领域。

多数情况下加入碳酸钙、滑石、高岭土、云母等无机填料都会使填充聚合物复合材料较基体树脂的可燃性下降，一方面不燃性的无机填料的存在减少了燃烧区域内可燃物数量；另一方面不燃性的无机填料在可燃的基体树脂表面形成硬壳，起到了减慢热量传递到未燃物质的速度和隔绝空气中氧气与可燃物继续接触的作用。还有一部分特殊无机填料具有独特的阻燃效果。

无机阻燃填料主要有氢氧化物、锑化合物、红磷、聚磷酸铵、硼化合物等。无机阻燃填料的阻燃效率一般低于有机阻燃剂，所以要达到同样的阻燃效果需要添加的无机阻燃剂量较多，对聚合物基体的力学性能尤其是抗冲击韧性降低幅度较大。目前聚合物阻燃改性使用的阻燃剂主要是有机阻燃剂，其中有相当数量的有机阻燃剂熔点高、热分解温度高、化学稳定性好，在聚合物成型加工过程中不发生相变，也不同其他添加剂或聚合物基体树脂发生任何化学反应，因此这类有机阻燃剂也可被视为一种惰性有机填料。限于篇幅，并结合本章主题，在这里我们主要介绍无机阻燃填料及其在聚合物复合材料中的应用。

（1）金属氢氧化物阻燃剂

金属氢氧化物阻燃剂是最重要的无机阻燃填料，用量大且对环境友好。氢氧化物阻燃剂主要有氢氧化铝和氢氧化镁，均为填料型阻燃剂。其阻燃机理是：氢氧化物在燃烧时发生脱水反应，吸收材料表面的热量，降低材料表面温度；产生的大量水蒸气可以稀释可燃气体和氧气；而残余物形成致密的氧化物沉积于塑料表面起到隔热、隔氧和抑烟的作用；此外，氢氧化镁还可以促进塑料表面炭化，进一步提高填充体系的阻燃效果。

① 氢氧化铝　氢氧化铝是无机阻燃填料中最重要的一种，就消耗量而言，在所有阻燃剂中稳居首位。其分子式为 $Al(OH)_3$，白色粉末，密度 $2.42g/cm^3$，白度 86%～96%，莫氏硬度 3，作为阻燃剂的 $Al(OH)_3$ 主要是α-三水合氧化铝。由于 $Al(OH)_3$ 低毒、抑烟、低腐蚀，且价格低廉而被广泛应用，它不仅用于阻燃，也用于消烟和减少材料燃烧时腐蚀性气体的生成量；不仅可单独使用，也常与其他阻燃剂并用；不仅可用于热固性树脂，也可用于热塑性树脂。目前，$Al(OH)_3$ 常用作填料型阻燃剂，用于阻燃 EVA、LDPE、LLDPE 电缆料（包覆层及绝缘层），也用于阻燃 PP 和很多热固性高聚物（如不饱和聚酯、环氧树脂等）。

② 氢氧化镁　分子式为 $Mg(OH)_2$，白色粉末，系六角形或无定形的片状结晶，密度 $2.39g/cm^3$，折射率 1.561～1.581，莫氏硬度 2～3，难溶于水，但溶于强酸性溶液。$Mg(OH)_2$ 分解时失水，生成活性 MgO，MgO 是实际起作用的阻燃剂及抑烟剂。此外，$Mg(OH)_2$ 能延迟材料的引燃时间，并可减少材料生烟量和烟逸出的速度。

作为阻燃剂，$Mg(OH)_2$ 与 $Al(OH)_3$ 是极其类似的，但 $Mg(OH)_2$ 的热分解温度比 $Al(OH)_3$ 高，吸热量高约 17%，消烟能力更强。故对于加工温度较高的高聚物，以 $Mg(OH)_2$ 为阻燃剂比 $Al(OH)_3$ 更为适宜。也可以在同一聚合物中同时引入 $Mg(OH)_2$ 和 $Al(OH)_3$，可有效增加阻燃的温度范围。

金属氢氧化物阻燃剂由于无毒、无卤、价格低廉而被广泛应用于 PP、PVC、ABS 等阻燃材料的制备。该系阻燃剂的不足之处是阻燃效率低下，一般需加入 50%～60%方能达到 V-0 级要求，而如此高的填充量必然带来复合材料力学性能以及加工性能的大幅度降低。这对需要制品同时具有优异的力学性能和阻燃性能是不利的，需要引入更高效的阻燃剂以实现在更低填料用量下达到阻燃的目的。

（2）无机磷系阻燃剂

① 红磷　分子式为 P_4，分子量为 123.85，系红色至紫红色粉末。红磷因为仅含有阻燃元素磷，所以比其他磷系阻燃剂的阻燃效率更高。在某些情况下（如对某些含氧高聚物），红磷的阻燃效率甚至比溴系阻燃剂还胜一筹。此外，与卤-锑阻燃体系相比，红磷的发烟量较小，毒性较低。但红磷作为聚合物的阻燃剂，其缺点同样十分明显，包括吸潮、易氧化、燃烧时生成剧毒的 PH_3 气体；特别地，红磷与树脂相容性差，使被阻燃制品染色等。目前改进的方法主要是微胶囊化，增强与树脂的分散结合作用等。

② 磷酸盐　阻燃用的磷酸盐以聚磷酸铵（APP）为主，它易溶于水，通常需要对其进行包覆以提高它的耐水性。APP 为白色粉末，通式为$(NH_4)_{n+2}P_nO_{3n+1}$，其热分解温度在 250℃以上，分解时释放出氨和水，并生成磷酸。APP 应用十分广泛，可用于阻燃塑料、纤维、橡胶，除此之外还可以作膨胀型阻燃剂的酸源。

（3）氮系阻燃剂

氮系阻燃剂具有无毒、无卤、低烟，不产生腐蚀物，对热和光稳定，阻燃效率较佳且价廉的特点，但同样也存在与聚合物基体相容性差的弊端，在基体中分散性较差，对粒度及粒度分布要求较严，故阻燃效率不是很高。氮系阻燃剂主要是三嗪类化合物，即三聚氰胺（MA）及其盐、胍盐、双氰胺盐等。它们被广泛应用于环氧树脂、PVC、PA、PP、PU、PO、PET、PS、ABS、纤维及涂料的阻燃。目前应用较广的氮系阻燃剂主要是MA和MCA两种。

MA加热至250～450℃发生分解反应，吸收大量的热，放出氨而形成多种缩聚物，并且能够影响材料的熔化行为，加速其炭化成焦，从而起到阻燃作用。MA价廉、无腐蚀性，对皮肤和眼睛无刺激作用，也不是致变物，其缺点是高温分解时产生有毒的氰化物。MA主要用于阻燃PU和三嗪类树脂。MCA由三聚氰胺和氰尿酸反应制得，为白色结晶性粉末，无臭，无味，300℃以下受热非常稳定，350℃左右开始升华，但不分解，其分解温度约为440～450℃。MCA含氮量高，极易吸潮，高温时脱水成炭，燃烧时放出氮气，可以隔绝氧和带走热量，因而具备阻燃功能，广泛用于橡胶、尼龙、酚醛树脂、环氧树脂、丙烯酸乳液和其他烯烃树脂。

（4）锑系阻燃剂

锑系阻燃剂是最重要的无机阻燃剂之一，可大大提高卤系阻燃剂的效能。锑系阻燃剂的主要品种是三氧化二锑（ATO）、胶体五氧化二锑及锑酸钠。ATO的分子式为Sb_2O_3，理论锑含量为83.54%。ATO为白色结晶性粉末，受热时显黄色，不溶于水和乙醇，溶于盐酸、浓硫酸、浓碱、草酸、酒石酸和发烟硝酸。五氧化二锑的应用和ATO较为一致。锑酸钠的分子式为$NaSb(OH)_6$，理论锑含量为46.0%。锑酸钠与氧化锑相似，用作卤系阻燃剂的协效剂，特别是在那些不适宜以氧化锑为协效剂的阻燃材料中（如PET中，ATO可能引起PET解聚）。

（5）膨胀型阻燃剂

膨胀阻燃体系（IFR）是以磷氮碳为核心元素的复合阻燃剂。它的主要构成部分是酸源（脱水剂）、碳源（成炭剂）及气源（发泡剂），其阻燃机理是在燃烧过程中磷-碳泡沫层起到隔热隔氧作用。天然石墨经化学处理而成的可膨胀石墨（EG）是一种新型无卤阻燃剂，其阻燃机理是EG层型点阵中吸附的化合物可在高温燃烧时分解，使得石墨沿着结构的轴线快速膨胀，体积最大可扩大280倍，从而将火焰熄灭。例如在聚异氰尿酸酯-聚亚胺酯（PIR-PUR）泡沫塑料中加入25%的EG，燃烧过程中EG能在材料表面发泡形成蠕虫状的致密炭层，使火焰自熄，相比之下一般的炭层只能隔热和阻止可燃气体向热源的传递，因此EG的阻燃效果明显优于其他膨胀型阻燃剂。

7.2.2.2　导电性填料

一般聚合物材料的体积电阻率都非常高，约在10^{10}～10^{20} Ω·cm的范围[8]，这作为电气绝缘材料是非常良好的。但其表面一经摩擦就容易产生静电，从而产生静电积累。静电可使空气中的尘埃吸附于制品上，降低了其商品价值。在塑料进行印刷和热合等二次加工时，静电常会造成不良的加工结果。静电还能使油墨或染料的附着不均，造成印刷和涂装质量不佳。此外，静电还会导致放电现象，而放电作用常会引起电击、着火、粉体爆炸等事故。为防止塑料的静电危害，通常是采用添加抗静电剂的办法，其中最有效的方法之一就是添加导电性填料。

聚合物用导电性填料主要包括金属粉末、炭黑、碳纤维和碳纳米管等，当加入量较少时导电性填料可以降低聚合物的表面电阻率，提高聚合物的抗静电性；加入量较多时则还可明显降低聚合物的体积电阻率，从而赋予聚合物一定的导电性。

（1）炭黑

炭黑是一种极细的黑色颗粒，尺寸一般在10～500μm范围内，也有纳米级的产品。炭黑的原生态粒子是球形的，但由于其很高的表面能而易团聚成链状或葡萄状的聚集体。炭黑改善聚合物导电性的机理是依靠其在聚合物制品内部形成网状链，而电子可以通过网状链自由传输，从而将积累的静电传导出去，起到抗静电的作用。当炭黑含量进一步增多，则可以降低塑料制品的体积电阻率，使其成为导电塑料。例如：非极性的聚烯烃是很容易产生静电积累的，也是很好的绝缘材料，其体积电阻率为10^{16}～$10^{20}\Omega\cdot cm$，当添加10%～25%的普通炭黑并保持炭黑良好分散时，复合材料的体积电阻率可降至 $10^{2}\Omega\cdot cm$。乙炔法炭黑的导电性能更佳，仅需要加入 2%的乙炔炭黑则可具有相同的体积电阻率，因此乙炔炭黑又称为导电炭黑。

（2）碳纤维

碳纤维本身是一种增强型填料，其制备方法和性能特点将在第 8 章详细阐述。碳纤维的导电性可接近金属，因此也是一种导电性填料。

（3）碳纳米管

碳纳米管，又名巴基管，主要由呈六边形排列的碳原子构成数层到数十层的同轴圆管，层与层之间保持固定的距离，约 0.34nm，直径一般为 2～20nm。碳纳米管具有许多特殊的力学、电学和化学性能。例如，碳纳米管具有超高的强度和模量，被认为是迄今为止人们得到的比强度最高的材料之一。碳纳米管上原子排列的方向常用矢量（n，m）表示，由于碳纳米管上碳原子的 p 电子形成大范围的离域π键，共轭效应显著，因此具有一些特殊的电学性质，如在对于 n=m 的方向，碳纳米管表现出超高的导电性，电导率通常可达铜的 1 万倍。

（4）金属粉末

含有金属粒子的聚合物复合材料的导电性比含有炭黑的强（体积电阻率约为 $0.1\Omega\cdot cm$）。常用的导电性金属填料有铁、铜、铝等金属的粉末以及它们的合金。通过粉碎或熔融雾化等方法可得到颗粒状金属填料。为了增加有效表面积，也可在中性填料粒子表面包覆一层金属，如镀镍玻纤或微球，镀银或镍的云母或硅酸盐，同样也可起到导电作用。

7.2.2.3　耐磨润滑型填料

聚合物材料在用于动态密封或要求耐磨性较高的场合时通常希望能具有较低的摩擦因数和较高的抗磨耗能力。在需要降低聚合物的摩擦因数时，使用低摩擦因数的填料是有效的，常见的润滑型填料包括无机填料，如二硫化钼（MoS_2）、石墨、铜粉，以及聚四氟乙烯（PTFE）、UHMWPE 等在加工过程中不发生相变也不发生化学反应的有机填料。

一般的无机填料加入聚合物中均有提高耐磨性的作用，而一些高硬度耐磨型填料如石英砂（SiC）、玻璃微珠、铜粉、PTFE、UHMWPE 等，能显著提高聚合物材料的耐磨性。

耐磨润滑型填料往往应用于本身润滑性就较好的聚合物品种，从而能进一步发挥这些材料的特性，典型的例子是聚甲醛（POM）。POM 的耐磨润滑改性是其最主要的改性方向。在改善和提高 POM 的润滑性、降低摩擦和磨损方面，主要采用引入 PTFE、MoS_2、石墨、铜粉、硅油、硅脂、机油、UHMWPE 及 PE 等进行填充和共混。例如，在纯 POM 中加入 2%～5%的 PTFE 粉末，可使其摩擦系数降低 60%，耐磨损性提高 1～2 倍。用无机润滑剂改良 POM 的摩擦磨损性能，一般多采用 MoS_2，如日本 Polyplastics 公司的 MS-02、德国 BASF 公司的 N2320MO、韩国 Lucky 公司的 FW-700M 等都属于这一类，其添加量常为 2.0%～3.0%，由于添加量较少，一般对物理力学性能影响不大。

7.2.2.4　导热型填料

导热材料在换热、采暖、电子信息等领域应用广泛。热导率高的金属材料抗腐蚀性能差，因此近年来以聚合物为基体制备导热复合材料成为研究的热点。提高聚合物导热性能的途径主要有两条，一是采用合成技术，合成具有高热导率的结构聚合物，如聚乙炔、聚苯胺[9]、聚吡咯等，但合成技术难度大、成本高，材料加工性能差；二是采用填充复合技术，使用高导热无机填料对聚合物进行填充复合，制备成本低，关键在于解决其在聚合物基体中的分散和界面结合问题。

高导热填料通常是金属、非金属单质、氧化物及其他二元化合物，其结构特点是具有自由电子或结晶完整能振动产生声子的固体。金属的导热机制主要依赖于自由电子，常用金属的热导率[W/(m·K)]如下：Ag（418）、Cu（393）、Al（214）、Fe（67）。铝是性价比最高的金属填料，其热导率相对较高、密度小、填充率高。

固体氧化物和一些二元无机物，如碳化硅（SiC）、氮化铝（AlN）、氮化硼（BN）等的导热机制通常是声子传热。研究表明，固体氧化物的形态对导热性能影响也很大，如 MgO 晶须的热导率可达 260W/(m·K)[10]。一般而言，纯度高、结构致密、晶格缺陷少的填料，其热导率大。

常见的非金属导热填料包括石墨、碳纳米管、石墨烯等。石墨是导体材料，以电子、声子双重机制共同作用而具有良好的导热性，其热导率与金属最为接近。碳纳米管是一维纳米材料，其轴向热导率高达 3000W/(m·K)；石墨烯是二维纳米材料，其面内热导率高达 5000W/(m·K)。此外，在改善复合材料导热性时，引入二维纳米填料的效果比引入一维导热填料的好，而一维导热填料改善复合材料导热性能的效率又比零维导热颗粒的效率更高。有关导热复合材料的知识，将在教材第 9 章做进一步介绍。

7.2.2.5　其他功能性填料

其他功能性粉体填料包括磁性填料、抗辐射填料等，在此不再一一介绍。

7.3　粉体填料的表面处理

上文提到的这些金属或无机非金属粉体填料，用于聚合物填充改性时，其共同点是与聚合物基体的相互作用程度低，因此在与聚合物共混时难以均匀分散，也很难形成良好的界面黏结，导致制品的力学性能大幅度下降，其中又以抗冲击韧性和断裂伸长率的降低为甚；此外，粉体填料的团聚也影响其功能发挥，例如阻燃和导电等特性。因此，对粉体填料进行表面处理，通过化学或物理方法使其表面极性接近所填充的聚合物树脂，改善其界面相互作用程度，提高分散效果，增加界面结合力，就成为制备高性能多功能聚合物基复合材料的前提。

7.3.1　填料表面作用机理和表面处理剂

填料表面处理的作用机理一般分为表面物理和表面化学作用两种，前者通常为表面包覆和物理吸附；后者则是指处理过程中填料表面发生化学反应，包括表面官能团反应、表面聚合反应和表面接枝反应等。实际上，绝大多数填料表面处理时，上述两种机理常常同时存在。

如果填料表面官能团数量多、反应活性高，可以采用表面化学作用处理填料表面，选用的表面处理剂一般应该具有与填料表面官能团能够发生化学反应的官能团；此外，在实施表面改性时，对表面处理的温度也有一定的要求，以确保化学反应能够顺利进行。而表面聚合和接枝反应更是需要加入引发剂或等离子体、高能辐照等才能实现。

填料表面处理剂按类型分主要有表面活性剂和偶联剂两大类，这两类处理剂都是有机小分子，其挥发性和热稳定性会影响聚合物加工过程，因此有时也采用耐热性更好的有机聚合物处理剂和无机物处理剂，其中偶联剂通常是要与填料的表面官能团发生化学反应的，因此往往是针对性更强的表面处理剂。

为提高填料与聚合物之间的结合力，通常需要填料表面处理剂一端含有与填料表面能发生化学反应的官能团，而另一端则含有能与聚合物表面发生化学反应的官能团或者有相近结构的长链。

7.3.1.1 表面活性剂

（1）分子结构及其特性

一般而言，能使溶剂表面张力降低的物质称为表面活性物质。有一些有机化合物，当极少量加入水中即可显著降低水的表面张力，称为表面活性剂。现在一般定义表面活性剂为加入极少量即能显著改变物质表面或界面性质的物质。其分子结构主要包括两个部分，其一是较长的非极性烃基，称为疏水基；另一是较短的极性基，称为亲水基。表面活性剂是通过定向排列在物质表面或两相界面上，从而使表面或界面性质发生显著变化的。

表面活性剂一般分为非离子型、阴离子型、阳离子型和两性离子型。常用的阴离子型表面活性剂包括羧酸盐、磺酸盐、硫酸酯盐、磷酸酯盐，如硬脂酸钠、硬脂酸三乙酸铵、十二烷基苯磺酸钠、二丁基苯磺酸钠等。阳离子型表面活性剂包括伯胺盐、仲胺盐、叔胺盐、季铵盐及吡啶盐，如十六烷基三甲基溴化铵、十二烷基吡啶盐酸盐等。两性离子型表面活性剂如氨基酸、甜菜碱、咪唑啉等。非离子型表面活性剂如多元醇和聚氧乙烯等。聚合物表面活性剂有聚乙烯醇、聚丙烯酰胺、聚丙烯酸钠、聚乙烯吡啶十二烷基溴化季铵盐、木质素磺酸钠等。

（2）表面活性剂在界面上的作用

表面活性剂分子的两亲结构，使其有在物质表面或界面上定向排列的强烈倾向，因而表（界）面张力明显下降，这是表面活性剂表面活性最重要的性质之一。在聚合物/无机填料体系中加入一定量的表面活性剂，可以降低聚合物与填料间的界面张力，明显改善聚合物/填料界面间的结合状况，有利于制备高性能的填充复合材料。

7.3.1.2 偶联剂

偶联剂也是一类具有两性结构的物质，其分子中一端基团为亲无机基团，可与无机或金属材料表面的化学基团反应形成键合；而另一端为亲有机基团，可与有机聚合物反应或形成物理缠结。偶联剂分子结构与表面活性剂类似，区别在于偶联剂的主要作用并非降低表面张力，而是与特定的填料表面或聚合物发生反应，其针对性更强，因此偶联剂是更专业的填料表面改性剂。偶联剂的主要品种有硅烷偶联剂、钛酸酯偶联剂、铝酸酯偶联剂、磷酸酯偶联剂等，以下主要介绍硅烷偶联剂、钛酸酯偶联剂和有机聚合物处理剂，其他类型的偶联剂，可参考相关专业书籍。

（1）硅烷偶联剂

① 分子结构及其特性　硅烷偶联剂的一般通式为：

$$Y—R—SiX_3$$

通式中的X基团为与无机填料表面偶联的基团，Y基团为与树脂偶联的基团。当X基团为可水解基团如—OR、—Cl、乙氧基等时，则为水解型硅烷。在水解型硅烷中，如果通式中的R基团带有阳离子活性基团时，则为阳离子型硅烷。阳离子型硅烷除了具有一般水解型硅烷的性质外，还同时具有阳离子表面活性剂的作用，可改善无机填料在树脂中的分散性。在水解型硅烷中，如果R基团中带有芳香环（主要是苯环），则为耐温型硅烷。由于芳香环结构具有耐高温性能，所以这种偶联剂适宜耐高温树脂复合体系。如果X基团为过氧化基团，则为过氧化型硅烷。当这种偶联剂与无机物表面发生偶联作用时，不是靠水解基团的水解产物，而是靠过氧化基的热裂解，产生自由基反应而与无机填料表面偶联。

在上述各种硅烷偶联剂中，应用最为广泛的是水解型硅烷。以下将以水解型硅烷为例，讨论它在各类复合体系界面上的作用。

② 有机硅烷偶联剂作用机理　水解型硅烷偶联剂分子中的X部分首先水解形成反应性活泼的多羟基硅醇，硅醇与填料表面的羟基缩合形成硅-氧-硅键合。该键合与很多含硅氧填料如二氧化硅、玻璃纤维等结构一致，因此可以形成牢固的结合。而偶联剂的另一端Y基团则可与有机聚合物发生化学反应或形成物理缠结，达到偶联作用。其偶联过程可用图7-1示意。

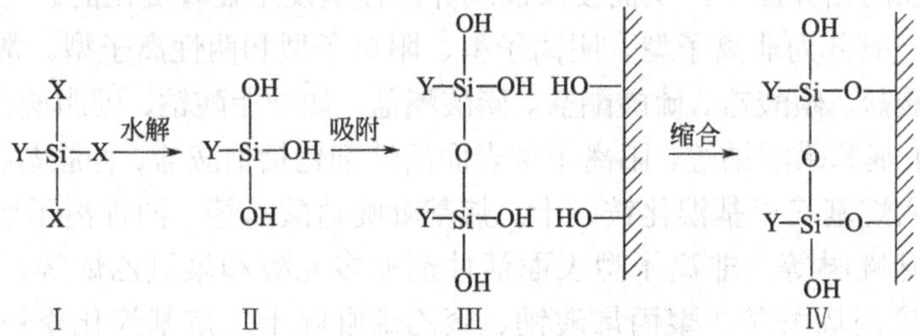

图7-1　硅烷偶联剂偶联作用示意图

通式中的Y基团为与树脂起偶联作用的活性基团，针对不同类型的树脂，Y基团各不相同。Y基团一般有：$—CH═CH_2$、氨基（$—NH_2$、$—NR_2$）、环氧基、—CN、—SH、—OH、—Cl（或—I、—Br）、甲基丙烯酰基、烷基、叠氮基（$—SO_2N_3$）等。Y基团对热固性树脂一般是参与固化反应，成为固化树脂结构的一部分；对热塑性树脂，则是利用其结构相同或相似，以及相容性好的特性，实现与热塑性树脂长链分子的连接，或通过添加交联剂实现分子交联。Y基因如果为叠氮基，则利用其叠氮基热解产生的活性基团，插入热塑性树脂分子链中的C—H键、C—C键、双链或双芳香体系中的反应特性，实现偶联。

③ 硅烷偶联剂的使用方法和范围　硅烷偶联剂通常需要配成一定浓度（0.5%～2.0%）的溶液来处理填料，可将填料直接浸泡或在高速搅拌和一定温度下将定量的硅烷偶联剂溶液喷雾或直接加入。硅烷偶联剂除对填料有所选择外，对特定的聚合物也有特定的分子结构要求，可参考表7-1。

表7-1　不同硅烷偶联剂适用范围

硅烷偶联剂	Y基团	适用聚合物体系
Y—R—SiX_3	环氧基	环氧树脂、不饱和聚酯树脂、酚醛树脂、尼龙、聚氨酯及含羟基的聚合物
	氨基	环氧树脂、聚氨酯
	双键	采用引发剂或交联剂固化的聚合物
	过氧基或叠氮基	聚烯烃

（2）钛酸酯偶联剂

① 分子结构及其特性　钛酸酯偶联剂基本结构可用如下通式表达：

$$\overset{\text{亲无机端}}{(RO)_m}—Ti—\overset{\text{亲有机端}}{(O—X—R'—Y)_n}$$

钛酸酯偶联剂与无机填料结合部分一般是易水解的短链烷氧基或螯合基，通过与填料表面水或羟基作用形成偶联。m 数量越大，则与填料结合的概率越高。

钛酸酯偶联剂主要用于粉体填充改性热塑性塑料时对粉体填料进行表面处理。为保持较好的流动性，偶联剂与聚合物的结合更多是依靠较长的脂肪链 R′与聚合物缠结。在热固性树脂中使用时，也可引入酰氧基或烷氧基（X 部分），从而与聚合物的羧基、酯基、羟基、醚基或环氧基发生化学反应。此外，钛酸酯偶联剂的端基（Y 部分）也可为活泼的双键、氨基、环氧基、羧基、羟基等，通过它们与聚合物大分子反应形成化学偶联。

② 主要类型、特性和作用机理　常用的钛酸酯偶联剂为单烷氧基型，其分子中只有一个易水解的短链烷氧基，适用于干性粉体填料，如碳酸钙、氢氧化铝、氧化锌、三氧化二锑等。如填料含水量较高，则需选用含有可与填料表面水结合的单烷氧基焦磷酸酯型钛酸酯偶联剂。对于湿度更大的填料则可以选用含有对水有一定稳定性的螯合型钛酸酯偶联剂。

由于四价钛原子易在聚酯、环氧树脂等体系中发生交换而引起交联副反应，因此在这些聚合物中使用的钛酸酯偶联剂需要用六配位的配位型钛酸酯偶联剂。

以单烷氧基型钛酸酯偶联剂（TTS）为例，钛酸酯偶联剂在填料表面的偶联机理如图 7-2 所示，钛酸酯偶联剂的烷氧基与填料表面的羟基中的质子作用，其余部分就结合到填料表面了。

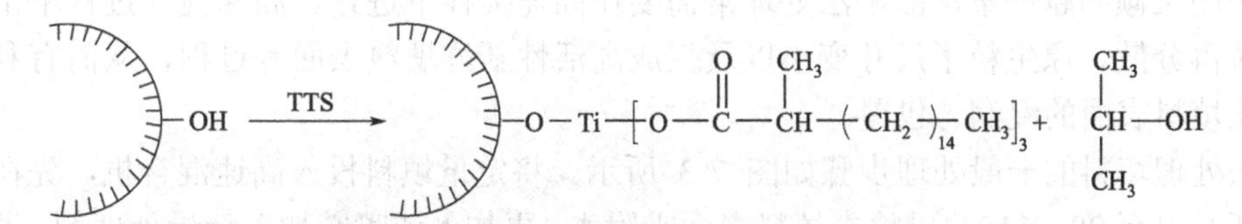

图7-2　钛酸酯偶联剂在填料表面的偶联机理

③ 钛酸酯偶联剂的使用范围和效果　钛酸酯偶联剂是一种应用范围广的填料处理剂，对各种无机粉体填料均有较好的处理效果，同时由于其所带的有机链较长，与 PE、PP、PVC 和 PS 等通用树脂的分子链有很好的缠结作用，再加之价格便宜，因此很适合于塑料填充改性。较之不经表面处理直接使用这些无机填料，经钛酸酯偶联剂表面改性的粉体填料填充体系具有较好的加工流动性和力学性能。例如用 KR-12 和 KR-28 分别处理碳酸钙，再填充到 PVC 树脂中，当 PVC∶$CaCO_3$ 含量比为 60∶40，经偶联剂处理的碳酸钙填充体系的冲击强度较未

经处理的填充体系分别提高 3 倍、8 倍（偶联剂用量为 0.4%时）和 6 倍、9 倍（偶联剂用量为 1.2%时）。此外，用 KR-38S 处理的碳酸钙填充的 PVC 塑料，其冲击强度甚至超过了相同条件下未填充的 PVC 塑料。

（3）有机聚合物处理剂

各类表面活性剂和偶联剂多属于有机小分子，存在沸点较低、耐热温度低、加工过程中易挥发或分解失效等不足。此外，小分子表面活性剂或偶联剂与聚合物的结合力不强，往往造成填充复合材料性能劣化。因此，近年来发展出采用有机聚合物用作填料表面处理剂处理粉体填料的方法，这种有机聚合物又可称为聚合物偶联剂。

主要的聚合物偶联剂是带有极性接枝链的接枝共聚物，如 PO、EPDM、SBS、SEBS 等与丙烯酸类、丙烯酸缩水甘油酯类、马来酸酐等的接枝共聚物，如 PE-*g*-MA、EPDM-*g*-MA、EVA-*g*-MA、PP-*g*-MA、SBS-*g*-MA 等。这些接枝共聚物分子链上的极性基团可与被处理填料表面的官能团反应，形成化学键合，而分子链的非极性链段与基体树脂有好的相容性，从而改善了粉体填料与基体树脂间的相容性，增加了填充改性塑料界面区的相互作用。此外，一些低聚物也常用于填料表面改性，如聚乙烯蜡、聚丙烯蜡、氧化聚乙烯等。还有一些线型或梳型的聚合物超分散剂也常用于油墨、涂料中的无机颜料、填料等的分散。

聚合物处理剂的主要缺点是由于分子量大，包覆同样大小的填料表面所需的用量较大，一般为填料质量的 4%～15%，增加了填充成本。

7.3.2 表面处理剂的分散包覆技术

表面包覆是粉体填料处理的一般方法，通常对填料表面预处理可采用干法和湿法两种，优点是处理剂保持在填料表面，可以在后期与聚合物共混后停留于界面处；缺点是增加了生产工序。实际生产中也有直接将处理剂与树脂、填料一起加入混合设备，在混合过程中完成填料表面包覆的，但这种方法不能保证处理剂停留在界面处。

（1）干法

干法处理的原理是粉体填料在一定温度和干态下借高速混合作用使处理剂均匀地作用于粉体填料颗粒表面，形成一个极薄的表面处理层。由于无机粉体填料常处于团聚状态，越微细的粒子团聚倾向越严重，故干法处理常需要在高速搅拌下进行。高速搅拌过程中常伴随有团聚颗粒再分散、原生粒子尺寸变小以及生成高活性新鲜填料表面等过程，从而有利于表面处理剂在填料表面的浸润、包覆。

干法处理填料的一般处理步骤如图 7-3 所示。将定量填料投入高速混合机，先在高速搅拌下逐渐升温至 90～110℃以除去填料表面吸附水，再加入或喷雾加入计量处理剂，混合均匀后逐渐升温至一定温度并在此温度下高速搅拌 3～5min，即可出料。如果处理过程中涉及偶联化学反应，则该温度和搅拌时间需视反应程度进行确定。

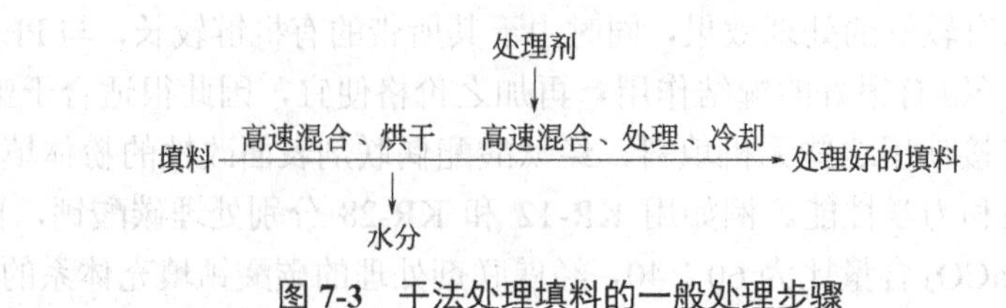

图 7-3　干法处理填料的一般处理步骤

干法处理具有简便、处理效果好、应用范围广泛等优点，是工业上使用最普遍的一种填料表面处理方法，其缺点是能耗高、粉尘较大。

（2）湿法

填料表面的湿法处理是指粉体填料在处理剂的水溶液或水乳液中进行的表面处理，处理剂应是溶于水或可乳化分散于水中。湿法处理的优点在于填料在水溶液或水乳液中可以得到良好的分散，处理剂可以包覆在单个粒子表面，从而提高处理效果；缺点是用水或溶液较多，增加了干燥及排污工序，生产成本较高。

（3）加工现场处理法

加工现场处理法是指使用填料前不需要提前对填料进行预处理，而是在原共混加工过程的某一步骤中对填料顺便进行表面处理的一类方法。该法的优点是减少了工艺步骤，节约了生产时间和能耗；缺点是处理剂与填料以及共混体系的其他不需要进行表面处理的组分在一起混合，难以保证处理剂全部甚至大部分作用在需要处理的填料表面，因此处理效果会有所降低。

7.3.3 粉体填料的其他表面改性方法

（1）填料的表面聚合处理

填料表面聚合处理通常是在填料表面形成聚合引发中心，比如先用适当引发剂处理填料表面，然后加入单体升温高速搅拌，使单体在填料表面进行聚合。也可以不用引发剂，将单体与填料在球磨机中研磨，借研磨的机械力作用和摩擦热使单体在无机填料表面聚合。

（2）等离子体处理

低温等离子体也是可以给惰性的填料表面带来聚合反应活性中心的，例如用乙烯的低温等离子体处理云母粉，可以在云母粉颗粒表面生成数十埃的等离子体聚乙烯膜，呈现有规则的海星状花纹，云母表面疏水性达到PE的水平，比用硅烷偶联剂或钛酸酯偶联剂处理的效果更显著。

（3）辐照处理

采用高能辐射同样可以使无机填料表面产生活性，从而引发聚合。例如采用高能辐射使碳酸钙表面产生活性，然后引发乙烯单体在其表面接枝聚合。随乙烯在碳酸钙表面接枝量增加，碳酸钙与液体石蜡接触角减小，吸油率上升，堆积密度下降。

7.3.4 聚合物基体的增容改性

为了改善聚合物填充体系的界面相互作用，除了对填料进行适当的非极性化表面改性外，还可对聚合物基体进行某些极性化增容改性，以改善填料在基体中的分散性，增加界面结合力，形成适当的界面层结构，从而获得良好的综合性能。在填充聚合物的制备中，对聚合物基体的增容改性通常有两种方法，一是对聚合物基体进行化学改性，引入某些特定的化学基团；二是物理增容改性，在聚合物基体中加入聚合物表面活性剂或者增容剂，形成共混物型基体。

7.3.4.1　化学改性

众所周知，聚合物本身是一种化学合成材料，易于通过化学的方法进行改性。由于填料表面多呈极性，而聚合物多为非极性或弱极性材料，所以化学改性的方法一般是通过在分子链上接枝上极性或反应性官能团等措施来实现与填料的表面相容。聚合物接枝通常有链转移接枝、化学接枝和辐射接枝等方法。

（1）链转移接枝

该法是利用引发剂产生的自由基对聚合物主链上的氢原子发生提取反应产生接枝点。接枝共聚效率可用下式表示：

$$\text{接枝效率}=\frac{\text{已接枝单体质量}}{\text{已接枝单体质量}+\text{接枝单体均聚物质量}}\times 100\% \tag{7-1}$$

接枝效率的高低与接枝共聚物的性能有关。

（2）化学接枝

这里的化学接枝是指用化学方法首先在聚合物的主链上引入易分解的活性基团，然后分解成自由基与单体进行接枝共聚。在接枝过程中要防止产生的 HO·和 RO·类的自由基引发单体自聚。因此，为了提高接枝效率，需要除去这类自由基，其方法为利用氧化还原体系。另外，也可以采用降低反应温度，提高单体和聚合物的浓度，减少主链上的空间位阻等提高接枝效率。

离子型聚合物也可以通过化学法产生接枝点制备接枝共聚物，例如：

$$\sim\!CH_2CH(C_6H_4\text{-}I) + BuLi \longrightarrow \sim\!CH_2CH\!\sim(C_6H_4\text{-}Li) \xrightarrow{nCH_2=CHCN} \sim\!CH_2CH\!\sim\left(C_6H_4\text{-}\left[CH_2CH(CN)\right]_n\right)$$

（3）辐射接枝

利用辐射能使聚合物产生自由基型的接枝点与单体进行共聚。辐射接枝有直接辐射法和预辐射法两种。直接辐射法是将聚合物和单体在辐射前混合在一起，共同进行辐射。预辐射法是先辐照聚合物，使之产生捕集型自由基，再用乙烯型单体继续对已辐照过的聚合物进行处理，得到接枝共聚物。

采用接枝聚合对聚合物改性的主要优点在于：接枝共聚物不同于共混物，它是单一的化合物，可以发挥每一个组分的特征性质，而不是它们的平均性质。用于填充改性中的接枝共聚通常是在被填充基体中引入与填料有某种相互作用的化学基团，这一基团的引入，使得填料在基体中更容易实现均匀分散，且有利于增加聚合物基体与填料的界面结合力。如在聚丙烯分子链上接枝马来酸酐或丙烯酸，可增加 PP/Talc 体系的界面作用力，大幅度提高复合材料的强度和刚度等。

7.3.4.2　物理增容改性

聚合物基体的物理增容改性就是在聚合物基体中通过物理共混方法引入少量的特定聚合

物组分，形成合金化改性基体，其作用是改善填充复合材料的性能。从物理增容改性的功能看，主要有三类基体改性方法。

（1）乳化改性

这种改性方法是在基体中加入相当于表面活性剂的聚合物组分，降低聚合物基体与填料之间的界面张力，改善填料在聚合物中的分散性，从而提高复合材料的力学性能。这类改性聚合物也叫分散剂，常用的有EVA、聚乙烯-丙烯酸乙酯（EEA）、氧化聚乙烯等。这类聚合物的加入一般可大幅度地提高复合材料的加工性能和制品的表面质量。

（2）界面强化改性

这种改性方法是在基体中加入含有特定官能团的聚合物，同时要求这种聚合物与基体材料有足够的相容性，借助这种特定官能团与填料表面形成特殊相互作用，使填充体系的界面作用力得以加强。典型的例子有在以γ-氨丙基三甲氧基硅烷处理的填料填充的PP中加入PP-*g*-MA，以及在表面含有氨基的填料填充的ABS体系中加入苯乙烯-马来酸酐共聚物（SMA）等。

（3）界面韧化改性

通过在基体中加入既与填料有良好界面结合，又具有较低模量的聚合物，这种新加入的聚合物可以将填料包覆后在基体中形成葡萄状结构，从而在填料与聚合物基体之间构筑一柔性界面层的方法，称为界面韧化改性。当复合材料受到载荷作用时，这一柔性界面层可起到传递应力的作用，有利于保持或改善复合材料的断裂韧性。这就是“刚性粒子增韧”的实质。例如，在碳酸钙填充ABS体系中加入CPE可使填料在ABS基体中发挥一定程度的增韧作用。

7.4　填充聚合物的结构与性能

7.4.1　填充聚合物的构成

填充聚合物主要由树脂、填料、偶联剂等表面处理剂构成，根据填充性能以及加工性能要求，有时还要加入增塑剂、增韧剂、稳定剂、润滑剂、分散剂、改性剂、着色剂等。

（1）树脂

树脂在填充塑料中是必不可少的成分，且通常是主要成分（占据较大比例），有时也可能是次要成分（占据较小比例）。树脂的物理和化学性质对填充聚合物的综合性能具有根本性的影响。首先，树脂本身应具有良好的综合性能；其次，树脂与填料之间应具有较强粘接力，为此还需要经常加入表界面改性剂来实现；除此之外，树脂还应具有良好的工艺性能，例如恰当的流动性（黏度）、与填料的收缩率相差越小越好、适宜的固化时间（热固性树脂）以同时满足对填料和增强材料的浸润要求及生产效率要求等。

（2）填料

在填充聚合物中填料的质量分数一般为百分之几到百分之十几，但有时也能达到百分之几十，取决于性能要求。填料可以赋予聚合物高的硬度、模量，减少制品尺寸收缩率，赋予聚合物特定的电、磁、光学、阻燃等性能；但填料的加入往往使得聚合物的韧性和断裂伸长率有显著降低。良好的表面处理可以提高填料的分散效果，改善与树脂的界面黏结，从而减缓力学性能劣化的程度。

（3）其他助剂

填充聚合物中除树脂、填料和表面处理剂外，有时为了获得更好的加工性能或材料的力学性能，还需加入如增塑剂、增韧剂、稳定剂、分散剂、润滑剂等其他助剂，此外加入颜料等着色剂、光稳定剂、抗氧剂、抗静电剂等还可使填充塑料具有所预期的特性。

7.4.2 粉体填料在聚合物中的形态

填充聚合物的微观结构和形态不仅与其构成相关，而且依赖于成型加工条件。研究粉体填料在复合材料中的形态及其调控因素，对复合材料宏观性能的调控具有重要的意义。

（1）填充聚合物的宏观结构形态

按相的连续特征，可将填充聚合物的宏观结构形态分为如图 7-4 所示之各种类型。

① 网状结构　若以 A 代表树脂基体（图 7-4 中白色区域），以 B 代表填料（图 7-4 中黑色区域），则图 7-4（a）的上图为 A、B 三向连续。这种结构形态赋予填充聚合物各向同性的性能特征。图 7-4（a）的下图与其上图稍有不同，它的 A 为三向连续，B 仅为两向连续，这种结构形态的填充聚合物仅具有两向同性。

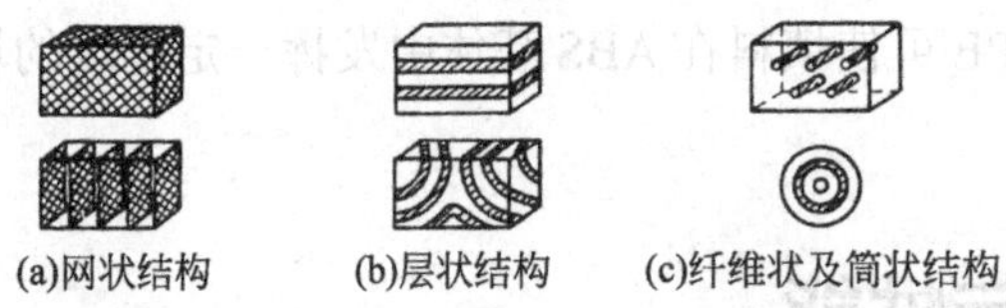

(a)网状结构　(b)层状结构　(c)纤维状及筒状结构　(d)分散结构　(e)镶嵌结构

图 7-4　填充聚合物的宏观结构形态

② 层状结构[图 7-4（b）]　各种（整）片状增强性填料与树脂复合而成的填充聚合物有着这样的结构形态，其中 A、B 均为两向连续，因而层状结构为两向同性的形态。

③ 纤维状结构[图 7-4（c）（上图）]及筒状结构[图 7-4（c）（下图）]　前者 A 是三向连续，B 是单向连续，这种结构形态常为满足沿纤维状填料轴向方向要求特殊增强的制品而设计。后者为 A、B 同时两向连续，某些增强管、增强棒状制品设计成此种结构形态，沿管、棒轴向及径向都获得了增强，但轴、径两向增强的程度有所差异。

④ 分散结构[图 7-4（d）]　以不连续的粉粒状或短纤维状填料填充的聚合物有着此种结构形态，显然其中 A 为三向连续，B 为不连续。当填料分散达到理想的均匀程度，且 A 及 B 均无取向现象时，具有理想分散结构形态的填充聚合物将呈现各向同性的特征。

⑤ 镶嵌结构[图 7-4（e）]　此种形态中，A、B 均为不连续，它仅为特殊使用要求而设计，实用中尚不多见。

（2）填料流动取向对填充聚合物宏观结构形态的影响

含有短纤维状、针状、薄片状填料的填充聚合物，在成型过程中，或多或少会发生填料因流动而在某个方向上的取向，因而导致填充聚合物可能形成一种特殊的填料取向结构形态，以致得到成型收缩率或机械强度等具有方向性的不均匀性制品，如图 7-5 所示[11]，尤其对于注塑成型制品，其取向效应显著。

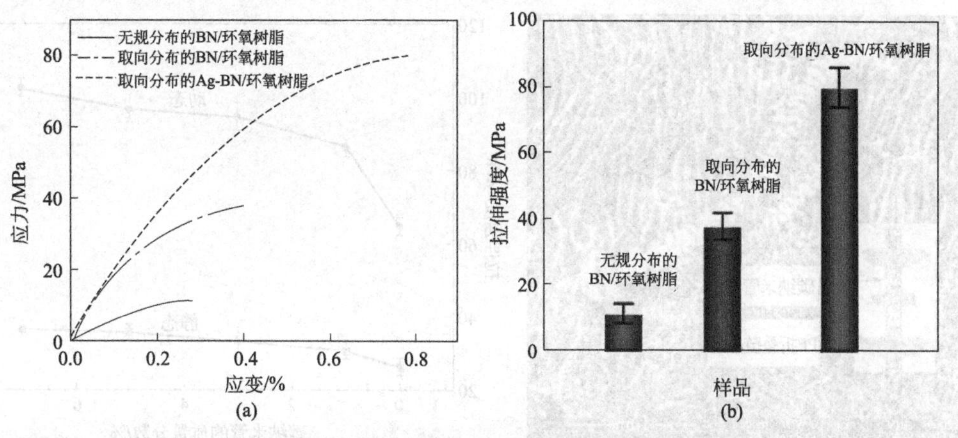

图 7-5 无规分布和取向分布的氮化硼（BN）/环氧树脂复合材料的应力-应变曲线图（a）和拉伸强度对比图（b）[11]

7.4.3 填料与树脂的界面

7.4.3.1 填料与树脂界面的形成

粉体填料与树脂界面的形成过程首先是树脂溶液或熔体对固体填料的接触及浸润。无机粉体填料多为高能表面物质，能自发优先吸附树脂溶液或熔体中那些能最大限度降低填料表面能的物质，在吸附的基础上填料才能被树脂良好地浸润，然后经过冷却固化（热塑性树脂）或交联固化（热固性树脂）形成稳定的填料-树脂界面层。

7.4.3.2 填充聚合物界面的结构

填充聚合物的界面是包含着两相表面之间过渡区而形成的三维界面相，与本体有很大区别，原因如下：

（1）界面区树脂的密度

通常吸附在填料表面的树脂分子排列较其本体更紧密，分子排列紧密程度随着远离填料表面而逐渐下降。

（2）界面区树脂的交联度

以热固性树脂为基体的填充聚合物体系，在树脂固化过程中，填料表面官能团如果参与树脂的固化反应，将导致界面区交联密度与树脂本体存在差异。

（3）界面区树脂的结晶

粉体填料在树脂结晶过程中往往具有异相成核的作用，从而改变界面区的结晶结构和结晶度。纤维状填料对树脂基体的结晶行为和结晶形态有更明显的影响，而在高剪切的外力场作用下其作用变得更显著。如图 7-6 所示[12]，在注塑过程中碳纳米管（MWCNT）在剪切流动过程中诱导 HDPE 形成杂化串晶结构，拉伸强度较没有剪切场作用的 HDPE/MWCNT 提高 3 倍以上。另有研究报道[13-16]玻璃纤维、碳纤维和芳香族聚酰胺纤维等增强聚丙烯的成型过程中，在纤维表面均可以形成横晶，这与树脂本体中生成球晶明显不同。

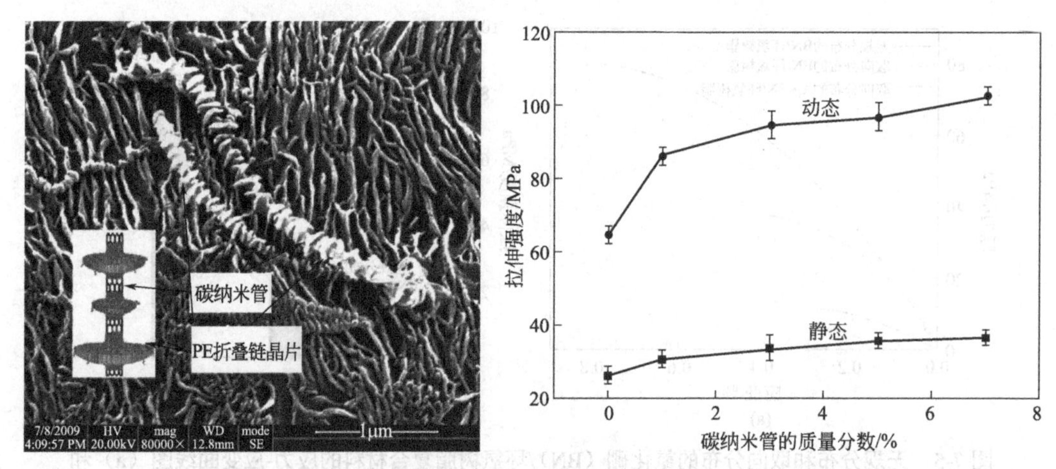

图 7-6　界面结晶显著提升 HDPE/MWCNT 制品的机械强度[12]

（4）界面区化学组成

填料表面对树脂大分子结构中某些官能团的优先选择性吸附会造成界面区各部位化学组成的差异。例如，极性填料填充改性的 PLLA 复合材料，在复合材料界面区域的极性官能团的浓度将大为增加，当复合材料置于碱性溶液中时，水解将首先在界面区域发生。偶联剂的使用使得界面结构变得更为复杂。在界面层中，既可能有新的化学键结合形成，也有多分子层的物理吸附。

7.4.3.3　填充聚合物界面设计

过去曾普遍认为填充聚合物界面的黏结强度越高越好，但经过实践人们发现，在不同的应用及受力场合，应该分别设计为不同的界面层结构和适宜的界面黏结力。通常，填充聚合物的界面黏结越好，其层间剪切强度越高，复合材料的强度就越高；但填充聚合物的冲击韧性通常较差，这是由于冲击能量的吸收和耗散往往是通过填充塑料中填料与树脂基体之间的界面脱黏、填料拔出等来实现的。界面黏结如果太弱，在应力作用下界面会提前脱黏而破坏，导致材料强度和韧性均下降。

一般而言，如果界面作用是由大量化学键合实现的，这样的界面结合力是非常强的，复合材料的强度和刚度会得到最大限度的提升；相反，如果界面作用是靠聚合物与填料表面处理剂的物理缠结以及处理剂与填料表面的物理包覆实现的，则这样的界面作用力往往是比较弱的，但这样的界面层往往表现出一种柔性特征，外力作用下可通过自身形变将应力在聚合物基体与填料之间有效传递，从而避免了应力在界面区域的过度集中。因此，具有柔性界面层的复合材料的抗冲击韧性有显著提升，但强度和刚度提升效果就要低一些。实际使用的聚合物制品往往需要强度、刚度和韧性的平衡，如果设计的填充复合材料界面层同时具有一定的刚度、厚度、可变形性能以及与聚合物和填料之间具有适宜的黏结力，那么填充塑料的抗拉强度、模量、层间剪切强度、抗冲击韧性及抗湿性能就有可能得到综合性提升。虽然这并不意味着在同一个填充体系可以通过改变界面结构同时提高复合材料的强度、刚度和韧性，但至少可以使得上述各项性能得到一个平衡。当然，界面层的强弱设计仍然要根据最终填充复合材料性能要求来予以确定。

此外，除了考虑上述力学性能的匹配外，填充体系的界面设计还需考虑如下几个方面的因素：

① 化学性能的匹配　即在树脂与填料间引入可反应官能团的相互作用。

② 酸、碱性的匹配　即填料与表面处理剂或树脂之间通过酸碱搭配获得相互作用。

③ 热性能的匹配　热膨胀系数的匹配是保证界面应力低的基本条件之一。

④ 物理几何形貌的匹配　为强化界面黏结，对填料几何形貌及比表面积进行设计很重要，如填料表面粗糙度的增加可加强与树脂的机械啮合作用。

⑤ 物理-化学性能的匹配　按表面热力学原理，基体树脂的表面张力小于填料的表面张力有利于树脂在填料表面的包覆，并易于形成完善的界面黏结。

7.4.3.4　界面作用的表征

近年来对树脂-填料界面作用的表征技术有了许多新的、重要的进展，如：接触角法、黏度法、机械强度法、动态力学法、界面酸碱效应法、显微镜观察法、反气相色谱法、傅里叶变换红外光谱法、X 射线光电子能谱法、拉曼光谱法等，从而为研究其界面结构、界面作用机理、界面破坏形式以及进行界面设计奠定了实验基础。

7.4.4　填料对热塑性塑料的综合影响

通常情况下，粉体填料的加入会显著影响基体材料的性能，包括有利的方面和不利的方面。人们往往希望采用某种填料能够显著地提高材料的性能，从而使得该产品应用更为广泛，但又不希望填料太多地影响材料本身的一些特点，如外观、密度及老化性能等。填料对基体树脂的影响主要体现在成本、加工性能、收缩率、硬度、阻燃性和韧性等方面。

7.4.4.1　成本

聚合物中添加填料的最初动因来自降低成本的要求。多数填料都很廉价，如聚烯烃制品中大量填充的微米级 $CaCO_3$，通常只有 400～600 元/t，仅为聚烯烃价格的 1/20。虽然大多数填料的密度比聚合物的密度高，如 $CaCO_3$ 密度是 PP 的 3 倍，但从单位体积成本计算，填充聚合物的成本仍明显低于纯树脂。当然，为实现填料均匀分散或增强界面结合而实施的填料表面改性，在一定程度上会增加填充聚合物的生产成本：一是偶联剂或者表面活性剂处理填料以及由于填料对增塑剂、润滑剂、抗氧剂等的吸附会增加这些添加剂的用量，导致成本上升；二是在有些体系中添加填料必须采用额外的工艺过程，如填料预处理以及填料与树脂的熔融混炼，都涉及额外的设备投入以及生产成本的增加。因此，填充改性的成本计算需要综合考虑多方面的影响因素。

7.4.4.2　加工性能

填料的加入会显著影响热塑性塑料的混合过程，即增加聚合物的熔体黏度，这无论是对填料的分散还是制品最终的性能，均有明显影响，是需要高度重视的问题。Einstein 研究了填料浓度对分散粒子体系黏度的影响并给出了如下方程式：

$$\eta = \eta_1(1 + K_g \nu_2) \tag{7-2}$$

式中，η_1为无填料时相同加工条件下的聚合物黏度；ν_2为填料浓度；K_g为系数，与填料形态相关。对于颗粒状填料和正常流体，K_g为2.5；对于纤维填料，K_g值随长径比增大而增加；此外，对于单轴取向填料，K_g值为长径比的2倍。需要说明的是，上述方程仅适用于填料浓度较低时的填充体系。当填料浓度较高时的分散粒子体系，Simba和Guth给出了相应的修正方程，如下所示：

$$\eta = \eta_1(1 + K_g\nu_2 + 1.41\nu_2^2) \tag{7-3}$$

填充聚合物熔体黏度的增加程度主要取决于填料粒子的形状、尺寸分布，以及填料的表面性质。如上式中球形粒子填充体系熔体黏度增加幅度最小，纤维状填料（长径比远大于2）的K_g值远高于球形粒子，而片状填料对黏度的影响有时甚至超过纤维状填料。填料的表面粗糙度对体系黏度影响也十分明显，在相同润滑条件下，填料表面越粗糙，填充体系黏度越高。成江等[17]发现，如果填料小粒子可以填嵌进大粒子空隙中，可以提高填料的堆砌密度，在相同添加量时黏度最低。填料的表面处理通常可以有效削弱填料的聚集程度，填补粗糙表面，有利于降低体系的熔体黏度；但如果有的偶联反应过高地增加了填料与聚合物之间的相互作用，熔体黏度反而会增加。

7.4.4.3　力学性能

（1）弹性模量

由于无机材料和金属材料的模量比聚合物的模量大很多，因此填料的加入总是使填充聚合物的弹性模量增大。当填料的径厚比或长径比较大时，复合材料的弹性模量尤其是弯曲模量显著增大，如片状和纤维状填料。

（2）拉伸强度

如果树脂与填料界面黏结力很弱，填充聚合物的拉伸强度会有所下降。如果填料与基体树脂的界面黏合力强，拉伸强度降低幅度会低一些；对于片状和纤维状填料，如果其与基体树脂有较强的界面黏结，往往可以对树脂起到增强的效果，且径厚比或长径比越大，片状或纤维状填料增强效果越显著。

（3）断裂伸长率

填充体系在受到拉伸应力时断裂伸长率均较纯树脂有所下降，其主要原因可归结为绝大多数填料特别是无机矿物填料本身是刚性的，没有在外力作用下变形的可能。但试验中发现，在填料用量低于5%且填料的粒径又很小时，填充聚合物的断裂伸长率有时比基体树脂本身的断裂伸长率要高，这可能是由于在低浓度时填料的细颗粒与基体一起移动的缘故。

（4）韧性或冲击强度

多数情况下，一定量的填料的引入会明显降低聚合物的韧性或冲击强度。因为填料颗粒在基体中起到应力集中的作用，而这种应力集中点是刚性的，不能起到引发和终止银纹吸收冲击能的作用，从而降低了基体树脂的抗冲击韧性。20世纪90年代以来，人们发现有些球形或类似球形的填料，如碳酸钙、硫酸钡、玻璃微珠等经良好的表面处理后可以提高聚烯烃的韧性，由此提出了“无机刚性粒子增韧”的概念。需要注意的是，无机刚性粒子增韧聚合物与基体聚合物的韧性紧密相关，只有在准韧性或韧性的基体中，如PE，无机刚性粒子才能起到较好的增韧作用；而在脆性的基体中，如PS，则很难实现增韧的目的。

（5）弯曲强度

填充聚合物的弯曲强度对大多数填料来说都会随填料的加入和其含量的增加而下降，其下降程度除与基体树脂是否为韧性聚合物以及填料的几何形状有关外，还与填料在基体中的分散情况及加工时的取向有关。径厚比较大的填料（片状）或用偶联剂等表面处理剂处理过的填料可使韧性聚合物的弯曲强度提高。

7.4.4.4 产品形状

由于热塑性塑料通常表现出半结晶的性质，在成型加工过程中聚合物从熔体冷却时会因为结晶而表现出显著的热收缩性，从而导致成型制品尺寸的变化。因此，在设计成型模具和加工条件时，必须充分考虑制品的收缩特性。降低制品的成型收缩率也是聚合物填充改性的很重要的目的之一，片状和纤维状填料可以在熔体冷却过程中成为分子链收缩运动的空间位阻，因而可以有效降低制品的成型收缩率，但球形粒子这一功能就差得多。需要注意的是，片状和纤维状填料在加工过程的流动取向往往会导致聚合物熔体冷却过程收缩呈各向异性的特点，容易产生制品翘曲变形。

7.4.4.5 外观和表面性质

填料的加入通常会影响到聚合物的外观，使塑料制品表面粗糙，影响塑料本身的光泽，这在玻璃纤维填充改性的聚合物体系尤为明显。这些影响因素很多，如填料本身的颜色、折射率、粒子尺寸，以及填料中的杂质等。一般白色填料的加入对聚合物的颜色没有什么影响，但至少透明度会降低，而深色填料只能用于深色或黑色制品，还有些填料会使聚合物变得很难着色，这些都是在应用时要考虑的问题。如果填料的折射率是单一的，并与基体树脂的折射率相近，而且填料表面与树脂结合良好，则填充后不影响基体材料的透明性，当然这种情况在实际中是很难遇到的。

填料的加入还会影响聚合物的表面性质。如：滑石粉广泛应用于电缆和型材的挤出，可以得到光滑的表面；在注塑模塑中，氢氧化铝可给出更好的表面光洁度；滑石粉、碳酸钙和硅藻土赋予填充聚合物防黏性；石墨和其他纤维则降低复合材料的摩擦系数；而PTFE、石墨和MoS_2等可用于生产自润滑部件，等等。

7.4.4.6 耐热性能

热塑性塑料在使用过程中的一个缺点是当升高温度时，材料会发生明显的热变形，这是由于聚合物基体分子链段在温度达到一定程度时开始运动所致。层状或针状填料非常有利于提高塑料在这方面的性能，其机理是层状或针状填料对周围的聚合物链具有较强的约束作用，使得聚合物分子需在更高的温度下才能进行各级运动。具备这种能力的填料主要有滑石、黏土、硅灰石、云母、晶须、短玻璃纤维等。

7.4.4.7 可燃性

大多数塑料材料本身因易燃特性而限制了其使用，一些具有阻燃功能的填料如氧化锑、硼酸锌、氢氧化铝和氢氧化镁等常作为阻燃剂用来制备具有阻燃性的填充聚合物。

7.4.4.8 老化及耐久性

一些热塑性塑料，如 PP 等，在热和光的条件下非常不稳定，一般需要加入一些稳定剂来提高稳定性。矿物填料通常具有提高聚合物材料稳定性的作用，但其改善效果和使用受到多方面因素的影响。在较早的时候，稳定剂的使用大大增加了复合材料的成本，如今对稳定剂体系的研究已经使得稳定剂的加入对成本只有很小的影响。但有些填料会参与光化学反应，使复合材料的光稳定性降低。

有些填料可以屏蔽辐射，和降解产物分子发生反应，由此赋予复合材料耐久性；但有些填料却用于吸收高穿透性的辐射（如核辐射和中子辐射）。硼酸盐和蒙脱土，可以使复合材料不发生生物降解；但淀粉的加入提供了营养物质，可增加生物降解性，也可以引发热和 UV 降解，降低链的长度，使其可进行生物转化。

7.4.4.9 其他

填料的加入还可以影响聚合物材料的很多其他性质，如电、热、磁、渗透性、化学反应性能、结晶形态结构等，以及对其他添加剂性能的影响。

7.5 典型的填料改性举例

7.5.1 无机刚性粒子增韧聚合物基复合材料

采用无机刚性粒子增韧聚合物的方法能够在提高基体刚度及热变形温度的同时，还能够大大提高聚合物的韧性，从而获得兼具优良刚性和韧性的高性能聚合物复合材料。

傅强等使用磷酸酯偶联剂对 $CaCO_3$ 进行表面包覆后与 HDPE 进行熔融共混，发现经磷酸酯处理的 $CaCO_3$ 表面与 HDPE 能够形成一柔性界面层，该柔性界面层能在受到外力冲击作用时传递应力，促使基体层屈服形变从而吸收大量的冲击能，大幅度地提高了 HDPE 的冲击韧性；研究还发现，复合材料冲击韧性与 $CaCO_3$ 粒径紧密相关，如图 7-7 所示[18-23]。

吴学明等[24]选用两种不同粒径的硅灰石刚性粒子为填料以改性硬质 PVC，他们采用甲基丙烯酸甲酯（MMA）对硅灰石预先进行化学包覆以改善硅灰石与 PVC 的界面相互作用程度。结果发现，在一定填充量范围内，表面包覆了一层 MMA 的硅灰石粒子能够明显改善 PVC 基体树脂的冲击韧性。

此外，有研究报道无机刚性粒子增韧聚合物的效率与基体韧带强度密切相关。例如 Lin 等[25]探究了纳米 $CaCO_3$ 对退火前后的 PP 纳米复合材料冲击韧性的影响，发现退火后的纳米复合材料比未退火的纳米复合材料具有更高的冲击韧性，如图 7-8 所示。这是因为退火提高了基体韧带的强度，更有利于 $CaCO_3$ 在裂纹引发阶段促进基体的塑性变形，从而耗散大量的能量。

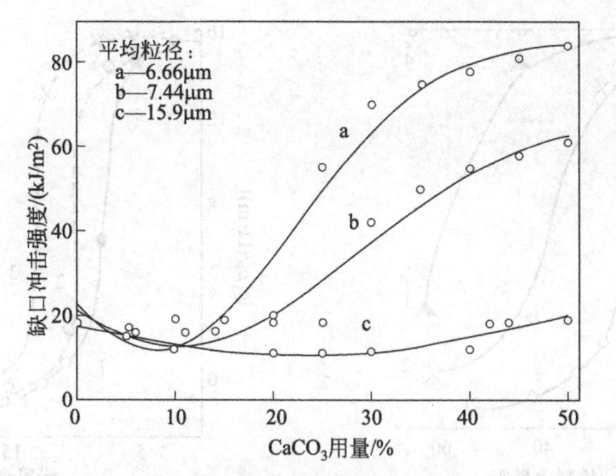

图 7-7　HDPE/$CaCO_3$ 体系的冲击强度与 $CaCO_3$ 用量（质量分数）的关系[18-23]

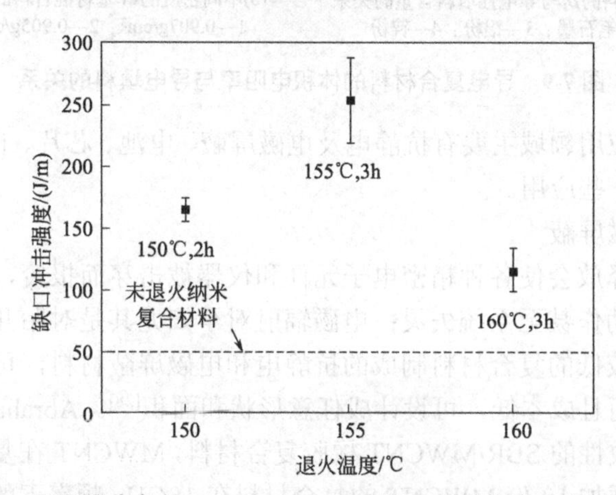

图 7-8　不同退火条件下 PP/$CaCO_3$ 纳米复合材料的缺口冲击强度[25]

7.5.2　导电复合材料

通过在聚合物基体中引入导电填料，是制备抗静电或导电复合材料的主要手段之一。复合材料导电性能的改善与填料含量紧密相关，其导电机理主要包括逾渗理论[26-27]和量子隧道理论。逾渗理论认为电导率在一定导电填料含量范围内的变化是不连续的，在某一含量下材料电导率会发生突变，电导率陡增，从绝缘体转变为导体，如图 7-9（a）所示。此外，图 7-9（b）展示了复合材料导电性对 PP 基体密度（结晶度）的依赖性，可以看出复合材料的体积电阻率 ρ_V 随着 PP 密度（结晶度）的增加而降低。这是因为炭黑有限分布在 PP 的非晶相，当 PP 的结晶相增加，在相同含量下无定形相中炭黑的填充程度增加，从而导致复合材料 ρ_V 的下降。

当导电填料在复合材料中的含量达到一定值时，导电粒子在聚合物基体中形成了导电逾渗网络，其临界体积分数称为逾渗阈值，电导率增加的跨度可达 13 个数量级。

隧道效应是指粒子由于波粒二象性而穿透势垒的现象。在这种复合材料中任何两个靠近的导体颗粒间都存在着不连续通导的势垒，载流子借隧道效应，通过将它们分开的势垒从一个导体到另一个导体跳跃传导，因此复合材料通常仅表现出有限的直流电导隧道现象。

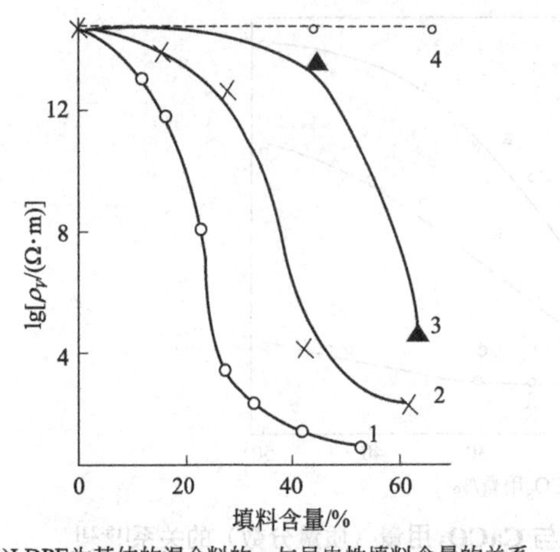

(a)LDPE为基体的混合料的ρ_V与导电性填料含量的关系
1—乙炔黑；2—铅笔石墨；3—铝粉；4—锌粉

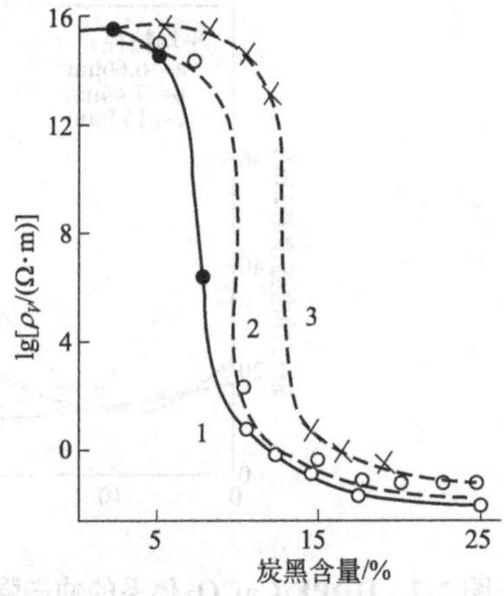

(b)不同密度的PP基材混合料的ρ_V与炭黑含量的关系
1—0.907g/cm³；2—0.905g/cm³；3—0.902g/cm³

图 7-9　导电复合材料的体积电阻率与导电填料的关系

导电复合材料的应用领域主要有抗静电及电磁屏蔽、电池、芯片、自限温发热材料、传感器材料等，以下列举一些应用。

（1）抗静电及电磁屏蔽

静电荷的积累与释放会使各种精密电子元件和仪器被击穿而报废，电磁干扰会直接或间接引起电子元器件误动作甚至系统失灵；电磁辐射对孕妇尤其是对胎儿的影响可造成胎儿畸形或死亡。由电导率较低的复合材料制成的抗静电和电磁屏蔽材料，可对电子器件以及人身安全提供有力保障，而且成本低，可设计成任意形状和面积[28]。Abraham 等[29]通过机械共混法制备了离子型液体改性的 SBR/MWCNT 橡胶复合材料，MWCNT 在复合材料中分散良好且形成三维导电网络，添加 10 份 MWCNT 的复合材料在 18GHz 频率下的最大电磁屏蔽效能达到 35.06dB，其复合材料制备过程如图 7-10 所示。

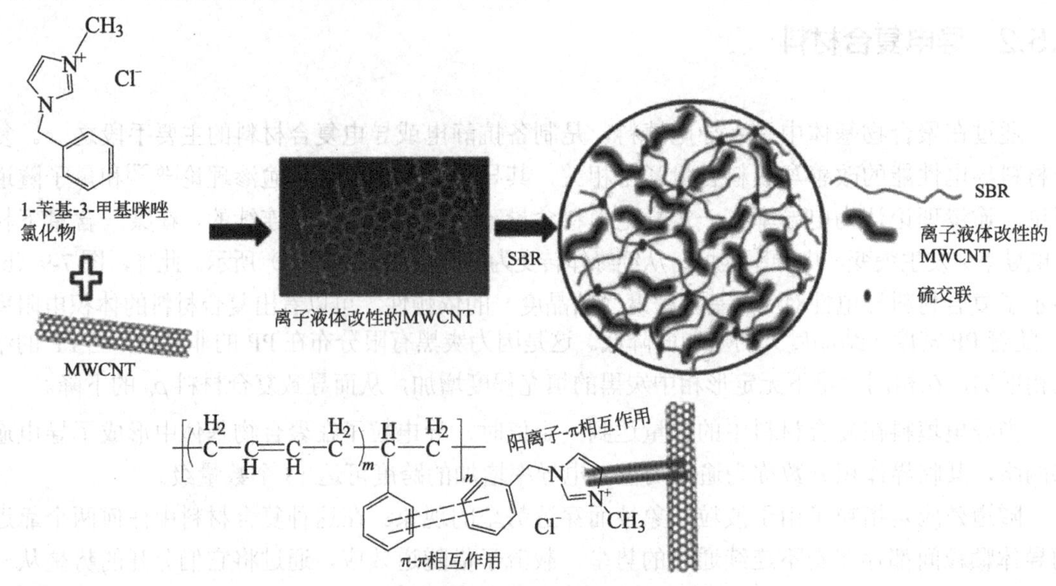

图 7-10　改性碳纳米管与 SBR 相互作用示意图[29]

（2）自限温发热材料

结晶性高分子/导电填料复合材料往往具有 PTC 效应，当温度达到基体熔点时，材料的电阻率急剧上升（1.5～9 个数量级），实现从导体到半导体甚至绝缘体的转变[30]。这种材料在外加电压恒定时，随温度升高，电阻率变大，电流减小，可用于制备自控温加热带、加热电缆等。谭洪生等[31]研究了炭黑对复合型聚乙烯自限温发热材料发热行为的影响，发热温度最高的复合材料的炭黑含量即为导电逾渗区上限的含量，如图 7-11 所示。

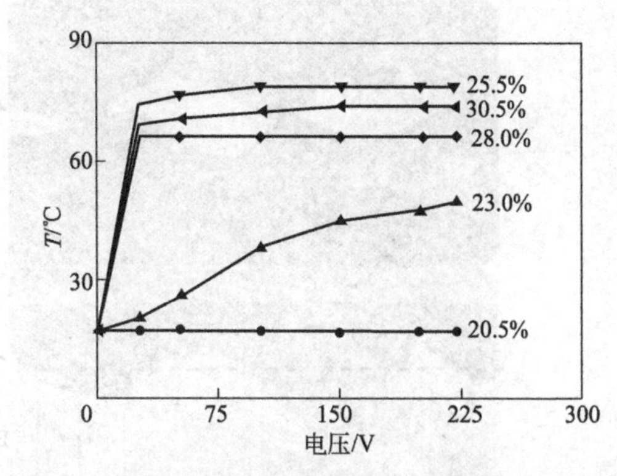

图 7-11　发热温度随电压和炭黑质量分数的变化[31]

（3）传感器材料

高分子导电复合材料的导电性还表现出了压敏、气敏等一些特殊的功能，并引起关注。压敏材料已广泛应用于机器人的触觉、义手、呼吸传感器、计算机符号图像转读装置以及滤波器件等。气敏材料制备的传感器可在生物医学、化学化工和环境科学等部门用于环境检测和监控，此外，导电复合材料在屏幕显示、防腐等领域也有特殊贡献。

7.5.3　导热复合材料

随着电子器件向小型化、集成化和高功率化方向发展，电子元件工作时产生的热量成倍增长，导致设备的工作温度不断攀升，严重影响了设备的可靠性、使用寿命和工作性能。热界面材料（TIM）作为填充发热部件与冷槽之间空隙或微观非均质界面的特殊材料，具有优异的热传导能力，广泛用于电子设备、工业照明、通信基站、消费类电子、新能源电池等领域，具有重要的应用价值。以电子芯片为例，电子器件的热界面主要由 5 部分组成，包括：发热器件（芯片）、发热器件与 TIM 的界面、TIM 或空气、热沉（散热器）与 TIM 的界面、热沉（散热器）。目前，TIM 的工作性能主要取决于界面热阻（R_{TIM}），由以下公式计算得到：

$$R_{TIM} = R_{c1} + R_{c2} + BLT / k_{TIM} \tag{7-4}$$

式中　R_{c1}，R_{c2}——发热器件与 TIM 以及热沉（散热器）与 TIM 的界面热阻；

BLT——TIM 的厚度；

k_{TIM}——TIM 的热导率。

因此，提高 TIM 的工作性能，关键之一是提高 TIM 的热导率。图 7-12 给出了 TIM 的工作原理示意图。

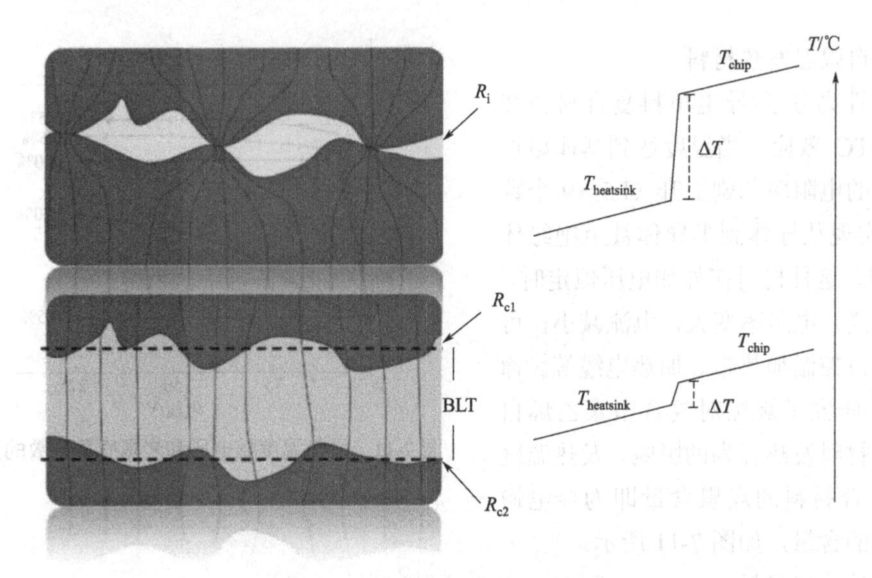

图 7-12 TIM 的工作原理示意图[32]

通过填充热沉与芯片之间的界面空隙，消除界面热阻，使热量快速地通过 TIM 进行传导

目前，市面上的 TIM 主要有以下几种类型，包括导热油脂、导热垫片、导热相变材料、导热凝胶、导热胶、导热石墨片等。除了导热石墨片之外，它们几乎全是聚合物和导热填料复合的产物，如图 7-13 所示。其中，为了保证 TIM 的高导热性能和良好的电绝缘能力，导热填料主要采用球形或者类球形的氧化铝、氮化铝等，填料的填充分数也非常高（质量分数>85%），使导热填料可充分地在聚合物基体内形成连续的声子导热通路，保证 TIM 优异的导热能力。下面，我们主要以聚合物复合材料类的 TIM，详细地介绍它们的基本组成和工作性能。

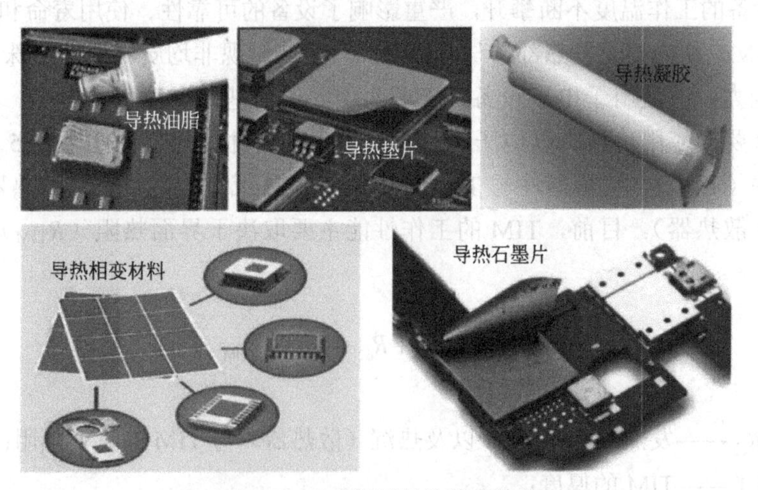

图 7-13 热界面材料的基本种类

（1）导热油脂

导热油脂是以硅胶或碳氢化合物油为基体，以球铝、氮化铝等为导热填料组成的复合材料。它与基材贴合良好，可以形成较薄的厚度，界面热阻基本接近 10～200K·mm^2 /W。与其他 TIM 相比，导热油脂价格便宜、施工方便，因此很受欢迎。但它是一种糊状物，导致处理

过程烦琐，且受压的时候容易泄漏，影响使用的可靠性。

（2）导热垫片

与导热油脂一样，导热垫片同样也是以聚合物作基体（如硅橡胶），以无机导热粉体（如球氧化铝、氮化铝等）作为填料构成的聚合物复合材料。不同的是，导热垫片是高度交联的热固性聚合物，是一种固态的垫片材料，因此处理起来十分方便。但是，导热垫片的厚度普遍都比较大（200～1000μm），为了保证与器件之间较好的接触也需要施加较大的压力，所以通常界面热阻较高（100～300K·mm^2/W）。

（3）导热相变材料

导热相变材料综合了导热油脂和导热垫片的优点，它所使用的聚合物在加热的状态下可以熔融，但是在常温下又是固态的。所以它可以像垫片一样容易处理，但又能像油脂一样任意地填充空隙。相变材料构成的热界面，界面热阻普遍较低（30～70K·mm^2/W）。

（4）导热凝胶

导热凝胶是一种由弱交联的硅橡胶和导热填料所组成的复合材料，它表现出了液体和固体的双重性质，既可以像油脂一样填充任意的热界面，填充后又能充分固化，防止在使用的过程中泄漏出来而影响可靠性，是一种非常受欢迎的热界面材料。导热凝胶的界面热阻通常为 40～80K·mm^2/W。

7.5.4 阻燃聚合物复合材料

在众多无卤阻燃材料中，含磷阻燃聚合物复合材料越来越受到人们的重视，这是因为少量的含磷阻燃剂便能对聚合物有很好的阻燃效果。Costanzi 等[33]研究了次磷酸钙和次磷酸铝对 PC 阻燃性能的影响。结果发现：次磷酸钙的含量为 8%时能使复合材料的阻燃性能达到 UL94 V-0 级。含氮阻燃剂具有低烟、低毒、价格低廉、阻燃效率高且环境友好等优点，因此近年来发展迅速。对于 MCA 阻燃 PA6 和 PA66 早有报道，如文献[34]中报道的 PA6 中需要加入的 MCA 质量分数为 8%～15%，而 PA66 中只需加入 5%～10%（质量分数）即可达到 UL94 V-0 级阻燃要求。

思考题

1. 聚合物填充体系除了树脂和填料以外一般还需要有哪些成分？

2. 从粒子形态分析碳酸钙和滑石粉两种常用填料加入聚丙烯后复合材料的力学性能会有什么样的变化?

3. 要较大幅度地提高聚合物的拉伸强度和模量，可以选择的填充材料有哪些种类?

4. 无卤阻燃聚乙烯电缆常采用什么样的无机阻燃填料？简述其制备过程。

5. 与卤素阻燃相比，无卤阻燃聚烯烃材料有什么优缺点？如何从配方和工艺上弥补无卤阻燃的不足?

6. 硅烷偶联剂一般通式是什么？有哪些类型？以水解型硅烷偶联剂为例图示如何结合玻纤表面。

7. 采用钛酸酯偶联剂处理后的碳酸钙表面有什么样的变化？其填充的聚丙烯材料与不处理的相比，哪些性能会有怎样的改变？

8. 填料的干法处理和湿法处理各有什么优缺点？

9. 制备聚合物填充复合材料时，有些企业是将填料进行预表面处理后再与聚合物熔融共混，也有些企业是将填料、表面处理剂和聚合物树脂一起初混合后加入挤出机熔融共混，分析两种工艺的优缺点。

10. 汽车用聚丙烯保险杠需要有高的韧性和刚性，而且表面质量高，可以选择哪些材料来改性?简述工艺过程。

11. 某企业生产的40%碳酸钙填充聚乙烯注塑件外表面有白色颗粒，制品易脆，有些时候注塑制件不完整，分析原因并提出解决措施。

12. 导电聚丙烯可以选用哪些导电填料，举例说明一个导电聚丙烯配方中各成分作用和制备工艺。

13. 一种新型填料，是炼钢厂废物磨细而得，化学成分以二氧化硅和氧化钙为主，粒子近似于球形，如果将其加入聚丙烯中，预测其对聚丙烯哪些性能有影响，采用什么方法对填料进行表面处理？

参考文献

第 8 章 非连续纤维增强改性热塑性聚合物

热塑性聚合物的合金化改性一般使材料的冲击韧性、工艺性及部分物理性能得到改善，但很难提高材料的强度。而且在多数情况下，提高聚合物的柔韧性和抗冲击性都是以牺牲材料的刚度和强度为代价的。而通过纤维对聚合物增强，可使材料的强度、刚度、耐热性甚至韧性得到同步提高，因此，通过纤维对热塑性聚合物进行增强改性是改善聚合物综合性能的重要途径。

然而，成型工艺上的局限性大大限制了该技术的发展。与热固性树脂相比，热塑性聚合物具有较高的黏度，难于均匀地浸渍增强纤维，因此不能用制备连续纤维增强热固性复合材料的方法制备热塑性复合材料。但是，热塑性聚合物优异的成型加工性能使非连续纤维增强热塑性复合材料的工业化制造和应用成为可能。本章仅从非连续纤维增强的热塑性复合材料的角度出发，对聚合物的增强机理，短纤维和长纤维增强热塑性复合材料制备的工艺方法等几个方面讨论热塑性聚合物增强改性的特点和工艺原理。

8.1 概述

纤维增强热塑性复合材料是以玻璃纤维、碳纤维、芳纶纤维等材料增强各种热塑性树脂的总称。自 1951 年 R. Bradit 首次采用玻璃纤维增强 PS 制造复合材料以来，对纤维增强热塑性复合材料制备技术的研究不断深入，其产量与应用领域也不断扩大。随着人们对热固性复合材料引起的环境问题的关注，以及近年交通运输业对于节能环保的重视，热塑性复合材料正在成为替代钢、铝等传统材料的最佳选择，其发展速度已超过热固性复合材料[1]。

8.1.1 纤维增强热塑性聚合物的原材料及其特点

根据纤维增强热塑性聚合物的制备和应用特点，对其基体材料和增强材料具有一些特定的要求，如基体高温加工的热稳定性、符合要求的黏度、纤维对基体材料的适应性以及性价比等。

8.1.1.1 基体材料

由于基体对纤维的浸渍是热塑性复合材料制备过程的关键环节之一，而基体材料的工艺性能对浸渍质量有决定性的影响。因此，热塑性复合材料的基体应满足基本的热稳定性，较低黏度，与增强纤维具有良好的界面结合等特性。目前用于纤维增强热塑性复合材料的通用性基体材料主要有聚烯烃（PE、PP）及其共聚物（AS、ABS）、聚酰胺（PA6、PA66、PA610、PA1010、PA6T、PA10T 等）、热塑性聚酯（PET、PBT），高性能热塑性基体主要有聚苯硫醚（PPS）、聚醚醚酮（PEEK）、聚醚酮（PEK）、聚苯砜（PPSU）等，见表 8-1[2]。

表 8-1 高性能热塑性树脂的类型

树脂类型	T_g/℃	分子结构
聚醚醚酮 poly（ether ether ketone）	143	
聚醚酮 poly（ether ketone）	165	
聚砜 poly（sulphone）	190	
聚苯砜 poly（phenyl sulphone）	220	
聚醚酰亚胺 poly（ether imide）	216	
聚醚砜 poly（ether sulphone）	230	
聚酰亚胺 poly（imide）	256	
聚酰胺酰亚胺 poly（amide imide）	249	

8.1.1.2 增强材料

（1）玻璃纤维

玻璃纤维是热塑性复合材料中使用最广泛的增强纤维。玻璃纤维主要优势在于其较低的价格，综合性能好，包括尺寸稳定性、耐水性、耐腐蚀性、耐热性等。大多数短玻璃纤维增强材料是由 E-玻璃制成的。E-玻璃最初是从电气应用中发展而来的，通常由钙-铝-氧化硅配制而成，良好的性能和低廉的成本使其广泛应用于热塑性复合材料的多个领域。

（2）碳纤维

碳纤维是由有机纤维在惰性气氛中经高温炭化而成的纤维状聚合物。与玻璃纤维相比，碳纤维具有更高的强度和模量、更低的密度、优异的导热和导电性、良好的耐化学腐蚀性和自润滑性，但生产成本也较高。此外，在制备具有特殊性能的复合材料时，碳纤维的低密度和高强度、高模量呈现出很大优势。碳纤维与热塑性树脂复合后，能显著提高热塑性树脂的性能，扩大其应用范围。

（3）芳纶纤维

芳纶纤维具有密度小、抗拉强度高、抗拉模量较高、耐曲折、耐疲劳等性能。近年来，芳纶纤维增强热塑性复合材料发展很快，正受到人们的重视。用芳纶纤维增强PA66、PPS、POM和热塑性聚酯等，其性能都有较大提高。这类复合材料可用于汽车刹车片、离合器和换向器等。

（4）玄武岩纤维

玄武岩纤维是天然火山岩在高温熔融流体化后经贵金属漏板高速连续拉丝而成。具有优异的耐温性、单丝机械强度、弹性模量、密度、蠕变断裂应力、化学稳定性等物理化学性质，耐腐蚀性优于普通玻璃纤维，力学性能指标也优于普通玻璃纤维约30%，蠕变率则约为芳纶纤维的1/4，工艺能耗约为碳纤维的1/16。

此外，一些特殊纤维如氧化铝纤维、碳化硅纤维在热塑性复合材料中也有应用。

纤维增强热塑性塑料与作为基体的热塑性塑料相比，具有明显的性能优势，主要表现在[1-3]：

① 沿纤维取向方向的强度、模量有显著提高。

② 耐热变形温度提高。

③ 抗蠕变性能显著增强。

④ 耐疲劳性改善。

与纤维增强热固性复合材料相比，纤维增强热塑性复合材料又具有如下特性：

① 耐水性。加聚型热塑性复合材料的耐水性一般优于热固性复合材料。

② 废料易于回收利用。热塑性复合材料可重复加工成型，废品和边角余料能回收利用，不会造成环境污染。

③ 成型加工效率高。由于短纤维增强型热塑性复合材料可采用注射、挤出等普通热塑性塑料的成型方法进行加工，因此这类复合材料生产效率比热固性复合材料要高得多。

④ 成型加工成本低。由于热塑性复合材料制备的加工效率较高，一般不需要二次加工、后固化等工序，因此其加工成本较热固性复合材料低。

⑤ 质量一致性好。热塑性复合材料成型过程不涉及化学反应，一般采用模具一次成型加工，因此其外观及尺寸等都由模具保证，在相同成型工艺下产品质量一致性较好。

8.1.2 纤维增强热塑性复合材料分类

对于非连续纤维增强热塑性复合材料，不同类型的热塑性树脂、不同类型的纤维制造的复合材料，其性能存在很大差异。热塑性复合材料主要有以下两种分类方法：

① 按复合材料的性能　可以分为普通型热塑性复合材料和高性能热塑性复合材料两类。普通型热塑性复合材料是指用玻璃纤维增强的通用型树脂，高性能热塑性复合材料是指用碳纤维、芳纶纤维、高强度玻璃纤维或其他高性能纤维增强的高性能热塑性树脂。

② 按增强材料的形态　可以分为连续纤维增强和非连续纤维增强热塑性复合材料两大类。连续纤维增强则是采用连续纤维毡或布，连续纤维增强的热塑性复合材料为各向异性材

料，其力学性能大大优于短纤维增强的热塑性复合材料。而非连续纤维增强又分为短纤维增强和长纤维增强的热塑性复合材料。短纤维的长度一般为0.2～1.0mm，它均匀地、不定向地分布在树脂基体中，力学性能表现为各向同性；长纤维增强热塑性复合材料的纤维长度一般为2～50mm。鉴于连续纤维增强热塑性复合材料的制备及成型技术已完全不同于热塑性聚合物材料，因此，本章主要讨论非连续纤维增强热塑性复合材料的原理和相关制备技术。

8.1.3 非连续纤维增强热塑性复合材料的结构形式

如上所述，非连续纤维分为短纤维和长纤维，根据这几类纤维在热塑性复合材料中的分布形态、制备方法的差异及性能和应用特点又形成了非连续纤维增强热塑性复合材料的几种结构形式。

8.1.3.1 短纤维增强热塑性塑料

短纤维增强热塑性塑料（short fiber reinforced thermoplastics，SFT）是用连续纤维或短切纤维通过与聚合物熔体混炼制成的增强热塑性复合材料，一般制成粒料，可借助常规的挤出混炼剪切法使短切纤维与塑料熔体混合或连续纤维经双螺杆剪切混炼后造粒。这是最早实现工业化生产的纤维增强热塑性聚合物粒料，粒料中纤维长度为0.2～1.0mm。这种粒料在成型过程中经过螺杆、喷嘴、模腔内流动等不同阶段后变得更短，最终制品中的纤维平均长度不到0.8mm（约0.2～0.8mm），因此对制品的力学性能提高幅度有限，其性能介于热塑性塑料基体与长纤维增强热塑性塑料之间。

8

尽管如此，对短纤维增强热塑性复合材料的需求仍在持续增长，特别是在汽车和电子电气工业中，用它们来部分替代金属，制造性能良好且要求经济性的零部件。由于短纤维增强热塑性复合材料的强度、刚度和尺寸稳定性均优于未增强的聚合物基体材料，且随着20世纪70年代双螺杆挤出机和螺杆式注塑机的广泛应用，短纤维增强热塑性复合材料得以大规模生产和推广应用。在近半个世纪中，短纤维增强热塑性复合材料一直占据纤维增强热塑性复合材料市场的主导地位。

短纤维增强的热塑性复合材料可根据最终用途配制。纤维增强效果在半晶态聚合物中更为明显。增强纤维在热塑性基体材料中呈无规分布，纤维质量分数一般为10%～60%。

8.1.3.2 长纤维增强热塑性塑料[1-4]

长纤维增强热塑性塑料（long fiber reinforced thermoplastics，LFT）是纤维增强树脂基复合材料的一种新型轻量化材料，具有高比强度、高比模量和抗冲击性强等特点，它的发展与应用已经成为部分铝合金、纤维增强热固性复合材料的有效替代品，逐步成为汽车零部件的主流材料。

纤维材料可以是玻璃纤维、碳纤维、芳纶纤维等。其中，玻璃纤维来源广、强度好、性价比高，实际应用最为普遍。长纤维增强热塑性复合材料采用的塑料基体主要是PP（占70%以上），其他的还有PA、PC、PBT、PET、PPS、PEEK、TPU、改性热塑性树脂与塑料合金等多种品种。

目前，采用长纤维增强技术是实现通用塑料和工程塑料高性能化目标的重要改性技术之一，已在汽车行业得到广泛应用。其中，聚烯烃 LFT 和尼龙 LFT 在汽车行业应用较多，主要用于性能要求较高的零件（如需承受高强度、高冲击的塑料结构件），如油门踏板、电器插接盒和塑料齿轮等。

LFT 应用的材料结构主要有长纤维增强热塑性塑料粒料（LFT-G）和长纤维增强热塑性塑料直接加工制品（LFT-D），较为成熟的成型工艺有压制成型和注塑成型，LFT-G 和 LFT-D 既可以压制成型，也可以注塑成型，可根据制品的具体技术要求、产量规模等因素进行选择[5]。

（1）长纤维增强热塑性塑料粒料

长纤维增强热塑性塑料粒料（long fiber reinforced thermoplastic granules，LFT-G）是连续纤维经基体熔融后挤出包覆等工艺，按需求短切成一定长度的粒料。LFT-G 的造粒方法有包覆式和共混式两种，目前都有应用。LFT-G 能注塑成型结构复杂的零件，具有生产效率高、工人劳动强度低等优势。其粒料直径大约为 3mm，长度依据后续成型方法而有所不同，例如用于注塑成型的粒料长度一般采用 8～15mm，而用于压制成型的粒料长度一般采用 20～40mm。由于增强纤维在注塑过程中受到剪切作用，其在制品中的长度通常只能达到 3～6mm，但产品强度仍然明显高于短纤维增强塑料粒料的注塑成型制品。LFT-G 制品生产工艺需要两个过程，即长颗粒的成型和制品的注塑成型或压制成型。

（2）长纤维增强热塑性塑料直接加工制品

长纤维增强热塑性塑料直接加工制品（long fiber reinforced thermoplastic direct process，LFT-D）是一种新型长纤维增强热塑性复合材料，采用长纤维增强热塑性复合材料在线直接生产制品的工艺技术。由于省去了造粒步骤，因此可以直接将纤维的含量和长度调整到最终部件的要求，基体聚合物的配方也可以根据最终部件的要求进行调整。

LFT-D 为一步法生产，生产效率高，还节省了中间的运输和储备过程，而且制品的综合性能优异。由于制品中的纤维长度比 LFT-G 成型后的纤维长得多，因此其强度和抗冲击性能都有明显提高。目前，LFT-D 发展十分迅速，用于大批量生产骨架类零部件，如汽车前端框架、座椅框架和保险杠内衬等高强度、结构复杂的功能零部件。

LFT-D 的抗冲击性能比玻璃纤维毡增强复合材料（GMT）略低，与 LFT-G 相比，LFT-D 较低的塑化要求改善了纤维发生断裂的状况。因此，LFT-D 的优点主要体现在两方面：一是降低了成本。由于是一步法生产，LFT-D 生产的大型结构件比两步法生产的 GMT 或 LFT-G 压制件的成本低。二是制品综合性能优异。

LFT 的机械特性还与增强纤维的长度有着密切的关系。与相类似的短纤维（纤维长度约小于 1mm）增强注塑成型热塑性复合材料相比，LFT 材料无论在强度、抗冲击性能等方面都得到了大幅度提高。因此，这些特性也为 LFT 在要求更高的汽车结构件和半结构件上的应用创造了有利条件，这成为备受汽车行业关注的主要原因之一。

8.2　非连续纤维增强热塑性塑料的增强机理

为了弄清非连续纤维对聚合物的增强机理，首先有必要了解连续纤维增强的复合材料的模量和强度计算方法，进而推导出非连续纤维的情形。为便于说明问题，以下仅就复合材料的拉伸模量和强度进行讨论。

8.2.1　连续纤维增强复合材料的模量和强度

8.2.1.1　连续纤维增强复合材料的模量[2,6,7]

图 8-1（a）所示为复合材料单向板，将它简化为薄片模型Ⅰ[图 8-1（b）（d）]和薄片模型Ⅱ[图 8-1（c）（e）]。模型Ⅰ的纤维薄片和基体薄片在横向为串联形式，故可称为串联模型。它意味着纤维在横向完全被基体隔开，适用于纤维占比少的情况。模型Ⅱ的纤维薄片与基体薄片在横向为并联形式，故可称为并联模型。它意味着纤维在横向完全连通，适用于纤维占比较高的情况。一般说来，实际情况是介于两者之间的某个状态。

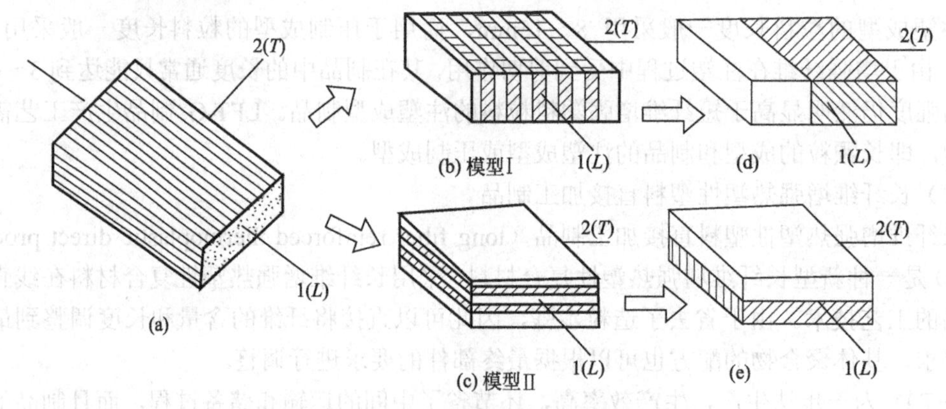

图 8-1　连续纤维增强复合材料的薄片模型

通过简单的推导，可得到复合材料模量计算公式

（1）串联模型

$$\frac{1}{E_c}=\frac{V_f}{E_f}+\frac{1-V_f}{E_m} \tag{8-1}$$

（2）并联模型

$$E_c=E_fV_f+E_m(1-V_f) \tag{8-2}$$

式中，E 表示模量；下标 c，f，m 分别代表复合材料、纤维和基体；V_f 表示纤维的体积分数；$1-V_f$ 表示基体相的体积分数。

弹性模量的估算模型和分析方法种类繁多，但从结果来看，只有连续纤维增强复合材料的纵向模量的预测，各种方法的计算结果几乎相同且与试验值有很好的一致性。其他弹性常数如横向模量、剪切模量、泊松比等与试验值均有一定差距。

8.2.1.2　连续纤维增强复合材料的纵向拉伸强度（X_t）[2,6-7]

连续纤维增强复合材料单层板在承受纵向拉伸应力时，假定：①纤维与基体之间没有滑

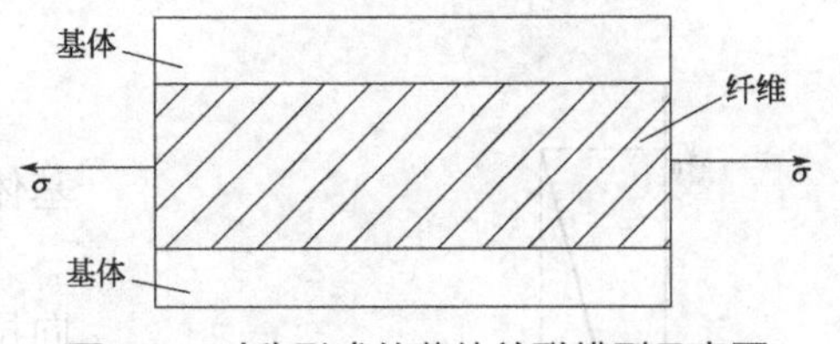

图 8-2 对称形式的薄片并联模型示意图

移，具有相同的拉伸应变，即纤维和基体按各自模量大小比例承受载荷；②每根纤维具有相同的强度，且不计初应力。采用薄片并联模型，如图 8-2 所示，则在工程上可能发生下述两种破坏模式。

（1）基体断裂应变小于纤维断裂应变（$\varepsilon_{mu} \leqslant \varepsilon_{fu}$）

在应变达到ε_{mu}时，基体将先于纤维而开裂（就正如玻璃纤维增强脆性酚醛树脂的情况）。但是纤维尚能继续承载，直至应变达到ε_{fu}时，纤维断裂，复合材料最终破坏。对此，可认为纵向拉伸强度只取决于纤维，即

$$X_t = X_{ft}V_f \tag{8-3}$$

式中，X_{ft}为纤维的强度。然而，实际情况一般是纵向拉伸强度的试验测定值通常比式（8-3）的计算值略高。这表明基体虽已开裂，但因基体的开裂一般是随机分布的，不太可能都出现在同一个截面上，未开裂部分基体还能继续传递载荷。这样，预测单向复合材料纵向拉伸强度时可用下式

$$X_t = X_{ft}V_f + X_{mt}(1 - V_f) \tag{8-4}$$

式中，X_t和X_{mt}分别表示纤维和基体的纵向拉伸强度。这样的估算与试验结果比较吻合。

（2）基体断裂应变大于纤维断裂应变（$\varepsilon_{mu} > \varepsilon_{fu}$）

对于碳纤维和硼纤维增强树脂基复合材料，纤维延伸率较低，一般基体延伸率比纤维的大，故在基体或界面破坏前，增强纤维的薄弱环节首先断裂。随着载荷的增加，纤维断裂产生的裂纹沿着基体或界面或邻近纤维等各种途径扩展。如果是强界面结合，裂纹在基体内扩展，形成光滑的断口。如果是弱界面结合，裂纹将引起界面脱黏或纤维拔出。

当纤维的应变达到其最大应力对应的断裂应变时，复合材料应力达到极限强度，用应变表示其强度条件时，有

$$\varepsilon_{1u} = \varepsilon_{fu} \tag{8-5}$$

式中，ε_{1u}为复合材料的断裂应变。

式（8-5）表示复合材料的断裂应变等于纤维的断裂应变，此时复合材料达到纵向拉伸强度(X_t)，破坏是由纤维控制的。载荷作用下，复合材料所受拉伸应力可通过式（8-6）计算

$$\sigma_1 = \sigma_{f1}\frac{A_f}{A} + \sigma_{m1}\frac{A_m}{A} = \sigma_{f1}V_f + \sigma_{m1}V_m \tag{8-6}$$

式中，σ_1、σ_{f1}和σ_{m1}分别为复合材料、纤维和基体的拉伸应力；A_f、A_m和A分别为纤维、基体和复合材料的截面积；V_f和V_m分别为纤维和基体在复合材料中的体积分数。

并假设纤维和基体的拉伸应力-应变曲线基本上都是线性的，因此可得：

$$X_t = X_{ft}V_f + \sigma_m^* V_m = X_{ft}\left(V_f + V_m\frac{E_m}{E_f}\right) \quad (V_f \geqslant V_{f\,min}) \tag{8-7}$$

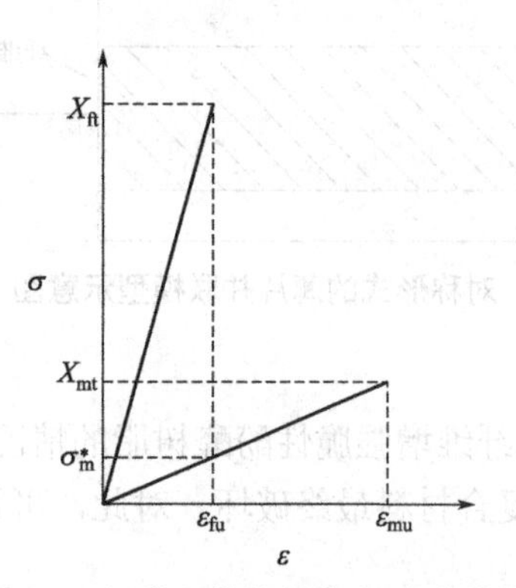

图 8-3 纤维和基体的应力-应变曲线

式中，$\sigma_m^* = X_{ft}\dfrac{E_m}{E_f}$ 为基体应变等于 ε_{mu} 时对应的基体应力（见图 8-3）。

从式（8-7）可以看出，纤维体积分数 V_f 越高，纵向拉伸强度 X_t 就越大。如降低 V_f，则 X_t 就减小。当 V_f 降到某一个值时，可使复合材料纵向拉伸强度 X_t 等于基体拉伸强度 X_{mt}，亦即：

$$X_t = X_{mt} \quad (V_f = V_{fcr}) \tag{8-8}$$

此时的纤维体积分数称为临界纤维体积分数 V_{fcr}，当 $V_f \leqslant V_{fcr}$ 时，纤维失去增强效果。将式（8-7）代入式（8-8），解出 V_f，即为 V_{fcr}：

$$V_{fcr} = \frac{X_{mt} - X_{ft}\dfrac{E_m}{E_f}}{X_{ft} - X_{ft}\dfrac{E_m}{E_f}} \tag{8-9}$$

当纤维体积分数 V_f 太小时，达到纤维的断裂应变，复合材料仍然不会破坏，这时，复合材料的破坏由基体控制，其纵向拉伸强度按下式计算：

$$X_t = X_{mt}(1 - V_f) \tag{8-10}$$

如图 8-3，将式（8-7）和式（8-10）绘制在同一坐标图上，可得到两条直线，两条直线的交点所对应的纤维含量称为纤维控制的最小体积分数，其值由下式计算，即：

$$V_{f\,min} = \frac{X_{mt} - X_f\dfrac{E_m}{E_f}}{X_{ft} + X_{mt} - X_{ft}\dfrac{E_m}{E_f}} \tag{8-11}$$

比较式（8-9）和式（8-11）可知，V_{fcr} 总是大于 $V_{f\,min}$，因此，只要复合材料的 V_f 大于 V_{fcr}，复合材料强度就是由纤维控制的。

需要指出，从理论上讲，复合材料的强度随着纤维的体积分数 V_f 增加而提高。但实际上当 V_f 太大时，由于工艺上不能保证基体与纤维的均匀分布，有的纤维周围没有基体联结，形成了缺陷，从而导致强度下降。因此，复合材料的纤维体积分数也不能太大。

8.2.2 非连续纤维增强复合材料的应力传递理论

为了建立确定非连续纤维复合材料的弹性模量和强度的细观力学公式，需要考虑应力如何从复合材料中的基体传递到纤维的过程。因此，有必要首先讨论应力传递理论，它是非连续纤维增强复合材料产生增强效应的基础[2,6-9]。

当非连续纤维增强的复合材料受载荷作用时，载荷直接作用到基体上，基体将载荷通过复合材料界面上的剪应力传递到纤维上。当纤维长度比用于传递应力的界面长度大得多时，纤维末端的应力传递作用可忽略不计，这时纤维传递应力情况与连续纤维相同。在非连续纤维复合材料传递应力的界面长度很有限的情况下，纤维末端的应力传递作用就变得比较重要了，已不能忽略。这时，复合材料的力学性能与纤维长度的相关性十分密切。

用图 8-4 可解释复合材料受力时变形不均匀的现象。从微观上看，纤维和基体弹性模量不同。如果复合材料受到平行于纤维方向上的拉力时，由于纤维的弹性模量一般大于基体的弹性模量，基体应变将会大于纤维应变。但由于基体与纤维因界面结合力作用紧密结合在一起，纤维会限制基体过大的变形，于是在基体与纤维之间的界面部分便产生了剪应力和剪应变，并将所承受的载荷合理分配到纤维和基体这两种组分上。纤维通过界面沿纤维轴向的剪应力传递载荷，可能会承受比基体更大的应力，这就是纤维能增强基体的原因。由于沿纤维轴向的中间部分和末端部分限制基体过度变形的应力不同（见图 8-5），因而在基体各部分的变形是不同的，不存在如长纤维复合材料受力时的等应变条件，于是界面处剪应力沿纤维方向各处的大小也不尽相同。

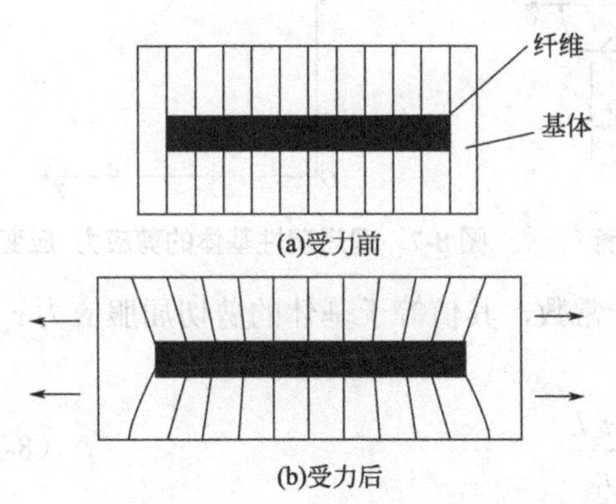

图 8-4 单根纤维埋入基体模型受力前后变形示意图

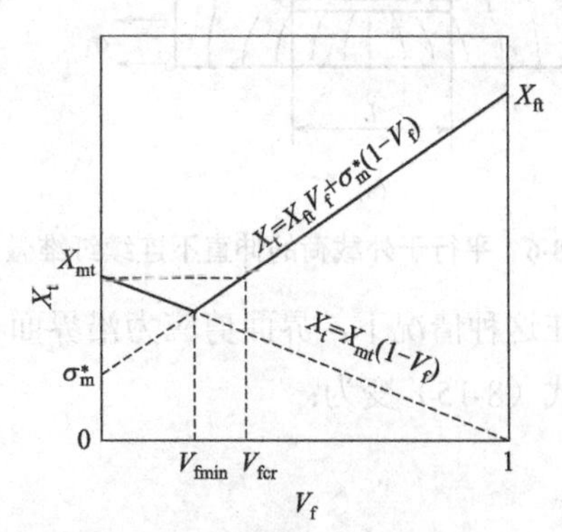

图 8-5 纵向拉伸强度随体积分数的变化示意图

剪应力按什么规律分布呢？常用的分析方法有剪切滞后法和有限元法。前者不像后者那么严格，但简单、直观，被人们广泛用来解释复合材料力学性能的某些现象。剪切滞后法最早由 Rosen 提出，其基本思想是假定界面只传递剪应力、不承受正应力。

如图 8-6 所示的简单模型，它是在一个圆柱形基体内嵌入一根长为 L、半径为 r 的圆柱形纤维。短纤维呈伸直状态并与基体结合。复合材料受力时，载荷施加在基体上，然后基体将载荷通过界面的剪应力传递到纤维上。如图 8-6（a）所示，当该单元体受纵向应力 σ_1 作用时，由于具有不同弹性模量的纤维和基体黏结在一起，在纤维末端附近的纤维与基体间的界面上会产生剪应力 τ。图 8-6（b）为图（a）中微分单元的放大图。利用在 L 方向力的平衡条件，可得到下式：

$$(\pi r_f^2)\sigma_f + (2\pi r_f \mathrm{d}x)\tau = \pi r_f^2(\sigma_f + \mathrm{d}\sigma_f) \tag{8-12}$$

或

$$\frac{\mathrm{d}\sigma_f}{\mathrm{d}x} = \frac{2\tau}{r_f} \tag{8-13}$$

式中，σ_f 为纤维的轴向应力；τ 是基体–纤维界面的应力；r_f 是纤维半径。

对一根粗细均匀的纤维来说，式（8-12）和式（8-13）表示纤维上应力沿 x 方向上的增长率与界面上的剪应力成正比，可以通过积分来求得纤维末端距离为 x 处纤维上的应力，即

$$\sigma_f = \sigma_{f0} + \frac{2}{r_f}\int_0^z \tau \mathrm{d}x \tag{8-14}$$

式中，σ_{f0} 为纤维末端的正应力。若已知剪应力沿纤维长度的分布规律，则可求得 σ_f。

由于纤维端部附近存在严重的应力集中效应，一般可认为造成端部附近的基体屈服或纤维与基体脱黏。因此，σ_{f0} 可忽略不计。则式（8-14）可写成：

$$\sigma_f = \frac{2}{r_f}\int_0^z \tau \mathrm{d}x \tag{8-15}$$

实际上剪应力分布事先是未知的。为了求解，必须对纤维周围基体的变形和纤维末端的力学条件做出假设。为此，假设在纤维的末端上正应力为零；同时假设纤维周围的基体材料是理想塑性材料，其应力–应变曲线如图 8-7 所示。即剪应力在纤维任意长度处相同。

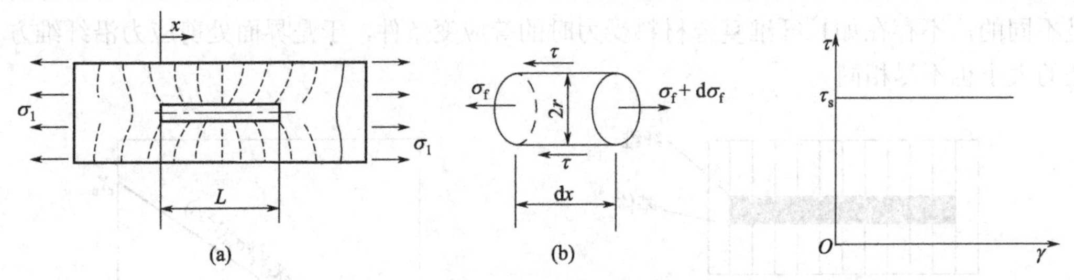

图 8-6　平行于外载荷的伸直不连续纤维微元体的平衡

图 8-7　理想塑性基体的剪应力–应变曲线

在这种情况下，界面剪应力沿界面长度为一常数，其值等于基体的剪切屈服应力 τ_s。于是，式（8-15）变为：

$$\sigma_f = \frac{2\tau_s L}{r_f} \tag{8-16}$$

对于短纤维，最大应力 σ_f 发生在纤维长度的中点处，即 $x=\frac{L}{2}$ 处，于是有：

$$(\sigma_f)_{max} = \frac{\tau_s L}{r_f} \tag{8-17}$$

式中，L 是纤维的长度。由式（8-17）中可知，L 越长，$(\sigma_f)_{max}$ 越大。然而，纤维应力不能超过一个极限值，这个极限值就是在同样的外力作用下连续纤维增强复合材料中的纤维上所产生的断裂应力。假设单向连续纤维增强复合材料受力时，复合材料、纤维和基体的应变相等（即 $\varepsilon_c = \varepsilon_f = \varepsilon_m$），且应力–应变遵循虎克定律，则：

$$\varepsilon_c = \frac{\sigma_c}{E_c} = \varepsilon_f = \frac{\sigma_f}{E_f} \tag{8-18}$$

式中，σ_c 和 σ_f 分别为作用在复合材料上的应力和纤维上所产生的应力；E_c 和 E_f 分别为复合材料和纤维的模量。因此，当达到连续纤维应力时的 $(\sigma_f)_{max}$ 值可由下式给出：

$$(\sigma_f)_{max} = \frac{E_f}{E_c}\sigma_c \tag{8-19}$$

由式（8-19）可知，$(\sigma_f)_{max}$ 是施加在复合材料上的应力 σ_c 的函数。$(\sigma_f)_{max}$ 能够达到连续纤维应力时的最短纤维长度定义为载荷传递长度 L_t，由式（8-17）得：

$$\frac{L_t}{d_f}=\frac{(\sigma_f)_{max}}{2\tau_s} \tag{8-20}$$

式中，d_f 为纤维直径，$d_f = 2r_f$。由于 $(\sigma_f)_{max}$ 是施加应力的函数，所以载荷传递长度也是施加应力的函数。而能够达到最大纤维应力（即纤维的强度极限 σ_{fu}）的最小长度就称为临界长度 L_c，它与施加应力的大小无关，其表达式为：

$$L_c = d_f\frac{\sigma_{fu}}{2\tau_s} \tag{8-21}$$

其中，L_c / d_f 就称为临界长径比，即

$$\frac{L_c}{d_f}=\frac{\sigma_{fu}}{2\tau_s} \tag{8-22}$$

应该指出，临界纤维长度（L_c）是载荷传递长度的最大值，是短纤维增强复合材料的一个重要参数，它将影响复合材料的力学性能。不同纤维长度的纤维应力和界面剪应力的分布如图 8-8 所示。

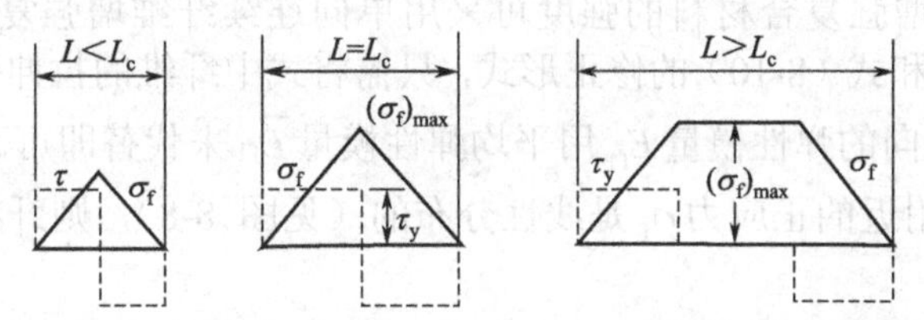

图 8-8　纤维应力和界面剪应力随纤维长度的变化规律

由图 8-8 可知，当 $L = L_c$ 时，纤维沿长度方向的平均应力为 $\sigma_{fu}/2$；当 $L < L_c$ 时，平均应力小于 $\sigma_{fu}/2$；当 $L > L_c$ 时，平均应力为 $\left(1-\frac{L_c}{2L}\right)\sigma_{fu}$。因此，当 $L \gg L_c$ 时，纤维中的平均应力才可趋近于 $(\sigma_f)_{max}$。由此可知，纤维长度越大，增强效果越好。应该指出的是，对于短纤维束，应以纤维束直径取代纤维直径来考虑。

同时，用小于临界长度的纤维制备短纤维复合材料时，无论对复合材料施加多大应力，纤维应力都不会达到 σ_{fu}，亦即纤维不可能断裂。当复合材料破坏时，纤维很可能被拔出，这样就无法充分发挥纤维的承载能力，宏观上表现为纤维增强效果不佳。此时，可通过对增强纤维进行表面处理或用其他方法增大纤维与基体间的剪切强度，提高纤维的轴向应力 σ_f，从而提高复合材料的强度。当 $L > L_c$ 时，由于一般情况下 $\varepsilon_{mu} > \varepsilon_{fu}$，纤维比基体先破坏，纤维能充分发挥增强效果。所以短纤维复合材料中纤维长度 L 应大于 L_c，同时基体延伸率 ε_{mu} 也应大于纤维延伸率 ε_{fu}，以利于非连续纤维在复合材料中充分承载。从理论上讲，当 $L > L_c$ 时，增大纤维与基体间的剪切强度会降低临界长径比，但复合材料的断裂模式仍为纤维断裂，复合材料的强度应该没有大的变化。

8.2.3　单向短纤维复合材料的弹性模量和强度

（1）单向短纤维增强复合材料的弹性模量[2,6]

一般用哈尔平-蔡的半经验公式确定单向短纤维增强复合材料的弹性模量。对于单向短纤

维复合材料，其预测公式为：

$$\frac{E_1}{E_m}=\frac{1+(2L/d)\eta_1 V_f}{1-\eta_1 V_f} \tag{8-23}$$

$$\frac{E_2}{E_m}=\frac{1+2\eta_2 V_f}{1-\eta_2 V_f} \tag{8-24}$$

$$\eta_1=\frac{(E_f/E_m)-1}{(E_f/E_m)+2L/d} \tag{8-25}$$

$$\eta_2=\frac{(E_f/E_m)-1}{(E_f/E_m)+2} \tag{8-26}$$

式中，E_1和E_2分别为纵向弹性模量和横向弹性模量；η_1和η_2为应力分配参数，它们分别是基体与纤维纵向平均应力比值及横向平均应力比值。上述公式对于V_f不接近1时，计算值与试验结果相当接近。

（2）单向短纤维增强复合材料的强度[2,6]

预测单向短纤维增强复合材料的强度可采用单向连续纤维增强复合材料纵向拉伸强度X_t的预测公式（8-7）和式（8-10）的修正形式，只需将式中纤维的拉伸强度X_{ft}用平均拉伸强度$\overline{X}_{ft}$来代替，纤维轴向的弹性模量E_{f1}用平均弹性模量$\overline{E}_{f1}$来代替即可。

如果在纤维末端附近的正应力σ_f是线性分布的（见图 8-8），则纤维的平均拉伸强度$\overline{X}_{ft}$可按下列公式确定

$$\overline{X}_{ft}=(1-\frac{L_{cr}}{2L})X_{ft} \quad (L>L_c) \tag{8-27}$$

对于同样的纤维和基体材料来说，短纤维复合材料的$V_{f\min}$和V_{fcr}要比单向连续纤维增强复合材料的高，这是由于短纤维的增强作用不如连续纤维那样有效的缘故。

8.2.4　空间随机取向短纤维增强复合材料的弹性模量和强度

空间随机取向短纤维复合材料的弹性模量可近似采用下面的经验公式确定[2,6]：

$$E=\frac{1}{5}E_f V_f+\frac{4}{5}E_m V_m \tag{8-28}$$

空间随机取向短纤维复合材料的强度σ_b可近似按下述公式预测：

$$\sigma_b=0.16X_t \tag{8-29}$$

式中，X_t为相同纤维和基体材料的单向短纤维增强复合材料的纵向拉伸强度。

从以上对纤维增强复合材料的模量和强度的预测中我们可以得出如下推论：

① 与连续纤维相似，非连续纤维增强复合材料中的纤维含量只有超过临界纤维含量时，才对基体具有增强作用；

② 对于短纤维增强复合材料，存在一个纤维临界长度或临界长径比，纤维长度或长径比只有大于临界值时，才能充分发挥增强作用；

③ 非连续纤维增强复合材料中，纤维长度愈大，对基体的增强效应愈明显；

④ 复合材料的模量对纤维长度或长径比的依赖性较小。

8.3 短纤维增强聚合物基复合材料制备技术

8.3.1 短纤维增强热塑性塑料制备方法概述

短纤维增强热塑性塑料（SFT）制备工艺的发展经历了三个阶段。第一阶段是填充型增强，其制备工艺与粉体填充复合材料的制备工艺相似：首先将短切纤维与热塑性聚合物树脂及添加剂利用捏合机混合均匀，然后通过开炼机、密炼机或螺杆挤出机混炼造粒而得[10]。这种工艺的优点是可以利用连续纤维生产中的边角余料，其缺点是聚合物熔融之前与短纤维的混合过程中对纤维施加了过大的机械剪切与摩擦作用，导致短纤维部分断裂，使纤维的长度分布变宽。尤其重要的是，相对脆性的纤维表面在机械摩擦的作用下产生裂纹，从而使得纤维的强度下降，增强效应减弱。同时，裸露的纤维对混合设备的巨大磨损也是这种制备工艺的重要缺点。

为了克服填充型增强工艺的缺点，短纤维增强热塑性聚合物复合材料制备工艺发展的第二阶段是包覆型增强，其制备工艺与电线电缆的挤出成型相似，如图8-9所示。这种增强工艺对设备的磨损小，短纤维的长度可以随意控制；但是这种工艺的生产效率较低，短纤维在基体聚合物中达不到充分浸润及均匀分散，对增强效率有一定的影响。同时，鉴于纤维的团聚导致纤维直径大幅增加，使得增强纤维的临界长度增大。因此，要达到较好的增强作用，短纤维的长度一般要达到1～3mm，这对热塑性聚合物的成型加工性能有一定的影响，并导致由此成型的热塑性复合材料制品表面纤维外露，从而严重影响制品外观。

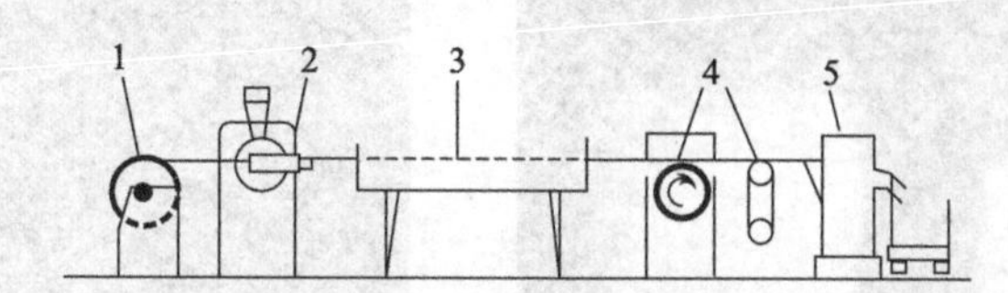

图8-9 短纤维增强热塑性聚合物复合材料的包覆型增强法

1—放线；2—挤出包覆；3—冷却；4—牵引与张紧；5—切粒

为克服以上两种方法的缺点，短纤维增强热塑性聚合物复合材料制备工艺发展到第三阶段——双螺杆剪切混炼法。这种方法是将连续纤维或短纤维从双螺杆挤出机的一个加料口加入，借助于双螺杆的强烈剪切作用，使纤维被连续切断，并与聚合物熔体混炼，达到均匀分散的目的。随着双螺杆挤出机设计及制造技术的进步，尤其是积木式双螺杆挤出机的诞生，使双螺杆剪切混炼法得以工业化。目前这一技术已成为短纤维增强聚合物基复合材料的主要制备方法。图8-10是以连续玻纤纱制备短纤维增强塑料工艺流程。以连续纤维纱为增强材料时，纤维纱从挤出机料筒的中间加料口加入，通过控制螺杆转速和加入连续纤维纱的股数控制纤维的喂入速度，连续纤维纱进入料筒后被料筒中的塑料熔体包覆，然后在螺杆的各种螺杆元件的剪切混合作用下，一方面使纤维切断成0.2～1.0mm的长度，另一方面使纤维被熔体充分浸渍，并促使纤维在熔体中均匀分散。显然，要实现对复合材料中纤维长度的控制、纤维的充分浸渍以及均匀分散等多种目的，双螺杆挤出机的螺杆组合至关重要。此外，螺杆组合和工艺条件的控制还不能造成基体材料的降解和纤维的强度损失。因此，在短纤维增强热塑性塑料制备中，螺杆组合和工艺条件控制是获得性能优异的复合材料的关键因素。

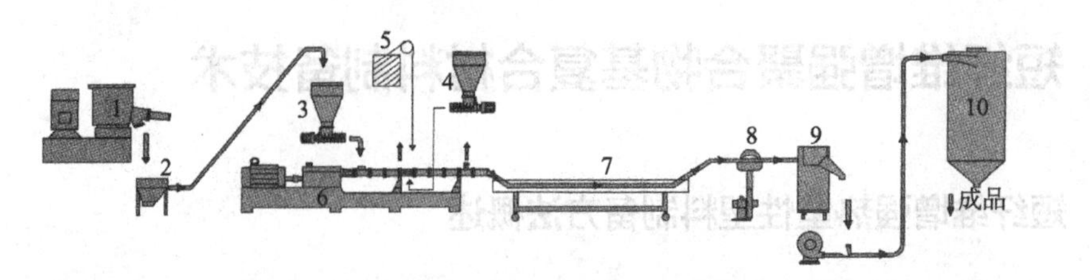

图 8-10　通过双螺杆剪切混炼法以连续玻纤纱制备短纤维增强塑料工艺流程

1—混料机；2—储料仓；3—主喂料机；4—侧向喂料机；5—连续纤维纱；6—双螺杆挤出机主机；7—水槽；8—风干机；9—切粒机；10—成品料仓

若以短切纤维纱（图 8-11）替代连续纤维纱，则采用料筒中部的侧向喂料机（图 8-10 中 4）喂入。近年来，随着短切纤维技术的进步，对短切纤维施加特定的表面改性使得短切纤维在聚合物基体中的分散变得更加容易，从而降低了对螺杆剪切的要求，同时减少了强剪切导致基体塑料分解或性能劣化的风险。因此，许多牌号的短切纤维混炼法制得的复合材料性能优于连续纤维纱剪切共混法制备的复合材料。这不仅表现在力学性能上，复合材料的变色程度也更轻微。

此外，针对短纤维增强热塑性聚合物复合材料在注射模塑时，短纤维在流动方向上发生一定程度的取向，导致制品的横向和纵向的成型收缩率产生了一定的差异，从而引发制品变形、翘曲的问题，近年发展出了扁平短切玻纤，即玻纤的截面为椭圆形，如图 8-12 所示，这种纤维在降低复合材料的各向异性方面具有明显的优势。

图 8-11　热塑性塑料增强型短切纤维纱

图 8-12　扁平短切玻纤的 SEM 照片

8.3.2　制备短纤维增强热塑性塑料的双螺杆挤出机结构特点

一般来说，短纤维对聚合物的增强作用效果，与其在聚合物基体中的分散程度、分布状态、纤维长度、与聚合物基体的润湿与黏结状态等有很大关系。

增强纤维的长度、分散程度等与螺杆组合有直接关系。纤维在热塑性聚合物基体中应有适当的长度。如前所述，纤维太短，低于纤维临界长度时，将不能充分发挥增强效应。然而，纤维太长，一方面影响其在基体中的分散性，另一方面促使复合材料熔体黏度急剧增加，最终导致复合材料制品表面出现流纹或浮纤。显然，关键问题在于如何实现纤维长度的控制。概括起来说，就是施以适当的剪切力，在混合混炼区实现分布混合与分散性混合的结合。纤维良好分散的标志是纤维以单丝而不是以原纱存在于制品中，在制品中任意单位体积内的纤维含量大致相等，同时制品中纤维长度分布范围大致相同。纤维的分散性与制品表面光洁度密切相关。影响分散性的因素除纤维质量、表面处理、纤维含量与挤出工艺外，还与聚合物的润湿、黏结、螺杆的混合作用等密切相关。下面就通过双螺杆挤出机熔融共混制备短纤维增强热塑性聚合物复合材料的螺杆结构及加工工艺进行阐述。

（1）纤维的加入部位

纤维增强方式有两种，即短切纤维和连续纤维之分，加入的方式也不相同。一般而言，短切纤维用计量螺杆侧向加料，其加料位置可在混合段中间；而采用连续纤维增强时，可从双螺杆挤出机的熔融区与混合区之间的位置加入。加料位置过前将造成纤维过度折断以及对螺杆的磨损。在基料完全处于熔融状态时加入纤维，当纤维进入螺杆时，聚合物熔体将纤维包裹起来，起到润滑保护作用，降低了纤维受到过度剪切的概率。同时，有利于纤维与聚合物间的浸润，促进纤维的分散与分布。若加入纤维位置太靠后，则由于混合剪切历程太短而影响纤维在聚合物基体中的分散和分布。

（2）纤维加入口处的螺杆构型

在纤维加入前，螺杆的构型应保证聚合物基料达到充分熔融状态。在纤维加入时，为使纤维迅速地导入螺杆内，应采用大导程正向螺纹元件，随后应进入高剪切状态（即应设置捏合块）。

（3）纤维加入口下游的螺杆构型

纤维加入口下游是混合区，在此区域内，螺杆的作用一方面是将纤维丝束打开，另一方面又要将纤维切断并将其分散到聚合物熔体中。即，混合区的主要作用是实现纤维长度的变化与均化。纤维长度及分布取决于聚合物特性、纤维含量，更取决于螺杆的剪切混合作用。一般来说，对于高黏度（如AS共聚物等）或高玻璃纤维含量（40%以上）的体系或者短切纤维增强体系，宜采用中等剪切组合。捏合块宜用中等厚度，差位角为45°或60°；对于低纤维含量、易流动聚合物体系，可采用较高剪切组合；对于阻燃增强体系，混合区的剪切强度宜适中，不宜过大，同时应考虑分布性分散效果。

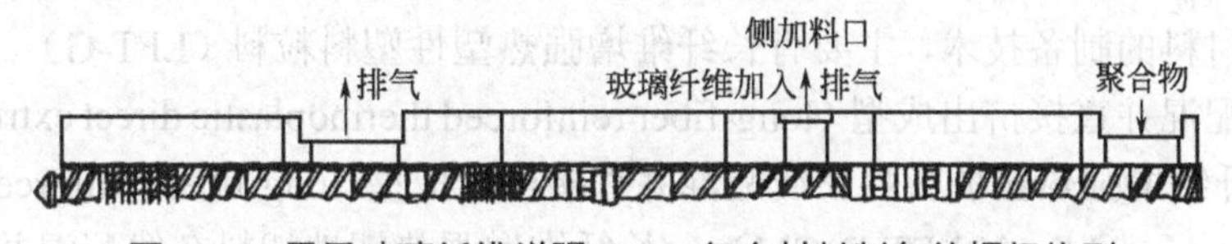

图8-13　用于玻璃纤维增强PA66复合材料制备的螺杆构型

（4）排气段

纤维增强改性聚合物过程中，真空脱挥十分重要。如果共混体系中挥发分脱除不尽，将影响挤出拉带的稳定性，易出现断带及带条疏松、表面粗糙等问题，最终导致产品力学性能下降。保证脱挥完全的条件是在螺杆排气段形成压力差，熔体表面最大化。为此，在进入排气段处应设置反向螺纹元件或反向捏合块，在反向螺杆元件上游，应采用小导程减压正向螺纹元件，而排气口对应的位置，则应采用大导程螺纹元件。图8-13是纤维增强PA66复合材料制备用螺杆构型[11-13]。

表8-2是PP和PA66经玻璃纤维增强前后的物理力学性能比较。可以看出，经过玻纤增强改性，塑料的强度、刚度、冲击韧性均得到大幅度的提高。同时，采用长纤增强性能提升幅度更大，这也是当今长纤增强热塑性复合材料得以快速发展应用的重要原因之一。

表 8-2　玻纤增强前后的塑料典型性能比较[14-15]

项目	本体 PP	SFT-PP	LFT-PP	本体 PA66	SFT-PA66	LFT-PA66	LFT-PA66
纤维长度/mm		0.2～0.6	10～12		0.4～0.6	10～12	10～12
玻纤含量/%		30	30		30	30	50
密度/(g/cm³)	0.90～0.91	1.12	1.12	1.26	1.49	1.49	1.58
成型收缩率/%	1.5	0.4	0.2	1.5	0.5	0.3	0.2
拉伸强度/MPa	32～35	80～95	110～130	68～72	150～170	150～190	270
断裂伸长率/%	150～400	4	2.6	10	4	2	1
弯曲强度/MPa	35～45	125	153	72	140～180	260～280	415
弯曲模量/GPa	1.2～1.5	4.8	6.4	2.5	8.1	9	12
Izod 冲击强度/(kJ/m²)	2～4	8～12	20～28	5	12	25	45
热变形温度(1.8MPa)/℃	65～72	146	158	80	250	260	265

注：测试方法为相关 ISO 标准测试方法。

8.4　长纤维增强热塑性复合材料制备技术

8.4.1　概述

（1）长纤维增强热塑性复合材料技术和性能简介[16-17]

长纤维增强热塑性复合材料的性能主要取决于增强纤维的长度和与树脂基体的浸润性。由于这类复合材料制品中增强纤维长度较长，其冲击强度比普通的短纤维增强热塑性聚合物约高 2～4 倍。热塑性复合材料纤维长度与复合材料性能关系如图 8-14 所示。

长纤维增强技术是实现塑料工程化和高性能化的重要手段之一，现已形成了一系列的长纤维增强复合材料的制备技术，主要有长纤维增强热塑性塑料粒料（LFT-G）、长纤维增强热塑性塑料在线配混并直接挤出成型（long-fiber reinforced thermoplastic direct extrusion process，LFT-D-E）、长纤维增强热塑性塑料在线配混并直接模压成型（long-fiber reinforced thermoplastic direct compression molding，LFT-D-CM）、长纤维增强热塑性塑料在线配混并直接注射成型（long-fiber reinforced thermoplastic direct injection molding，LFT-D-IM）等技术。本节将对这些技术及其工艺原理作简单介绍。

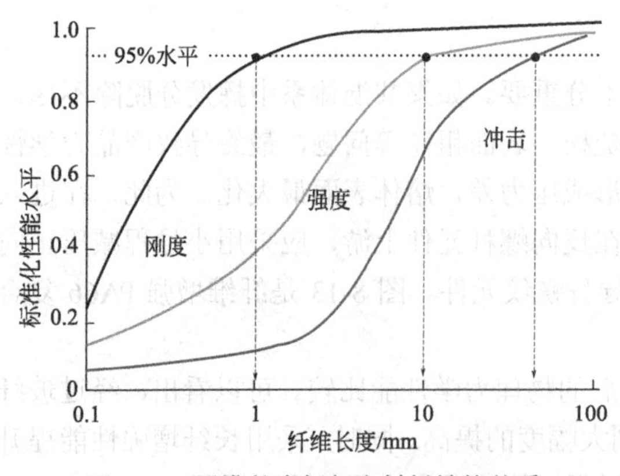

图 8-14　纤维长度与复合材料性能关系

（2）长纤维增强热塑性复合材料的发展状况[11-13，18-21]

随着人们节能环保意识的加强，对于在能源消耗中占据较大份额的汽车产业，其研究发展方向被迫进行了相应调整，轻量化、节能和环保已成为汽车工业的研究主题。汽车轻量化技术包括汽车结构的合理化设计和轻量化材料的使用两大方面。车身结构轻量化方法主要包括改进汽车结构，部件薄壁化、中空化、复合化，以及对汽车零部件进行结构优化等；车身材料轻量化方法主要是指采用铝合金、镁合金、工程塑料及纤维增强复合材料等制备车身。

20 世纪 80 年代，国外已开始将开发的长纤维增强热塑性复合材料应用于汽车工业，其目标是减轻车身自重，为节能降耗提供助力。目前，轻质高强的 LFT 材料已从小批量的、少数的汽车零部件扩展到大批量、多品种的汽车零部件，逐步成为制作汽车零部件的主流材料之一，尤其是在机械强度要求较高的汽车部件，如前端框架、吸能防撞保险杠骨架、座椅骨架、车身底护板等。

LFT 在国内的开发和应用起步相对较晚。直到 20 世纪 90 年代后期，国内一些单位才开始进行这类复合材料的研发工作。由于国内汽车销量增长迅速，对 LFT 的需求旺盛。中国有实力的汽车塑料配套企业已加入 LFT 材料的开发之中。

8.4.2 长纤维增强热塑性复合材料造粒技术

8.4.2.1 LFT-G 的特点

与传统的短纤维增强热塑性复合材料粒料相比，长纤维增强热塑性复合材料粒料在纤维分布上有着显著差别：在长纤维粒料中，纤维在树脂基体中沿轴向平行排列和分散，纤维长度等于粒料长度，且被树脂充分浸渍，如图 8-15 所示[14-15]；而在短纤维粒料内，纤维无序地分散于粒料当中，其长度远小于粒料的长度且分散不均匀。

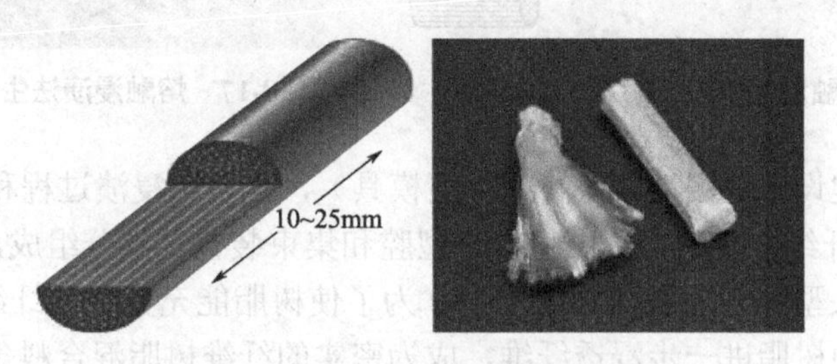

图 8-15 长纤维增强热塑性塑料粒料

短纤维与长纤维粒料纤维分布上的差别主要归因于制备工艺的不同：后者在制备过程中纤维一直处于连续拉直状态，经切粒后得到与粒料相同的长度，而前者在制备之前要先进行切断，然后再与树脂基体通过螺杆挤出机混炼段分散后造粒制得，或者是连续纤维经螺杆挤出机与热塑性树脂熔体经剪切混合后造粒制得。可见，短纤维粒料在制备过程中因为经过螺杆挤出机的混炼工序，受到了螺杆和熔体的强剪切作用，因而纤维长度大大缩短了。

短纤维增强与长纤维增强粒料结构的不同也导致两者在性能上存在较大差异。与短纤维增强热塑性复合材料相比，长纤维增强热塑性复合材料具有以下优点：

① 纤维长度较长，可以显著提高复合材料的力学性能，如拉伸、弯曲、冲击性能等。

② 耐蠕变性能高，尺寸稳定性好，可以提高制件的精度。

③ 耐高温、抗疲劳性能优良，在高温和动态环境中性能稳定性更好。

8.4.2.2　LFT-G 制备工艺过程[14-17,20-26]

热塑性聚合物熔融时黏度很高，对增强纤维的浸渍困难，如何在纤维与基体间实现良好的浸渍，使基体和纤维充分润湿和黏结，减少粒料制备与成型过程中纤维的损伤，是高性能 LFT-G 制备与成型工艺过程所面临的关键问题。为此，LFT 业界已开展了大量的研究，形成了一系列浸渍挤拉造粒技术，如原位聚合浸渍挤拉技术、粉末浸渍挤拉技术和熔融浸渍挤拉技术等。其中，以熔融浸渍挤拉技术最具工业价值。

熔融浸渍挤拉技术采用一种特殊结构的拉挤模头，让分散均匀、预加张力的连续纤维无捻粗纱通过一种特殊模头，同时向模头供入热塑性塑料，在模头中无捻粗纱被强制分散开，受到熔融树脂的浸渍，使每根纤维都被树脂覆盖，促使纤维和熔体强制性的浸渍，达到良好的浸渍效果，经过冷却后切成较长的料粒。由于纤维完全被树脂包围，因而在注射成型时纤维受螺杆损伤的程度降低，在最终制品中保持了较长的长度。为了使增强纤维能被树脂充分浸润，需要采用一种超低熔融黏度的树脂（如 PP 的熔融指数最高可达 300g/10min），使包裹在其中的玻璃纤维在加工过程中受到较小的剪切力，如图 8-16 和图 8-17 所示。

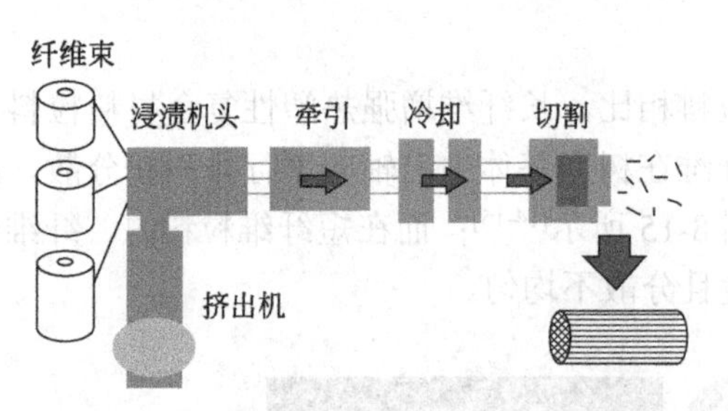

图 8-16　熔融浸渍挤拉 LFT-G 工艺流程

图 8-17　熔融浸渍法生产的 LFT-G

熔融浸渍的关键设备是浸渍机头（或浸渍模具），其熔融浸渍过程和结构如图 8-18 和图 8-19 所示。生产长纤维粒料的机头由型芯、型腔和集束装置三部分组成，玻璃纤维通过型腔中的导纱孔进入机头型腔与熔融的树脂混合。为了使树脂能充分浸渍纤维，机头内设有集束板或集束管，使熔融树脂进一步浸透纤维，成为密实的纤维树脂混合料条。

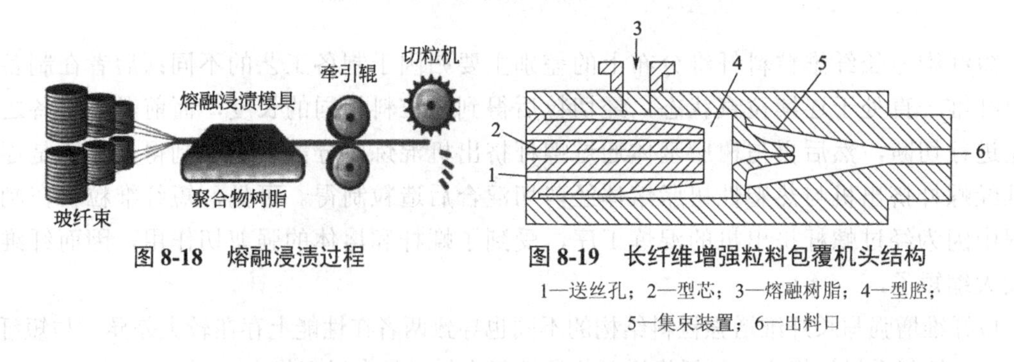

图 8-18　熔融浸渍过程

图 8-19　长纤维增强粒料包覆机头结构

1—送丝孔；2—型芯；3—熔融树脂；4—型腔；5—集束装置；6—出料口

LFT-G 的具体制备工艺如下：连续玻璃纤维无捻粗纱通过特殊模头，同时向模头供入由螺杆挤出机熔融的树脂，在模头内无捻粗纱与熔融树脂接触被强制散开，受到熔融树脂充分浸渍后，使纤维单丝均被树脂包覆，以纤维束被包裹的条料形式被牵伸出模头，经冷却后，再切成较长的粒料（10～30mm）。

用连续纤维无捻粗纱与热塑性塑料通过浸渍、造粒制成粒料再经注射成型或模压成型为制品。长纤维粒料长度为10mm以上（一般为12～25mm），纤维长度与粒料长度相当。经过注射或模压之后，最终制品内的纤维平均长度仍然不低于4mm（注塑制品中纤维长度约4～6mm，压塑制品中纤维长度约20mm），纤维含量可达20%～60%，最常用的为20%～50%。

以下是LFT-G制备的实例：

① 长玻璃纤维增强ABS粒料制备　将干燥后的ABS、增韧剂、相容剂和抗氧剂按一定配比在高速混合机中混合均匀，然后在双螺杆挤出机上挤出（螺杆转速为200r/min，料筒1～6区温度分别为190℃、195℃、215℃、215℃、225℃、225℃），长玻纤进入特殊的浸渍口模，浸渍温度为250℃，在口模内完成树脂对玻纤束的浸渍，经冷却、切粒制得长玻纤增强ABS粒料。

② 长玻璃纤维增强PBT粒料制备　PBT树脂于120℃干燥2h，将干燥后的PBT、AX8900（法国阿科玛 PBT 增韧剂）、抗氧剂及其他加工助剂按照一定配比在高速混合机中混合均匀，再在双螺杆挤出机中熔融挤出，在挤出机机头处引入经热风处理过的连续长玻纤，通过浸渍机头制成连续长玻纤浸渍PBT复合材料，冷却、风干造粒。挤出温度为220～240℃，浸渍机头温度为245℃，切粒长度为15mm。

8.4.2.3 LFT-G制备技术的改进和发展

与短纤维增强热塑性塑料（SFT）相比，采用上述工艺制备的LFT粒料中，树脂对纤维的浸渍仍然不够理想，这主要是因为长纤浸渍过程缺乏SFT制备过程在挤出机料筒中玻纤与树脂熔体混合时的强烈剪切、混合、混炼作用。随着LFT-G技术的发展，人们对其工艺进行了改进，在工序中增加了纤维预热和预分散过程，以确保每根纤维单丝被树脂包覆，并均匀分布在树脂熔体中而减少团聚。新的LFT-G工艺流程如图8-20所示。

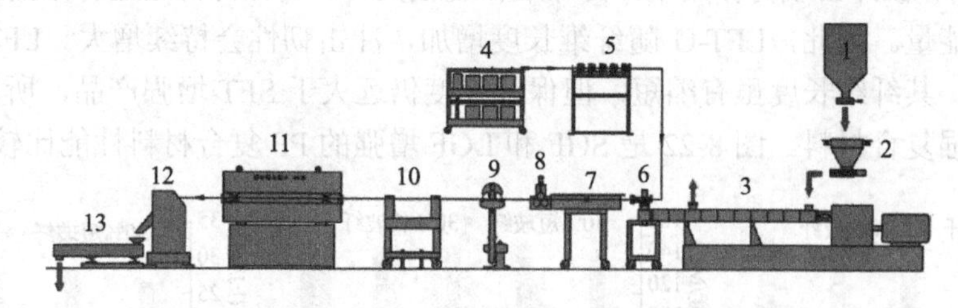

图8-20　含纤维预分散装置的LFT-G生产工艺流程

1—集料仓；2—失重秤；3—双螺杆挤出机；4—内抽式解捻放纤架；5—加热预分散装置；6—浸润包覆模具；7—冷却水槽；8—料条整形装置；9—驱水装置；10—收线器；11—牵引机；12—长纤专用切粒机；13—长纤专用振动筛

8.4.2.4 长纤维增强热塑性复合材料的性能影响因素[14-15]

长纤维增强热塑性复合材料的性能主要由纤维含量、纤维直径、界面状态以及注塑过程中纤维的取向等因素决定。

（1）纤维含量

一般来说，随纤维体积分数的增加，复合材料的力学性能和尺寸稳定性增强；但当纤维体积分数过高时，由于LFT-G制备过程浸渍变得困难，纤维分布均匀性和分散性下降，导致其力学性能增加的幅度变缓，甚至有些性能出现下降。因此，纤维含量不宜过大，一般为20%～

50%。

图 8-21 是不同玻璃纤维含量对 SFT-PP 和 LFT-PP 拉伸强度的影响曲线图。从图中可以看到：随着纤维含量的增加，材料的拉伸强度、弯曲强度及模量均明显增加，这与复合材料的混合规律相符。其中，LFT 的刚度（弯曲模量）与抗冲击强度增加最为显著。随着纤维含量的增加，体系受到冲击载荷作用时通过纤维断裂、界面脱黏等途径吸收大量能量，体系的冲击强度提高。

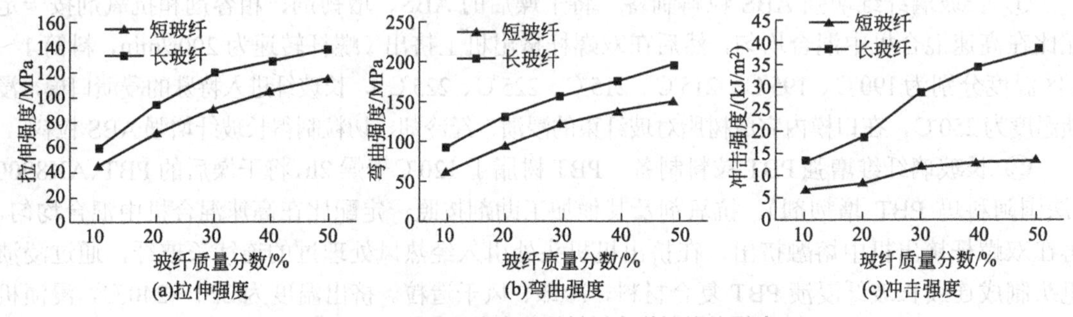

图 8-21 玻璃纤维含量对材料力学性能的影响

（2）纤维直径和长径比

纤维长度对复合材料的力学性能影响较大，而纤维直径直接影响纤维的长径比。因此，纤维直径的减小直接增大了纤维长径比。在一定长度范围内，其力学性能随纤维长度的增加而提高。从非连续纤维增强的复合材料应力传递理论可知，当纤维长度低于临界应力传递长度（或临界纤维长径比）时，纤维无法充分发挥其增强作用，甚至只起填料的作用。当其长度超过临界长度后，纤维的增强效果得以充分发挥，复合材料拉伸强度和模量随纤维长度增加缓慢上升。同时，在冲击载荷作用下，当纤维长度较大时，复合材料通过纤维的拔出和断裂作用可吸收较多能量。因此，LFT-G 随纤维长度增加，冲击韧性会持续增大。LFT-G 经过注塑加工成制件后，其纤维长度虽有缩短，但保留长度仍远大于 SFT 增强产品，所以其综合性能优于短纤维增强复合材料。图 8-22 是 SGF 和 LGF 增强的 PP 复合材料性能比较。

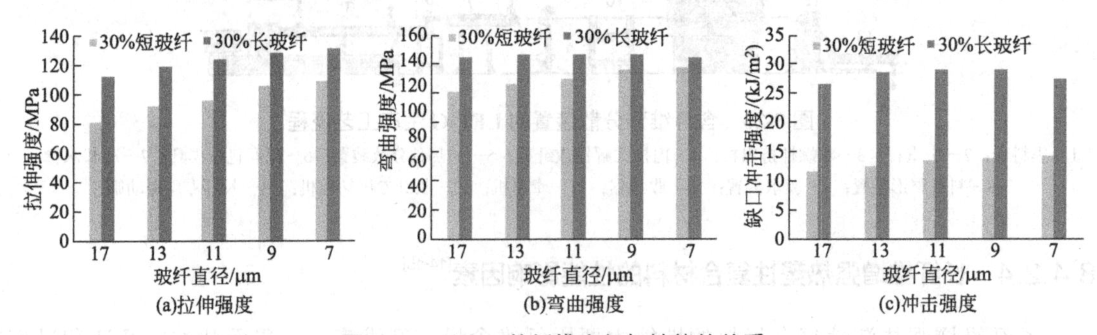

图 8-22 PP/GF 的纤维直径与性能的关系

（3）界面状态

纤维和树脂基体之间界面的主要作用是传递载荷。而 LFT 的界面面积很大，因此对复合材料性能影响很大。均匀、黏结强度适中的界面可以抵抗多种热应力和变形应力，以保证把树脂基体受到的载荷有效地传递给纤维。采用适当的改性方法使增强纤维与热塑性基体树脂充分接触并形成适度的界面黏结，是获得性能优异的 LFT-G 的关键。由于热塑性聚合物熔体的黏度很高，要使聚合物熔体与增强纤维充分接触并形成良好的润湿，难度较大。使纤维与树脂基体能充分混合及润湿，又能使增强纤维保留较长的尺寸，是非连续纤维增强热塑性聚合物复合材料的技术难点。

（4）纤维取向

LFT-G 在注射加工中，易在流动场中取向，产生各向异性。在纤维取向方向上复合材料具有更高的强度和刚度。因此，复合材料中纤维取向性越小，其分布越均匀，制品的各向异性越小。

8.4.2.5 LFT-G 技术的不足之处

尽管 LFT-G 技术获得了长足的进步，并在汽车工业、电气设备领域得到广泛的应用，但是，当前熔融浸渍挤拉技术仍有如下不足：

（1）结构设计不理想

熔融浸渍挤拉模具结构多为波浪型结构或轮系型结构，其核心技术为国内外几家大型公司垄断，保密级别很高。尽管如此，当前国外的浸渍挤拉技术的浸渍和分散效果也还不理想，单靠波浪型或轮系型结构很难实现单丝级的分散和良好的浸渍效果。

（2）不适合高黏度的树脂

目前，市场上制备 LFT-G 所用树脂的黏度相对较低，如一般 LFT-G 所用 PP 的熔体流动速率（MFR）为 50～100g/10min，因材料流动性较好，浸渍较为容易，总体上降低了 LFT-G 的制造难度，但牺牲了材料部分力学性能。对 MFR 在 10～20g/10min 或更小的高黏度 PP 树脂，当前的熔融浸渍挤拉技术很难实现纤维单丝级的分散和良好的浸渍效果。

（3）不适合制备热敏性体系的 LFT

对热敏性体系而言，物料对温度敏感，耐热性不强，在模头不允许有较多集料或死角。但是，当前的浸渍模具所采用的结构，模具内有较多的集料或死角，极易引起物料的降解，因此不适宜制备热敏性体系的增强粒子，例如 PVC 就不宜采用这种技术制备改性复合材料。

8.4.3 长纤维增强在线配混并直接成型技术

LFT-D 将 LFT 制备技术与复合材料的成型技术进行了有机结合，减少了半成品的制造成本及物流成本以及二次熔化的能耗。LFT-D 压制成型制品抗冲击性能比 GMT 稍低，比 LFT-G 高得多。另外，LFT-D 可在线快速调制配方，工艺成本低，其缺点是设备投资较大。

概括起来，LFT-D 具有以下显著优点：

① 减少了半成品的制造成本和物料成本，可在线回收。

② 聚合物只经历一次受热熔融过程，减小了聚合物基体热老化的概率，同时显著降低了能耗，并最大限度保留了纤维长度。

③ 可快速调整配方。

热塑性复合材料制品传统工艺流程与 LFT-D 生产工艺流程对比如图 8-23 所示。

(a)热塑性复合材料制品传统工艺流程

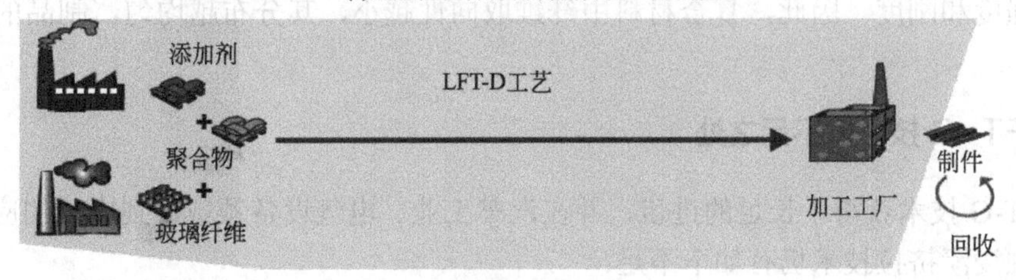

(b)LFT-D生产工艺流程

图 8-23　热塑性复合材料两种生产工艺过程对比

（1）LFT-D-E[23-34]

LFT-D-E 是指直接从机筒喂入连续长纤维，连续长纤维在螺杆的剪切作用下被剪断，与树脂混合均匀，并通过成型模具定型的技术。因螺杆剪切较为柔和，挤出过程可基本保留纤维的长度，其长度可达 10～30mm。LFT-D-E 的成型设备主要为特殊设计的单螺杆挤出机或双螺杆挤出机。LFT-D-E 可直接成型制品，去掉了造粒等中间过程，降低了生产成本，提高了生产效率。

瑞士 Quadrant 塑料复合材料公司生产的增强 PP 片材可能是 LFT-D-E 挤出的第一种商业化产品。这种在线工艺采用的是直径为 90mm 的同向旋转双螺杆挤出机。在纤维进料口上方安装了一对反向旋转的辊筒，它们将连续的粗纱牵引到挤出机中的同时，两辊筒以不同的速度旋转，便于产生剪切作用。调整间隙大小，可调节剪切力，有利于打开纤维束使其进入挤出机后具有良好的分散和浸渍。随后，复合材料熔体经过 1m 宽的片材模头和高冷却效率的压机生产出厚达 5mm 的热塑性复合材料片材，纤维含量为 23%～40%。其工艺流程如图 8-24 所示。

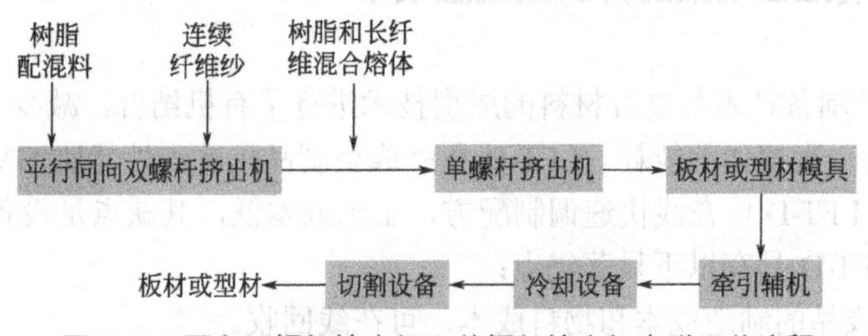

图 8-24　同向双螺杆挤出机和单螺杆挤出机串联工艺流程

该机组的特点是双螺杆高速运转低压输出，保证树脂和纤维良好的浸润及较长的纤维长度；单螺杆低速运转（排气）高压挤出，以确保颗粒的密实和纤维长度不受到进一步的破坏。

（2）LFT-D-CM[23-34]

LFT-D-CM 技术首先依然是将连续纤维粗纱引入特殊设计的挤出机，与已经熔融的热塑性树脂混合，并在挤出机螺杆的剪切作用下，连续纤维切断成一定的长度并与树脂混合均匀。

通过控制螺杆的剪切作用能够降低对脆性纤维的损伤程度，从而保持较长的纤维长度。经混合均匀的 LFT 挤出形成坯料，在保温的状态下输送并经切割后置于模具中压缩模塑成型。LFT-D-CM 实现了最终制品的一步法成型，这一技术省去了预浸料的冷却凝固和加热熔融的工艺环节，节省了能源消耗，降低了生产成本。LFT-D-CM 的基本工艺流程如图 8-25 所示。

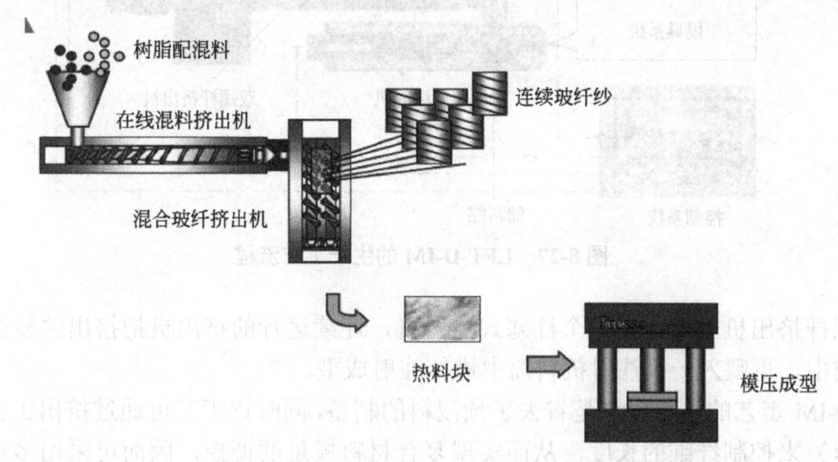

图 8-25　LFT-D-CM 的基本工艺流程

为避免双螺杆挤出机对纤维造成较大剪切导致复合材料性能受损，一般采用两台双螺杆挤出机串联的挤出工艺。聚合物及助剂首先在普通的双螺杆挤出机中高速混炼，混炼后将熔体直接喂入第二台双螺杆挤出机中，连续纤维束也同时喂入第二台挤出机中，并与聚合物熔体混合均匀。生产工艺如图 8-26 所示。该机组中，第二台双螺杆挤出机是特殊设计的，长径比较小，螺杆转速较低，并低压低速挤出。由于螺杆和机筒的特殊设计，螺杆剪切较为柔和，以分布混合为主，因此挤出料坯中纤维长度可保持在 20～70mm。在该工艺设计中，回收料也可通过另一台单螺杆挤出机塑化喂入第二台双螺杆挤出机，实现回收利用。

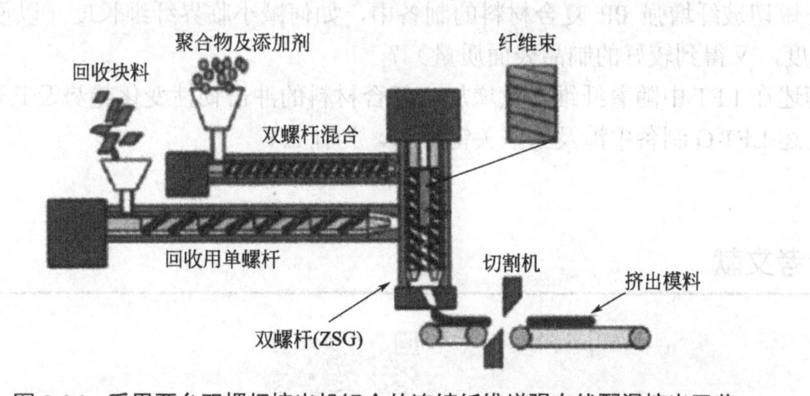

图 8-26　采用两台双螺杆挤出机组合的连续纤维增强在线配混挤出工艺

（3）LFT-D-IM[23-34]

将挤出机挤出的模塑料直接用于注射成型，可大大降低生产成本，提高生产效率。得益于特殊的螺杆结构设计以及仅经过一次熔融塑化，该工艺最大的优势就是更好地保持了纤维的长度。LFT-D-IM 的生产工艺流程如图 8-27 所示。

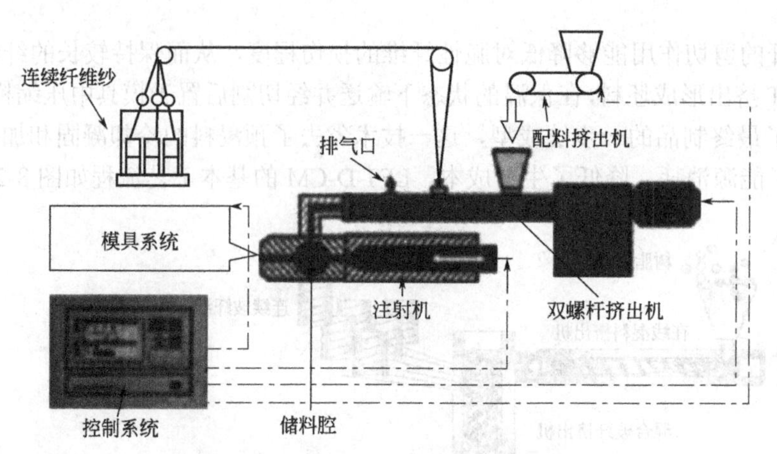

图 8-27　LFT-D-IM 的生产工艺流程

在双螺杆挤出机上配置了一个柱塞式注射机，连续运行的挤出机把挤出的复合材料挤到一个储料腔中，再喂入一个注射机料筒中进行注射成型。

LFT-D-IM 工艺的主要优点是省去了预浸料的制备，同时该工艺可通过挤出工艺参数的调整（如转速）来控制纤维的长度，从而实现复合材料模量的调控，因而可采用多重喷嘴注射系统实现对复合材料制品的局部增强。

思考题

1. 纤维增强热塑性复合材料有哪些结构形式？

2. 在采用双螺杆挤出机制备玻纤增强的 SFT 过程中，为什么玻璃纤维一般不采用在塑料加料斗加入，而是采用中间加料口加入？

3. 在短切玻纤增强 PP 复合材料的制备中，如何减小临界纤维长度（以便使复合材料既获得高强度，又得到较好的制品表面质量）？

4. 简述在 LFT 中随着纤维含量增加，复合材料的冲击韧性变化趋势及其形成原因。

5. 简述 LFT-G 制备中涉及哪些关键环节，为什么？

参考文献

第 9 章 聚合物纳米复合材料

早在 1959 年，美国物理学家、诺贝尔奖获得者 Richard Feynmen 就曾预言[1]：“如果我们对物体在微小规模上的排列加以某种控制的话，就能使物体得到大量的异乎寻常的特性。”20 世纪末纳米技术的发展与关键技术的突破，以及纳米材料的研究与应用也证实了这一预言。

1nm（纳米）就是 10^{-9}m，其尺度是微米尺度的千分之一，大约三个原子为 1nm。纳米技术，就是指在分子或原子的尺度上予以控制，进而调控物质的凝聚态结构的技术，即通过各种先进手段实现分子或原子的组装调控，从而满足产品的性能需求。

近年来，纳米材料已在许多科学领域引起广泛的重视，成为材料科学研究的热点之一。纳米材料方面的工作包括纳米微粒的自组装，纳米管、纳米片、纳米环、纳米线、纳米复合材料的制备等，研究目标从生物技术的应用到纳米自组装、纳米计算机，以及纳米芯片等。据估计，纳米技术目前的发展水平与 20 世纪 50 年代的计算机和信息技术类似，因此可以预想到纳米科技的发展将对其他方面的技术产生广泛而重要的影响。

纳米复合材料的概念最早由 Rustun Roy 于 1984 年提出，它是指两相或多相的混合物中至少有一相的一维尺度小于 100nm 量级的复合材料[2]。纳米粒子较小的尺寸和大的比表面积产生了量子效应和表面效应，从而赋予了纳米复合材料与本体材料不同，且优于传统复合材料以及填充聚合物体系的性能，表现在力学、光、电、磁、催化等物理化学性能方面。因此，了解纳米复合材料复杂的相互作用，从而制备纳米复合材料是发展新一代先进复合材料的当务之急。

根据构成纳米复合材料的本体材料的不同，可以将纳米复合材料分为无机-无机、有机-无机及有机-有机三类，具体分类见图 9-1。

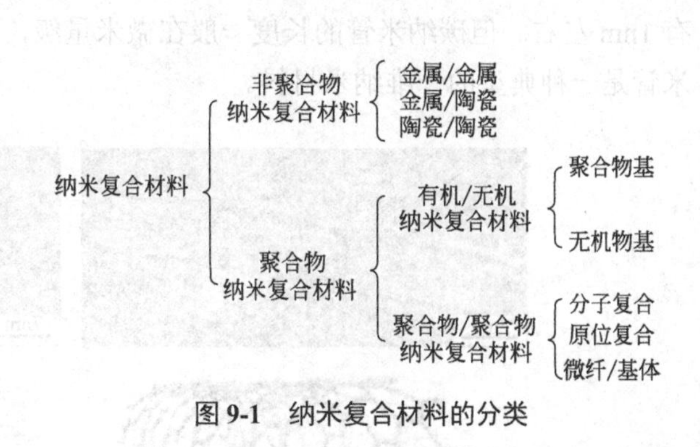

图 9-1 纳米复合材料的分类

9.1 用于制备聚合物纳米复合材料的填料种类

根据纳米填料的维度，大致可以将其分为零维纳米填料、一维纳米填料和二维纳米填料。此外，不同维度的纳米填料也可以相互组合，构成形状各异的杂化纳米填料。

9.1.1 零维纳米填料

零维纳米填料通常指球形的，或类球形的填料，它们的尺寸小于 100nm，例如纳米级二氧化硅、碳酸钙、炭黑和一些纳米氧化物，如二氧化钛、氧化锌、氧化铝、氧化铬等。由于纳米微粒大多呈现理想的单晶结构，并且具有高的化学活性和量子尺寸效应，使得由这些微粒组成的纳米复合材料表现出不同于常规材料的新特性。以纳米二氧化钛为例，它们的直径只有 10～50nm，因此具有极高的比表面积，表现出优异的抗紫外线、抗菌、自洁净、抗老化等特性，广泛应用于化妆品、功能纤维、塑料、油墨、涂料、油漆、精细陶瓷等领域[3]。

9.1.2 一维纳米填料

一维纳米填料主要指纤维状、棒状或线状的填料，例如碳纳米管、纳米纤维素、金属纳米线、氮化硼纳米管等。

（1）碳纳米管

碳纳米管于 1991 年由饭岛澄男教授发现[4]，其直径是碳纤维的数千分之一，性能远优于现今普遍使用的玻璃纤维。碳纳米管的晶体结构为密排六方结构，是由单层或多层石墨片卷曲构成的无缝纳米管状壳层，具有极高的同轴向强度，每层纳米管是一个由碳原子通过杂化过程与周围碳原子完全键合后所构成的六边形平面组成的圆柱面。相邻层间距与石墨的层间距相当，约为 0.34nm。按石墨层数的不同，碳纳米管可以分为多壁碳纳米管和单壁碳纳米管，如图 9-2 所示。碳纳米管的径向尺寸较小，管的外径一般几纳米到几十纳米，而内径更小，只有 1nm 左右。但碳纳米管的长度一般在微米量级，相对其直径而言是比较长的。因此，碳纳米管是一种典型的一维纳米材料。

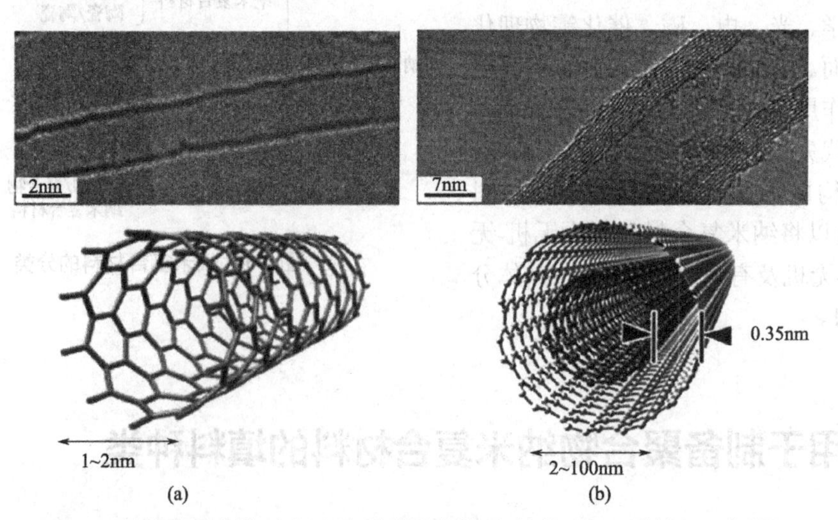

图 9-2 单壁碳纳米管（a）和多壁碳纳米管（b）的 TEM 形貌和示意图[5]

碳纳米管的力学性能相当突出，现已测出多壁碳纳米管的平均弹性模量为 1.8TPa。碳纳米管的拉伸强度实验值约为 200GPa，是钢的 100 倍、碳纤维的 20 倍，并且弯曲强度高达 14.2GPa[5-7]。尽管碳纳米管的拉伸强度如此之高，但它们的脆性不像碳纤维那样高。碳纤维在约 1%变形时就会断裂，而碳纳米管要到约 18%变形时才会断裂。此外，碳纳米管的层间剪切强度高达 500MPa，比传统碳纤维增强环氧树脂复合材料高一个数量级。目前对碳纳米管的电学性能也进行了大量的研究，因为碳纳米管以其特有的结构特征而具有独特的电学性能。由于电子的量子限域所致，在碳纳米管内电子只能在石墨片中沿着碳纳米管的轴向运动，因此它既可以表现出金属的电学性能又可以表现出半导体的电学性能。除此之外，由于碳纳米管的尖端具有纳米尺度的曲率，在相对比较低的电压下就能够发射大量的电子，因此碳纳米管材料能够呈现出良好的场致发射特性，非常适合用作各种场致发射器件的阴极。由于碳纳米管是理想的一维量子导线，也可用于大规模集成电路、超导线材、超电容器、电磁屏蔽、传感器以及电池电极和半导体器件。

（2）纳米纤维素

纳米纤维素是由天然纤维素（存在于植物、动物和细菌）经提取和制备的纳米结构材料。通常，纳米纤维素可以划分为三个类别：纤维素纳米纤维、纤维素纳米晶、细菌纳米纤维素等。纤维素纳米纤维和纤维素纳米晶是从树木、棉花、亚麻、甜菜、麦秸、马铃薯、桑树皮、藻类和被囊类动物等天然纤维素原料中提取得到的，而细菌纳米纤维素则是由细菌（比如木醋杆菌）合成。

纤维素纳米纤维通常是对天然纤维素原料进行单独的机械处理（如高压均质化）或者是机械处理与化学处理（如 TEMPO 氧化）或酶水解并用的方式来制备得到的。所用的天然纤维素原料包括树木、棉花、大麻、麦秸、甜菜、亚麻、甘蔗、被囊类动物和藻类等。通常，重复多次的机械剪切作用能够有效地将纤维素纳米纤维从天然纤维素原料中剥离出，其尺寸一般为：直径 4～20nm，长度 0.2～2μm。

纤维素纳米晶是一种起增强作用的类须状微晶体，来源于天然材料如被囊类动物、稻草等，其结晶几乎没有缺陷，接近于完全结晶。纤维素纳米晶的尺寸大约为：直径 3～5nm，长度 0.05～0.5μm。在复合材料中，纤维素纳米晶起明显的增强作用，Helbert 等的研究表明，将纤维素纳米晶添加至苯乙烯-丙烯酸丁酯共聚物中时，复合材料的玻璃化转变温度和热稳定性明显提高，松弛模量随填料含量的增加而增加，当含量增加到 30%（质量分数）时，复合材料的松弛模量约是基体材料的一千倍[8]。

细菌纳米纤维素通常是由细菌（比如木醋杆菌）以低分子量糖类或乙醇为原料制备得到的。细菌纳米纤维素可以由细菌直接制备得到，无需任何后续加工处理，不用像纤维素纳米晶和纤维素纳米纤维的制备那样需去除多余的杂质（如木质素、半纤维素和果胶）。在生物合成细菌纳米纤维素的过程中，细菌体内会产生葡萄糖链，随后从细胞膜的微孔中喷出。这些在细菌体内合成的纤维素葡萄糖分子链会相互结合形成纤维素微纤维，随后通过进一步的结合，形成了纤维素纳米纤维（即细菌纳米纤维素），其尺寸为：直径 6～10nm，长度>1μm。

9.1.3　二维纳米填料

层状(片状)无机物是一种二维纳米粒子。目前最常见的有石墨烯、氮化硼纳米片、MXene、蒙脱土等。

（1）石墨烯

石墨烯（graphene）是一种二维纳米材料，仅由一层碳原子构成的薄片结构，其碳原子通过 sp^2 杂化连接呈现出蜂窝状排列，碳碳键长为 0.142nm，晶面间距为 0.335nm。2004 年 Novoselov 和 Geim 等[9]采用最普通的胶带对高定向热解石墨反复剥离，即“微机械剥离法”获得了石墨烯，如图 9-3。

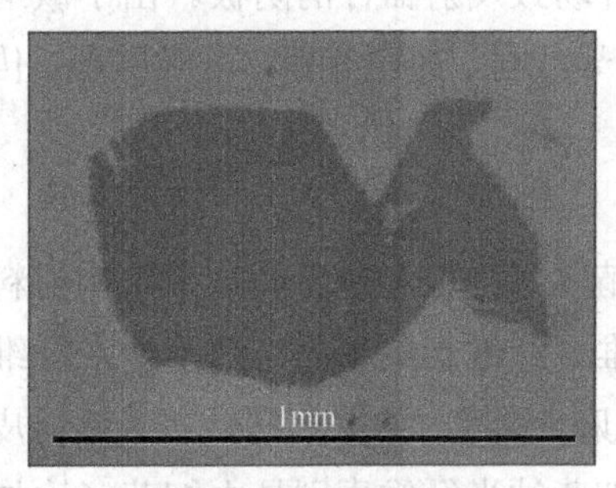

图 9-3　Geim 等利用透明胶带制备的大尺寸石墨烯晶体的形貌[9]

由于是由单层碳原子构成，石墨烯是目前所发现的最薄的二维材料。得益于其独特的六边形蜂窝状结构，石墨烯具备许多独特而又优异的性质。石墨烯通过碳原子之间的碳碳双键连接，同时相邻碳原子的 p 轨道相互重叠形成共轭的大π键，这些极强的键合作用赋予石墨烯优异的机械强度，其抗拉强度约为 130.5GPa、杨氏模量约为 1TPa[10]。石墨烯能够均匀地分散冲击载荷，因此比钢的冲击载荷大 10 倍(每单位重量)。同时还具有超强的硬度，被誉为全球最薄最硬的材料。除了突出的力学性能，石墨烯在室温下的热导率为 5000W/(m·K)，高于它的同素异形体如金刚石和碳纳米管，是铜[401W/(m·K)]的 10 倍多[11]。此外，石墨烯还有极高的比表面积，理论比表面积可高达 $2630m^2/g$[12]。以上种种独特优异的性能使得石墨烯这种神奇的材料在超级电容器、传感器、储能材料、复合材料领域具有广阔的应用前景。

（2）氮化硼纳米片

六方氮化硼是一种具有类石墨结构的层状材料，其中由 B—N 键组成的六方平面网络规则地堆叠在一起。由于 B—N 原子间的强电负性差异，六方氮化硼片层之间具有更强的范德华作用力，因此六方氮化硼比石墨更难剥离。目前，自上而下制备氮化硼纳米片主要有三种形式(图 9-4)，包括：①气相剥离，例如利用高温和液氮循环热膨胀和淬火剥离六方氮化硼[13]；②液相剥离，如在溶剂参数相似的溶剂中或熔融盐中剥离[14-15]；③固相剥离，例如在尿素、氢氧化钠等分子的作用下，利用球磨的高速碰撞和剪切进行剥离[16-17]。

作为石墨烯的结构类似物，氮化硼纳米片在 sp^2 键层中，B 原子和 N 原子取代了 C 原子。与石墨烯的共价 C—C 键相比，B—N 的π键电子离域减弱，因此具有更宽的 E_g（约 6eV），从而具有良好的电绝缘性和高击穿强度（E_b）。同时，B—N 键的弱离子性使得氮化硼纳米片具有良好的抗氧化性（在空气中直到 840℃都能保持稳定）和抗腐蚀性。此外，氮化硼纳米片还具有高热导率[300～2000W/(m·K)][18-22]、较高的机械强度、优良的润滑性等诸多优异性能，故在电子封装材料、介电储能材料、相变储能材料、能源催化材料等领域受到了较多关注。

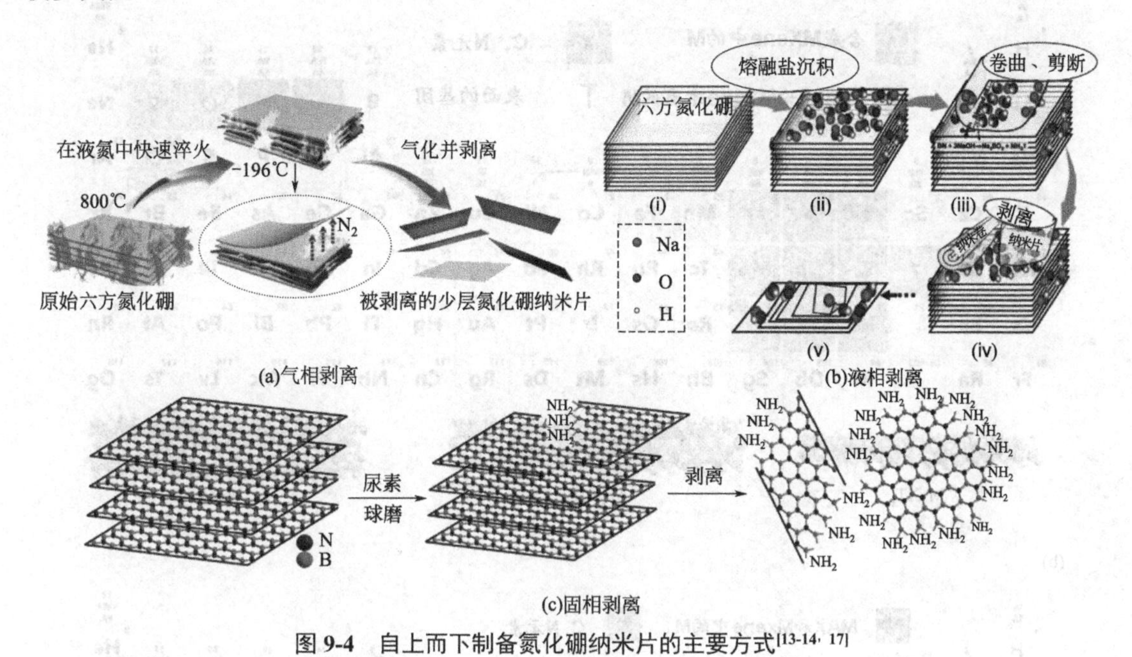

图 9-4 自上而下制备氮化硼纳米片的主要方式[13-14, 17]

（3）MXene

MXene 是一个独特的亲水、导电的二维纳米材料家族，它最初于 2011 年由 Gogotsi 教授报道。在结构上，它们是过渡金属碳化物、氮化物或碳氮化物的二维片材，如图 9-5[23]。它们源自层状三元 $M_{n+1}AX_n$ 或 MAX 相，其中“M”是过渡金属；“A”是Ⅳ～Ⅴ族元素；“X”是碳和/或氮。通常，通过直接使用或通过盐酸和氟化锂的组合在含氟酸溶液（例如氢氟酸）中蚀刻 MAX 粉末来去除“A”层，即可以制备 MXene。蚀刻后，MXene 分子式最好描述为 $M_{n+1}X_nT_z$，其中 T_z 用于表示蚀刻过程中出现的表面官能团，这些末端基团以氧、羟基和含氟基团的混合物为主。相比于其他的二维层状材料，MXene 材料表面的羟基或末端氧使其在各种极性溶剂或聚合物中都能均匀地分散。此外，MXene 有着过渡金属碳化物的金属导电性，是一种非常优异的导电纳米填料。由于 MXene 具有组分灵活、层厚可控、电导率高等特点，在储能、水处理、气体/生物传感器以及光电化学催化等领域拥有巨大潜力。

（4）蒙脱土

蒙脱土，是我国丰产的一类层状硅酸盐矿物。它的原生结构为两个硅氧四面体夹一个铝氧八面体的三明治结构，层与层之间通过共用氧原子以共价键连接，整个结构片层厚约 1nm，长宽约 100nm，结构示意如图 9-6。由于是天然的矿物质，层间电荷的不平衡使得层间带正电荷，正电荷的存在可以使蒙脱土层间进行阳离子交换，因此容易与烷基季铵盐或其他有机阳离子进行离子交换反应生成有机化蒙脱土，从而使层间可以胀开或者剥离，形成插层或者单片层分散的结构。生成的有机化蒙脱土呈亲油性，并且层间的距离增大，因此有机蒙脱土能进一步与单体或聚合物发生溶胀反应，在单体聚合或聚合物熔体混合的过程中剥离为纳米尺度的片层结构，并均匀分散到聚合物基体中，从而形成纳米复合材料。相对于其他的二维纳米粒子，蒙脱土是最价廉易得的。

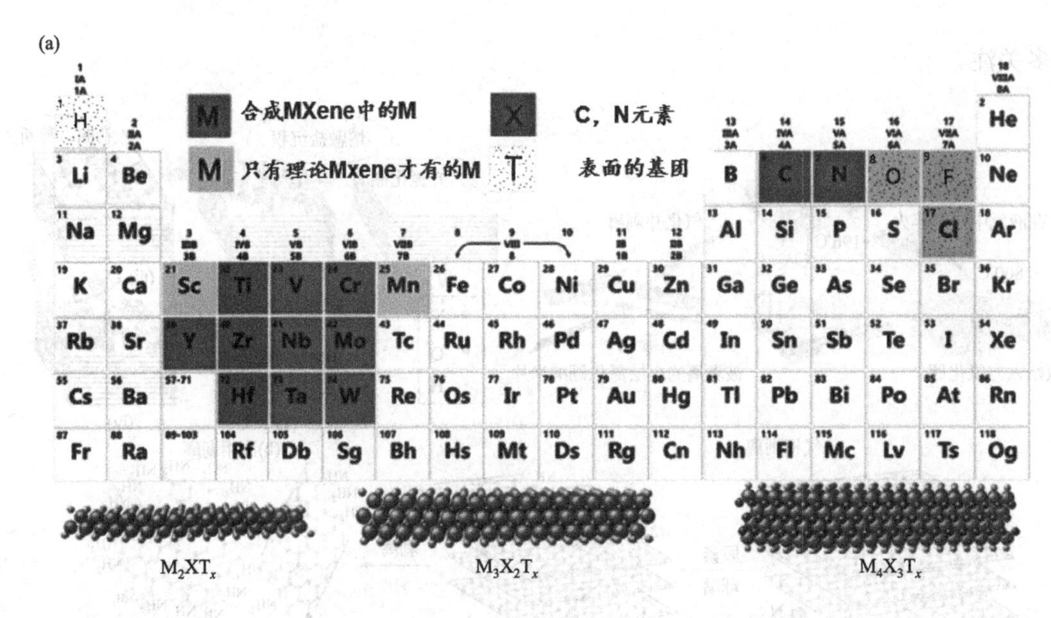

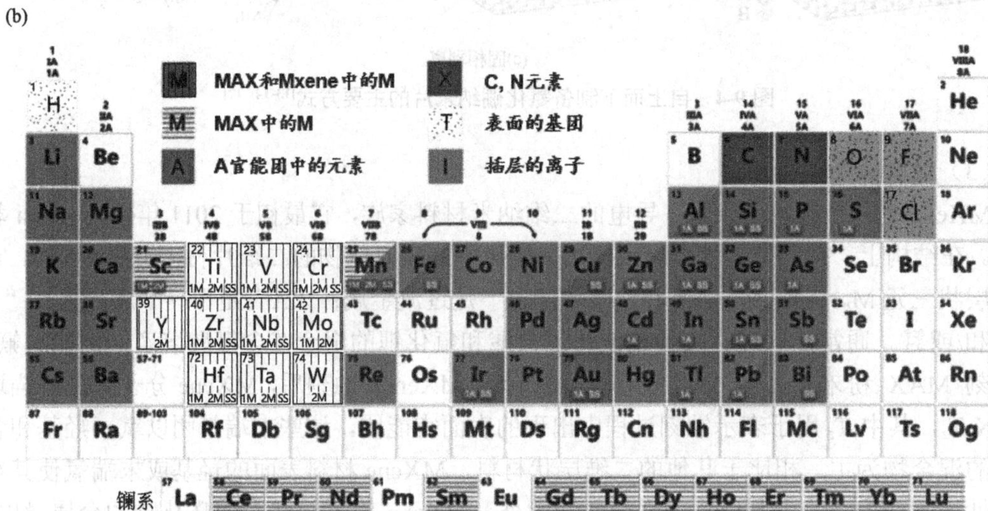

图 9-5　MXene（a）和 MAX（b）相组成的周期表[23]

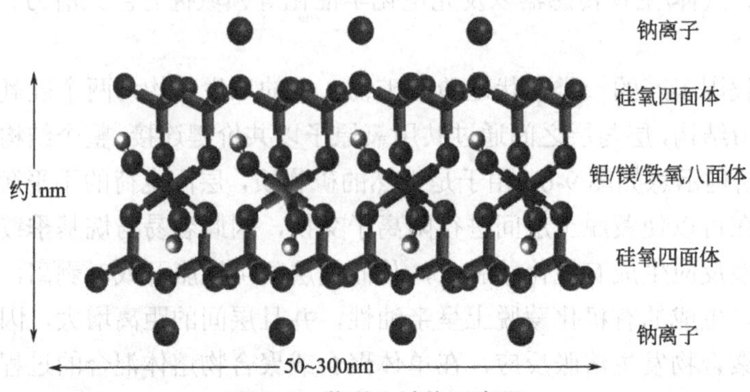

图 9-6　蒙脱土结构示意图

9.1.4 杂化纳米填料

单一维度的纳米填料往往形状或功能单一，因此将不同维度的纳米填料杂化形成新型的多维度杂化纳米填料是纳米填料重要的发展方向之一。杂化纳米填料可以是由两种或两种以上的纳米填料通过简单的物理共混形成，也可以是纳米填料之间通过共价或非共价相互作用组装成的复合物。例如，可以通过气相沉积的方法制备杂化纳米填料，刘天西等首次将催化剂 Fe_2O_3 负载到蒙脱土的层间，然后通过化学气相沉积方法在蒙脱土片层上原位生长碳纳米管，制备出蒙脱土/碳纳米管的三维杂化填料。通过这种杂化手段，蒙脱土和碳纳米管在复合材料基体中的分散得到明显改善，复合材料呈现优异的力学性能[24]。此外，通过原位生长或静电自组装等作用，也可以在一维的纳米填料表面负载零维的纳米填料，如在纳米纤维素上负载纳米银或纳米铜，形成特殊的一维/零维纳米填料[25]；或在二维的纳米填料表面负载零维的纳米颗粒[26]，或者将两种不同尺度的一维纳米填料负载在一起组装形成杂化填料[27]，等等，如图 9-7 所示。杂化填料因其更巨大的比表面、更多元化的化学和物理组成，以及特殊的纳米尺寸效应，在超级电容器、聚合物复合材料、锂电池、催化、能源存储等领域已经具有广泛的应用。

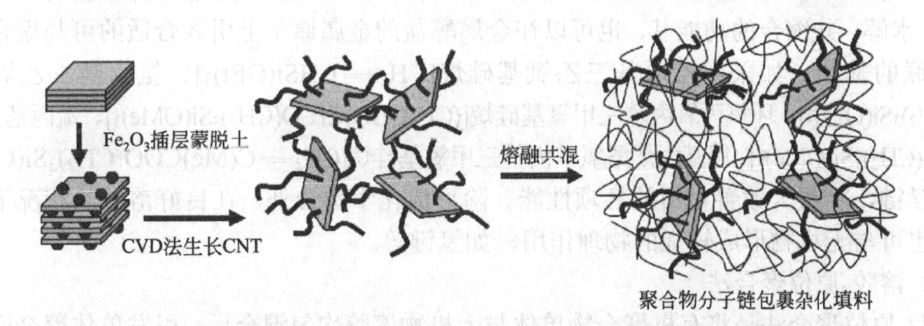

(a)二维OMMT表面原位生长一维CNT及其在高分子复合材料中的分散示意[24]

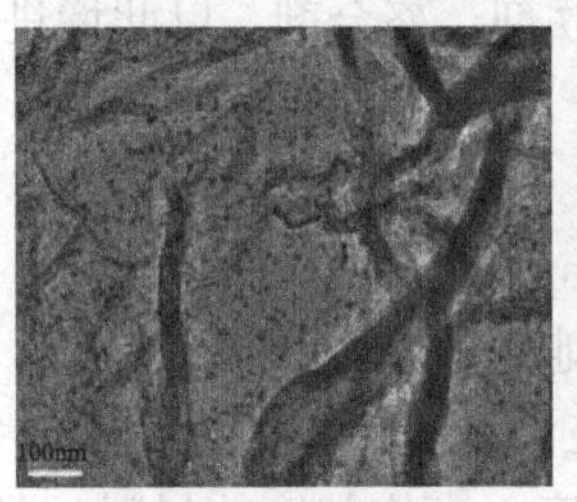

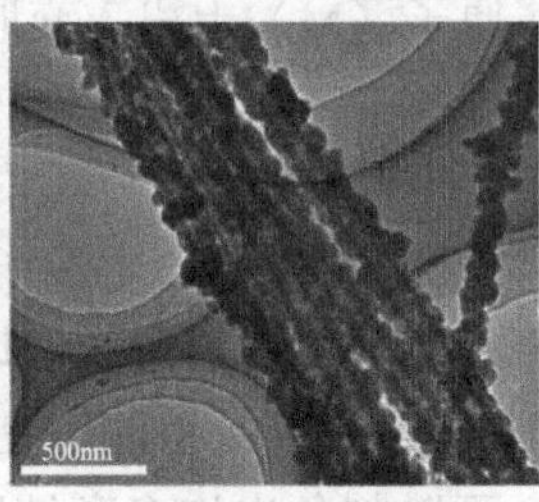

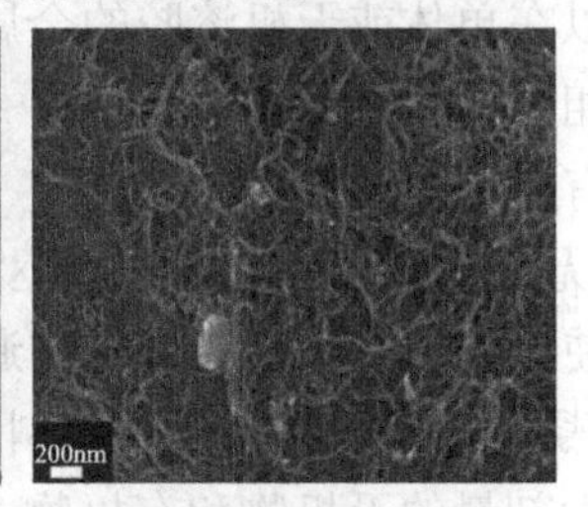

(b)Cu_2O纳米颗粒负载到二维GO表面形成杂化结构　(c)SiO_2纳米颗粒负载到一维CNT形成杂化结构　(d)一维CF表面原位生长一维CNT形成杂化结构

图 9-7　几种典型杂化填料的形貌图或组装形成示意[24-27]

9.2 纳米复合材料的制备方法

相比于传统的聚合物复合材料，聚合物纳米复合材料在制备过程中，由于纳米填料之间较强的分子间相互作用，纳米填料极易在溶液或聚合物熔体内团聚。因此在纳米复合材料的制备过程中，需要引入较强的物理剪切、超声、振荡等作用促进纳米填料的分散，抑或是对纳米填料进行适当的表面改性，从而解决纳米填料在聚合物基体内的团聚问题。到目前为止，制备纳米复合材料的方法很多，文献报道得最多的有溶胶-凝胶法、原位聚合法、共混法、插层法，等等。具体分述如下。

9.2.1 溶胶-凝胶法

溶胶-凝胶法作为一种古老的方法在超细材料的制备中应用已久，但用它制备聚合物纳米复合材料仅始于 20 世纪 80 年代。所谓溶胶-凝胶法就是指将烷氧基金属或金属盐等前驱物（水溶性盐或油溶性醇盐）溶于水或有机溶剂中形成均质溶液，溶质发生水解反应生成纳米级粒子并形成溶胶，溶胶经蒸发干燥转变为凝胶，常见的溶胶-凝胶法有 3 种：原位溶胶化法、溶胶-原位聚合法、有机-无机同步聚合法。

（1）原位溶胶化法

原位溶胶化法是将无机前驱物与有机聚合物在共溶剂中均匀混合后再进行溶胶、凝胶化而制得的方法。该法最为直接简单，其关键在于选择具有良好溶解性能的共溶剂，以保证二者具有很好的相容性，凝胶后不发生相分离。为此，可在聚合物链上引入能与 M—OH 或 M—OR 水解、共缩合的功能基，也可以在金属醇盐的金属原子上引入合适的可与聚合物发生化学交联的基团，如采用乙烯基三乙氧基硅烷[$CH_2=CHSi(OEt)_3$]、氨丙基三乙氧基硅烷[$H_2N(CH_2)_3Si(OEt)_3$]、环氧丙氧丙基三甲氧基硅烷[$(CH_2CHO)CH_2O(CH_2)_3Si(OMe)_3$]、巯丙基三甲氧基硅烷[$HS(CH_2)_3Si(OMe)_3$]、甲基丙烯酰氧基丙基三甲氧基硅烷[$CH_2=C(Me)COO(CH_2)_3Si(OMe)_3$]等引入化学键，将极大改善材料的各项性能。除形成化学键合外，在良好溶解的状况下，极性聚合物也可与无机物形成较强的物理作用，如氢键等。

（2）溶胶-原位聚合法

溶胶-原位聚合法是将有机聚合物单体与无机物溶胶均匀混合后，引发单体聚合而制得的。该法也可以在单体或无机溶胶的金属原子（M）上引入交联剂、螯合剂，以此增进聚合物-无机材料的相容性。

（3）有机-无机同步聚合法

有机-无机同步聚合法是把前驱物和单体溶解在溶剂中，让水解和单体聚合同时进行，这一方法可使一些完全不溶的聚合物通过原位生成手段均匀地嵌入无机物网络中。

溶胶-凝胶法合成纳米复合材料的特点在于：该法可在低温条件下进行，反应条件温和，能够掺杂大剂量的无机物和有机物；可以制备出许多高纯度、高均匀度的材料；易于加工成型，并在加工的初级阶段就可以在纳米尺度上控制材料的结构。但是，溶胶-凝胶法最大的问题在于溶胶-凝胶法中前驱物大都是硅酸烷基酯，价格昂贵而且有毒；凝胶干燥过程中，由于溶剂、水等小分子的挥发可能导致材料收缩脆裂。尽管如此，溶胶-凝胶法仍是目前应用最多，也是较完善的方法之一。

9.2.2 原位聚合法

原位聚合，即在位分散聚合。该方法应用在位填充使纳米粒子在单体中均匀分散，然后在一定的条件下就地聚合，形成复合材料。该法在分散前需对纳米粒子进行表面处理，使原生粒子或较小的团聚体保持稳定并阻止其再发生团聚。常用的表面处理方法有：①表面包覆改性，主要是利用表面活性剂包覆粒子表面进行改性的方法；②表面化学改性，是通过表面改性剂，如偶联剂、不饱和有机酸等与颗粒表面进行化学反应或化学吸附的方式完成；③表面接枝改性，这是依靠填料表面官能团诱导或激发聚合物单体直接在填料表面发生聚合反应，形成的聚合物与填料表面通过化学键直接相连的方法；④机械力化学改性，是利用对颗粒超细粉碎时施加的大量机械能，在使颗粒细化的同时，改变颗粒的晶格与表面性质，使其呈现激活状态；⑤沉淀反应改性，这是利用化学反应将生成物沉积在颗粒表面形成一层或多层“改性层”的方法，如粒子表面包覆 TiO_2 等。表面改性后的纳米粒子在有机物（聚合物单体）中能均匀分散且保持其纳米尺度及特性。该法可以一次聚合成型，适合于各类单体及聚合方法，并保持复合材料良好的性能。

原位聚合法可以在水相，也可以在油相中发生，单体可以进行自由基聚合，在油相中还可以进行缩聚反应，适用于大多数聚合物/无机物纳米复合材料的制备。由于聚合物单体分子较小，黏度低，表面有效改性后无机纳米粒子容易均匀分散，保证了体系的均匀性及各项物理性能。

9.2.3 共混法

共混法是首先合成出各种形态的纳米粒子，再通过各种方式将其与有机聚合物混合，这类似于聚合物的共混改性，是制备纳米复合材料最简单的方法，适合于各种形态的纳米粒子。为防止无机纳米粒子的团聚，也需对其进行表面处理，方法同原位聚合法。共混的方式是多种多样的，典型的共混方法有以下两种。

（1）溶液共混法

溶液共混法是把基体树脂溶于适当的溶剂中，然后加入纳米粒子，充分搅拌溶液使粒子在溶液中分散均匀，然后成膜或浇铸到模具中，最后除去溶剂制得样品。

溶液共混的方法在一定程度上可以改善纳米粒子的分散，但是溶剂对材料性能的影响也不容轻视。有机溶剂的使用并不是一种环境友好的做法，并且溶剂的回收与使用都将提高材料的成本。

（2）熔融共混法

熔融共混法是将表面处理过的纳米材料与聚合物混合，经过塑化、分散等过程，使纳米材料以纳米水平分散于聚合物基体中，达到对聚合物改性的目的。该方法的优点与普通的聚合物共混改性相似，易于实现工业化生产。但是，由于球状粒子在加热时碰撞机会增加，更易团聚，因而使用该共混方式制备复合材料时，对纳米填料预先实施表面改性就变得更为重要了。

9.2.4 插层法

插层法是利用层状无机物作为无机相，将有机物（聚合物或单体）作为另一相插入无机相的层间，制得聚合物/层状纳米复合材料的方法。

根据聚合物插层形式的不同，插层法可以分为：原位插层聚合法、溶液插层法、熔体插层法、剥离-吸附法、模板聚合法等。

9.3 纳米复合材料的性能

与传统的聚合物复合材料相比，聚合物纳米复合材料具有很多优点。由于纳米填料呈现的纳米尺度效应、大的比表面积以及填料与聚合物基体较强的界面相互作用，聚合物纳米复合材料的性能优于相同组分宏观或微观复合材料的物理力学性能，甚至表现出全新的性质，如层状硅酸盐纳米填料在含量仅为1%（质量分数）时就会引起其填充的聚合物的模量（杨氏模量和弯曲模量）大幅度提高。纳米复合材料表现出来的热稳定性和阻燃性也引起人们的兴趣，并对此进行了深入的研究。另外一些新材料由于具有超强的阻隔性能也被进行了研究和应用。最后，根据所用聚合物以及填料的类型，这些聚合物纳米复合材料还会表现出其他有趣的性能，如导电性能、电磁屏蔽性能、应力或应变传感性能、介电性能、导热性能、相变储热性能、形状记忆性能、力学或功能修复性能等。

9.3.1 力学性能

虽然加入传统的填料（如玻纤、碳纤维、滑石粉等）也能实现聚合物复合材料力学性能的增强，但纳米填料由于其巨大的比表面积、独特的纳米尺度效应，在较低的填料含量下，复合材料的力学性能较之基体就能有显著提高。以零维的纳米填料为例，Zhang 等[28]将 30～100nm 的碳酸钙共混到聚苯乙烯内，发现低含量的碳酸钙纳米填料就可以显著提高聚苯乙烯复合材料的杨氏模量。由图 9-8（a）和（b）可见，在纳米碳酸钙的添加量仅为 7.4%（体积分数）时，纳米复合材料的杨氏模量就提高了 19%以上。但是，对于直接熔融共混制备的聚合物纳米复合材料，纳米复合材料的力学性能可能与理论的增强效果有较大的差距。从热力学角度分析，纳米填料与绝大多数聚合物基体混溶性较差，在共混改性的过程中，纳米填料由于颗粒间的强相互作用极易在聚合物基体内团聚，导致纳米复合材料的力学性能降低。因此，为了保证良好的增强效果，关键是解决纳米填料的分散和界面相互作用的问题。例如，Li 等[29]以 JN-114 钛酸酯偶联剂对纳米碳酸钙表面进行处理，然后将其与聚氯乙烯进行共混改性，由于偶联剂上的极性官能团可以与聚氯乙烯产生良好的分子间氢键相互作用，不仅保证了纳米碳酸钙在复合材料内的良好分散，聚氯乙烯与纳米碳酸钙之间的界面也得到了显著的增强，因此聚氯乙烯/改性纳米碳酸钙复合材料的力学性能显著提高，与添加相同含量的未改性纳米碳酸钙的复合材料相比，拉伸强度和冲击强度分别能提升约 8.3%和 52%[图 9-8（c）和（d）]。

纳米复合材料的力学性能不仅与填料的含量、填料的分散以及填料与聚合物基体的界面相互作用程度有关，纳米填料的维度也是一个非常重要的影响因素。相比于零维的球形增强相，一维或二维结构的纳米填料由于其巨大的长径比、优良的力学性能，对复合材料力学性能的增强效果往往更显著。类纤维状结构的碳纳米管具有低密度、高长径比和优异的力学性能，因此成为复合材料中理想的增强相。Ruan 等[30]的研究结果表明，与纯超高分子量聚乙烯薄膜相比，在相近的拉伸条件下，超高分子量聚乙烯/多壁碳纳米管复合材料薄膜的应变能密度提高约150%，其韧性和拉伸强度则分别提高了140%和25%。Li 等[31]使用较长的、取向排列、相互缠结较少的碳纳米管来增强环氧化物复合材料，发现加入0.5%（质量分数）的碳纳米管复合材料的冲击韧性提高了70%。Qian 等[32]的研究结果表明，PS/1%（质量分数）多壁碳纳米管复合材料的弹性模量提高了36%～42%，拉伸强度提高了25%；而采用传统的碳纤维作增强材料时，得到相同的增强效果则需要约10%（质量分数）的添加量。

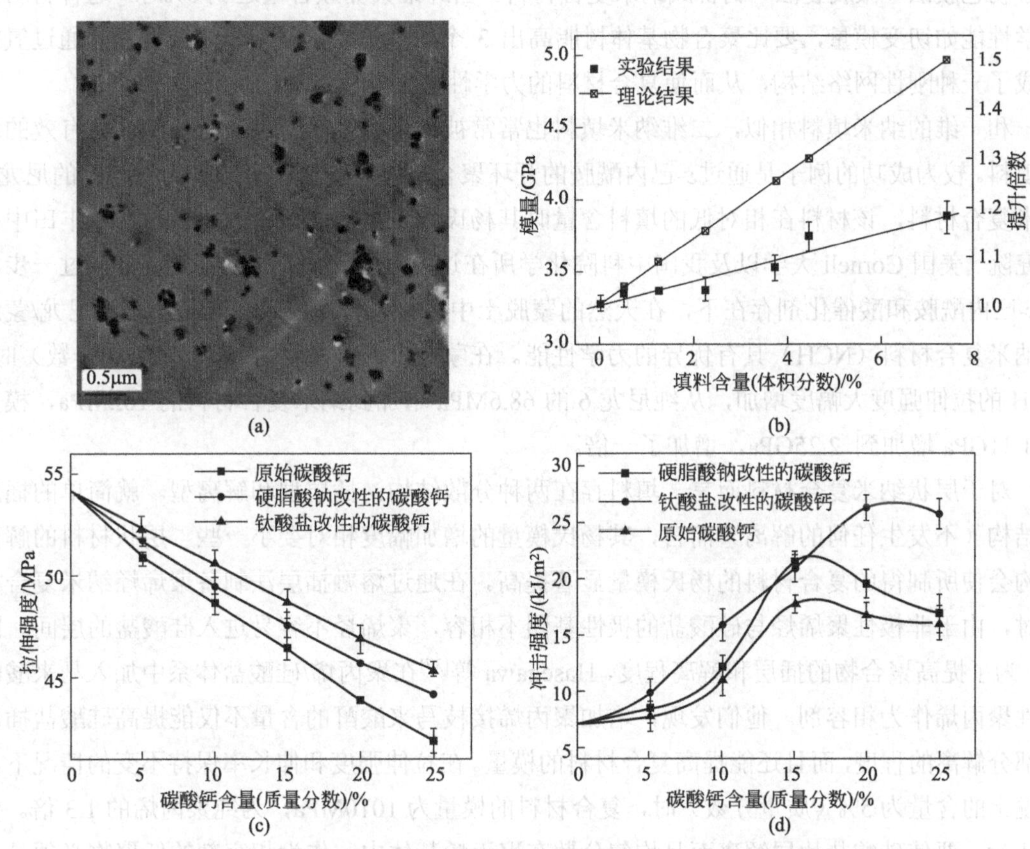

图9-8 聚苯乙烯/纳米碳酸钙复合材料的透射电镜图（a）以及杨氏模量（b）[28]；聚氯乙烯/改性纳米碳酸钙复合材料的拉伸强度（c）和冲击强度（d）[29]

通常认为，在聚合物/碳纳米管复合材料中，碳纳米管的含量、分散、与基体的相互作用都是使复合材料拉伸强度和模量提高的重要因素。但是在低含量的碳纳米管添加情况下，实际增加幅度并不如预期的效果那么明显。例如，Haggenmueller 等[33]发现添加了5%（质量分数）碳纳米管的聚乙烯纤维的拉伸模量从0.65GPa增加到1.25GPa，而理论预测在这一碳纳米管含量下模量应该增加到16GPa。而当继续增加碳纳米管含量时，力学性能的提高则受到材料黏度升高的影响，增加幅度很小。理论预测值与实验值的差距主要归因于聚合物基体与碳纳米管间弱的界面结合能力导致应力的传递受阻，碳纳米管的增强作用难以体现。因此，在制备复合材料前对碳纳米管实施表面官能化改性就很有必要了。Geng 等[34]将氟化碳纳米管与聚环氧乙烷混合，复合材料的拉伸强度提高了145%，而屈服强度提高了300%。Gao 等[35]利用酸化的碳纳米管与尼龙6进行反应，将尼龙6分子链接枝到碳纳米管表面，然后将其引入尼龙 6 的聚合体系引发原位聚合制备复合材料。结果表明，在碳纳米管含量为 1%（质量分数）时复合材料杨氏模量提高了 153%，拉伸强度提高了 103%。这些结果显示，在碳纳米管与聚合物基体界面，共价键的存在有效地传递了界面应力，因而提高了材料的强度。

除了无机的碳纳米管等增强体，纳米纤维素也是一类重要的一维纳米填料。Favier 等[36]对纤维素晶须纳米复合材料的力学性能作了研究。他们将树脂乳液和纤维素晶须在水相中用聚合物包膜法（微胶囊法）制备成纳米复合材料。当纤维素晶须含量达到 6%时，这种材料的力学性能如切变模量，要比聚合物基体树脂高出 3 个数量级。这是由于纤维素晶须通过氢键形成了一种刚性网络结构，从而使复合材料的力学性能大幅度提高。

和一维的纳米填料相似，二维纳米填料也常常被用来增强聚合物，是一种非常有效的增强填料。较为成功的例子是通过ε-己内酰胺的开环聚合插层反应而制得的剥离型结构的尼龙 6 纳米复合材料，该材料在相对低的填料含量时其杨氏模量得到了巨大的提高。日本丰田中央研究院、美国 Cornell 大学以及我国中科院化学所在这方面的工作都证实了这点。通过一步法在ε-己内酰胺和酸催化剂存在下，在天然的蒙脱土中进行聚合反应，得到的一步法尼龙/蒙脱土纳米复合材料（NCH）具有优异的力学性能。在蒙脱土的含量仅为 4.1%（质量分数）时，NCH 的拉伸强度大幅度增加，从纯尼龙 6 的 68.6MPa 增加到纳米复合材料的 102MPa，模量从 1.11GPa 增加到 2.25GPa，增加了一倍。

对于层状纳米复合材料而言，填料存在两种分散结构：插层型和解离型。就简单的插层型结构（不发生任何的解离）而言，其杨氏模量的增加幅度相对要小一些。层状材料的解离结构会使所制得的复合材料的杨氏模量显著提高。在通过熔融插层法制备聚烯烃纳米复合材料时，由于非极性聚烯烃与硅酸盐的极性基团不相容，聚烯烃不容易进入硅酸盐的层间。因此，为了提高聚合物的插层和解离程度，Hasegawa 等[37]在聚丙烯/硅酸盐体系中加入马来酸酐改性聚丙烯作为相容剂。他们发现，增加聚丙烯接枝马来酸酐的含量不仅能提高硅酸盐插层或部分解离的程度，而且还能提高复合材料的模量。在拉伸强度和伸长率保持不变的情况下，蒙脱土的含量为 5%（质量分数）时，复合材料的模量为 1010MPa，为纯聚丙烯的 1.3 倍。他们认为，要使硅酸盐片层解离而且均匀分散在聚丙烯基体中，作为相容剂的低聚物必须具有两个条件：①有很好的插层能力；②与聚丙烯有很好的相容性。随后他们制得了具备这两个条件的接枝聚丙烯，得到分散效果很好的纳米复合材料。

不同的层状粒子对制得的聚合物纳米复合材料性能的影响也是很大的。Yano 等[38]分别用不同尺寸的黏土矿物锂蒙脱土、皂石、蒙脱土以及合成云母等合成了聚酰亚胺/黏土混杂复合材料，以研究黏土矿物的尺寸对复合材料性能的影响。不同黏土矿物的硅酸盐片层长度分别为：锂蒙脱土 460Å、皂石 1650Å、蒙脱土 2180Å、合成云母 12300Å，其厚度都为 10Å。研究发现，片层长度的增加能更有效地提高聚酰亚胺的性能。仅含有 2%（质量分数）合成云母的聚酰亚胺复合材料的热膨胀系数比纯聚酰亚胺低了 60%，水蒸气渗透率为纯聚酰亚胺的 1/10。Oya 等[39]采用锂蒙脱土、蒙脱土和云母制得了一系列复合材料，蒙脱土和云母填充的复合材料具有更好的增强效果，这和 Yano 等得到的结果相类似。他们认为原因在于后两种填料具有更大的长径比以及更高的硬度。

表 9-1　聚乙烯醇、聚乙烯醇/碳纳米管、聚乙烯醇/氧化石墨烯、聚乙烯醇/氧化石墨烯-碳纳米管纳米复合材料的屈服强度、拉伸强度、断裂伸长率和杨氏模量

样品序号	碳纳米管（质量分数）/%	氧化石墨烯（质量分数）/%	屈服强度/MPa	拉伸强度/MPa	断裂伸长率/%	杨氏模量/GPa
1	0	0	59.6	57.3	115.8	3.1
2	0.5	0	63.1	56.2	29.7	3.2
3	0	1	77.0	73.4	8.0	3.5
4	0.1	0.2	63.6	58.2	76.0	3.6
5	0.25	0.5	72.9	66.3	70.0	3.9
6	0.5	1	88.5	80.7	24.7	4.1
7	1	2	93.6	83.0	27.0	4.7
8	2	4	105.2	98.6	9.6	5.1
9	3	6	105.0	103.3	3.8	5.6
10	5	10	86.6	86.6	1.9	6.4

除了添加单一的纳米填料增强聚合物之外，添加不同尺度、多种功效的杂化填料也是增强聚合物纳米复合材料力学性能的重要方法，杂化填料之间往往能表现出特殊的协同作用，其中纳米复合材料的增强效果更显著。例如，Li 等[40]将氧化石墨烯-碳纳米管杂化填料通过溶液共混的方法加入聚乙烯醇中，由于氧化石墨烯可以显著地改善碳纳米管在聚乙烯醇溶剂中的分散能力，这种协同作用使聚乙烯醇纳米复合材料的力学性能相比只添加氧化石墨烯或碳纳米管得到了更为显著的增强（表 9-1）。Saud Aldajah 等[41]针对碳纤维增强的环氧树脂复合材料纵向拉伸强度弱的问题，采用碳纤维/碳纳米管杂化填料协同增强，这种多尺度的杂化填料在保持碳纤维取向方向强度增加的同时，通过纳米尺度的碳纳米管也改善了纵向的拉伸强度，表现出了显著的协同增强效果。

9.3.2 热稳定性

由于层状无机物夹层是一种受限体系，聚合物分子被束缚在无机物夹层中，分子链的转动和平动以及链段的运动都受到极大的阻滞，因此含有层状纳米粒子的聚合物纳米复合材料显示出优良的耐热性和热稳定性。

Blumstein[42]最早报道了聚甲基丙烯酸甲酯/蒙脱土纳米复合材料的热稳定性有所提高，而后许多人致力于这方面的研究。日本丰田中央研究院发现含有 2%～7%（质量分数）蒙脱土的尼龙 6 纳米复合材料具有优异的热稳定性，含 4.1%（质量分数）蒙脱土的尼龙 6 纳米复合材料的热变形温度（HDT）从纯尼龙 6 的 65℃提高到 160℃，是原来的两倍多，这使得尼龙 6 的应用范围大大拓宽[43]。

9.3.3 阻燃性能

随着聚合物复合材料应用领域的逐渐扩大，提高其阻燃性就变得至关重要了。绝大多数聚合物材料都是易燃的，且在燃烧时释放大量有毒烟雾，如果不加以控制，则极易引起伤亡

事故的发生。通过引入纳米填料改善聚合物复合材料的阻燃性，一开始就引起了研究者的广泛关注。例如，关于尼龙 6/层状硅酸盐（蒙脱土）纳米复合材料的阻燃性能，早在 1976 年就已见专利报道[44]。

用于衡量材料的阻燃性能的实验室方法是锥形量热法和汽化放热试验。锥形量热法的典型实验方法是将样品暴露于给定的热通量（通常是 35kW/m^2），得到热释放速率（HRR）和质量损失速率随时间的变化曲线。使用锥形量热法，研究者能够得到定量的判据，如含 5%（质量分数）黏土的尼龙 6 纳米复合材料的热释放速率下降至纯尼龙 6 的 63%。锥形量热法已经被应用到其他的纳米复合材料上，如剥离型尼龙 12[含 2%（质量分数）有机黏土]、剥离型的聚（甲基丙烯酸甲酯-*co*-十二烷基丙烯酸甲酯）、插层型聚苯乙烯（质量分数 3%）以及插层型聚丙烯（质量分数 2%、4%）。每一种材料的 HRR 峰面积都显著降低，同时燃烧热、产生的烟和一氧化碳的量也没有增加。

Gilman 等[45]还通过聚丙烯和聚苯乙烯层状硅酸盐纳米复合材料研究了蒙脱土的阻燃机理。例如，他们制备了蒙脱土含量为 2%、4%（质量分数）的马来酸酐接枝聚丙烯纳米复合材料，并用锥形量热法测试其阻燃性能发现，当蒙脱土含量为 4%（质量分数）时，纳米复合材料的 HRR 值比聚丙烯低 75%，而与尼龙 6 和聚苯乙烯比较，比燃烧热（H_c）、比熄灭面积（SEA）以及一氧化碳产额都没有任何变化，这说明材料阻燃性能提高的原因不受气相的影响，而是在于材料固相降解过程的不同。他们还用不同的黏土（氟锂蒙脱土、蒙脱土，均含 3%）和不同的制备方法（熔融共混、溶液共混）制得聚苯乙烯/黏土纳米复合材料。研究发现，氟锂蒙脱土不能增加材料的阻燃性，这可能是由于氟锂蒙脱土片层有较大的长径比，但也可能是它的化学性质不同造成的。挤出过程中的高温和空气使形成的纳米复合材料不能增加阻燃性，这是由于黏土中的有机处理剂在挤出过程中热降解而导致聚合物降解，抵消了聚合物阻燃性的增加。

9

由此能够确定纳米复合材料的阻燃机理：由于解离或插层结构的垮塌在材料表面形成碳化层，这种多层的硅酸盐结构作为隔热和物质传输障碍降低了可挥发性降解产物的向外扩散过程，由此增加了阻燃性。另一种看法认为，硅酸盐在聚合物的分解中起催化作用，促使聚合物在热降解过程中取向，如果该取向控制得好的话，也能增加材料的阻燃性能。

9.3.4 气体阻隔性

研究发现，剥离型纳米复合材料中硅酸盐片层的高长径比增加了渗透分子的渗透路径，从而降低了该纳米材料所制得的薄膜的透气性。

Yano 等[38]研究了部分剥离型和完全剥离型的聚酰亚胺基纳米复合材料的透水性。他们使用不同片层长度的有机黏土，从小到大依次是锂蒙脱土、皂石、蒙脱土以及合成云母。填料含量为 2%（质量分数）时，四种复合材料的气体渗透率都低于纯样；当黏土片层长度增加时，相对水蒸气渗透率迅速降低；特别地，合成云母填充的复合材料的水蒸气渗透率不到纯聚酰亚胺的 1/10。

此外，研究者通过ε-己内酰胺单体在有机改性蒙脱土中通过原位插层聚合反应制备了聚ε-己内酰胺基纳米复合材料，对复合材料的水蒸气渗透率研究发现，随着层状纳米填料含量的增加，聚合物相对渗透率显著降低。设定聚ε-己内酰胺渗透率为 1，填料含量为 4.8%（体积分数）时的相对渗透率是 0.2。Cussler 等[46]认为有机蒙脱土的完全解离会使其形成高的长径比（100～1000），从而无法渗透，有望得到最大的阻隔性能。根据相对渗透率值与填料体积分数的关系，Messersmith 等[47]计算出硅酸盐的表观长径比大约为 70，大大低于理论计算值。这也许是由于硅酸盐片层没有完全沿薄膜表面取向，或者是填料发生团聚造成的。

9.3.5　导电性能

碳纳米管、石墨烯、MXene 等作为导电纳米填料，给导电聚合物复合材料的发展提供了更广阔的前景。相比于常用的微米填料，纳米填料（例如碳纳米管）形成的导电复合材料的逾渗阈值都比较低，这是由于一维或二维的纳米填料大的长径比或径厚比使其在复合材料中更容易构筑导电网络的原因。通常，在保证良好分散的前提下，长径比越大，则其导电逾渗阈值越小。例如，对于单壁碳纳米管填充的复合材料而言，导电逾渗可以低至约 0.005%；而对于多壁碳纳米管填充的复合材料，在控制碳纳米管取向排列的基础上，其导电逾渗阈值低至 0.002%。复合材料电导率随导电填料含量增加而增加，复合材料电性能可从绝缘、抗静电、导电等方面转变，因而呈现不同的用途。例如，聚碳酸酯/单壁碳纳米管复合材料的电导率随着碳管含量的增加而增加，当含量<0.3%（质量分数）时，复合材料可用在静电喷涂的应用中；而当含量>3%（质量分数）时，其电导率已经足够大，可以用于电磁屏蔽保护。

聚合物/碳纳米管复合材料的电学性能主要受到碳纳米管长径比、分散、排列状态以及分布等因素的影响。Bryning 等[48]制备了不同长径比的聚合物/碳纳米管复合材料，发现高长径比的碳纳米管更容易降低复合材料的导电逾渗阈值。Bai 等[49]发现在环氧/碳纳米管体系中，良好的分散通常更能体现出碳纳米管长径比大的优势，即改善碳纳米管的分散有利于降低复合材料的导电逾渗阈值。但是 Martin 等[50]的研究则得到了相反的结论，他们认为适当的团聚更有利于导电网络的形成，因此更容易得到低的导电逾渗阈值。进一步地，Kovacs 等[51]制备了环氧/碳纳米管复合材料，他们在不同碳纳米管含量范围下获得了两个不同的导电逾渗阈值，前者对应的是碳纳米管含量较低时，碳纳米管先形成静态逾渗；后者对应的是碳纳米管含量较高时，团聚的碳纳米管形成一个动力学的导电网络。

此外，适当提高纳米填料的取向程度有利于电导率在取向方向上的增加，但是当取向程度过高时，碳纳米管之间的接触会变弱，因此容易起到反作用。Du 等[52]研究了一系列不同取向排列的聚甲基丙烯酸甲酯/单壁碳纳米管纤维，研究结果表明，在相同的碳纳米管含量下平行于取向方向的电导率随着取向度的降低而逐渐增强。

除了以上因素之外，碳纳米管的分布状态也对纳米复合材料的电导率有极大的影响。张双梅等[53]通过对动力学和热力学因素的调控实现了碳纳米管在聚乙烯/聚丙烯共混物两相界面的选择性分布，形成了特殊的隔离双逾渗导电网络（图 9-9）。他们发现，相对于直接将碳纳米管分散在两种聚合物中，这种特殊的分布使纳米复合材料的电导率有显著的提升，逾渗阈值降低到 0.08%（质量分数），说明导电纳米填料的分布对于纳米复合材料的导电性能影响是至关重要的。

纳米复合材料由于其优异的导电能力，往往能够极大地拓宽聚合物复合材料在多领域的功能性应用，例如抗静电材料、电磁屏蔽材料、传感器、电热装置、电极材料、可拉伸导线等。例如，李忠明等[54]将 5%（质量分数）的碳纳米管加入聚乙烯中，发现碳纳米管在聚乙烯

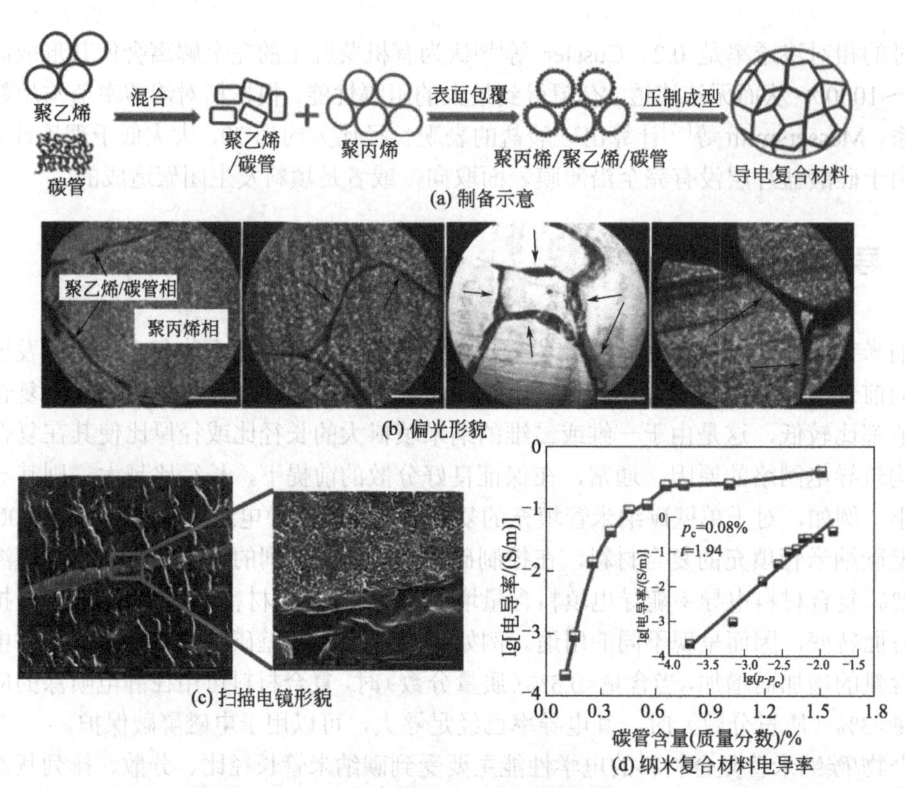

图 9-9 碳纳米管选择性分布在聚乙烯/聚丙烯纳米复合材料的两相界面，形成隔离双逾渗导电网络[53]

p，p_c—填料的质量分数和发生逾渗现象时对应的质量分数（即逾渗阈值）；t—与填料分散维度有关的临界指数

基体内形成的导电逾渗网络可以极大地增强纳米复合材料的电磁屏蔽能力，使 X 射线波段的电磁屏蔽效能高达 46.4dB，这种导电的纳米复合材料有望被用于屏蔽电子设备或通信设备产生的电磁污染。万鹏博等[55]将纳米填料 MXene 与聚苯胺共混，这种导电的聚苯胺/MXene 纳米复合材料受到外力拉伸时，其电阻能随应变有规律性的变化，因此可作为应力-应变传感器，用于检测各种微小的形变和极低的外力，如喉结发声、脉搏跳动、肢体动作等（图 9-10）。Cuong 等[56]发现导电的纳米复合材料在一定的电压作用下具有优异的电热效应，使材料能够保持较高的温度，因此这种导电纳米复合材料可广泛用于低功率室内加热装置的平面复合散热器、运输热敏流体的热稳定管道或除冰涂层等。

9.3.6 介电性能

电容是储存电荷的容器，由绝缘电介质以及两侧的电极组成。其中，绝缘电介质材料（介电材料）在电压下发生极化，可以储存电荷，是一种非常重要的介电材料。聚合物由于其良好的加工性、柔韧性和低成本优势，被广泛用作薄膜电容器和埋入式电容器中的绝缘电介质。一方面，目前常用的介电聚合物材料为顺电聚合物（如双向拉伸的聚丙烯材料），分子骨架（C—H 键）极性低，可极化能力弱，介电常数往往较低，因此绝缘电介质储存电荷的能力有限。另一方面，虽然少数聚合物材料，如聚偏二氟乙烯及其共聚物等具有铁电性，介电常数很高，但介电常数对频率和温度的稳定性差，且在高电压的情形下容易被击穿，限制了这些聚合物

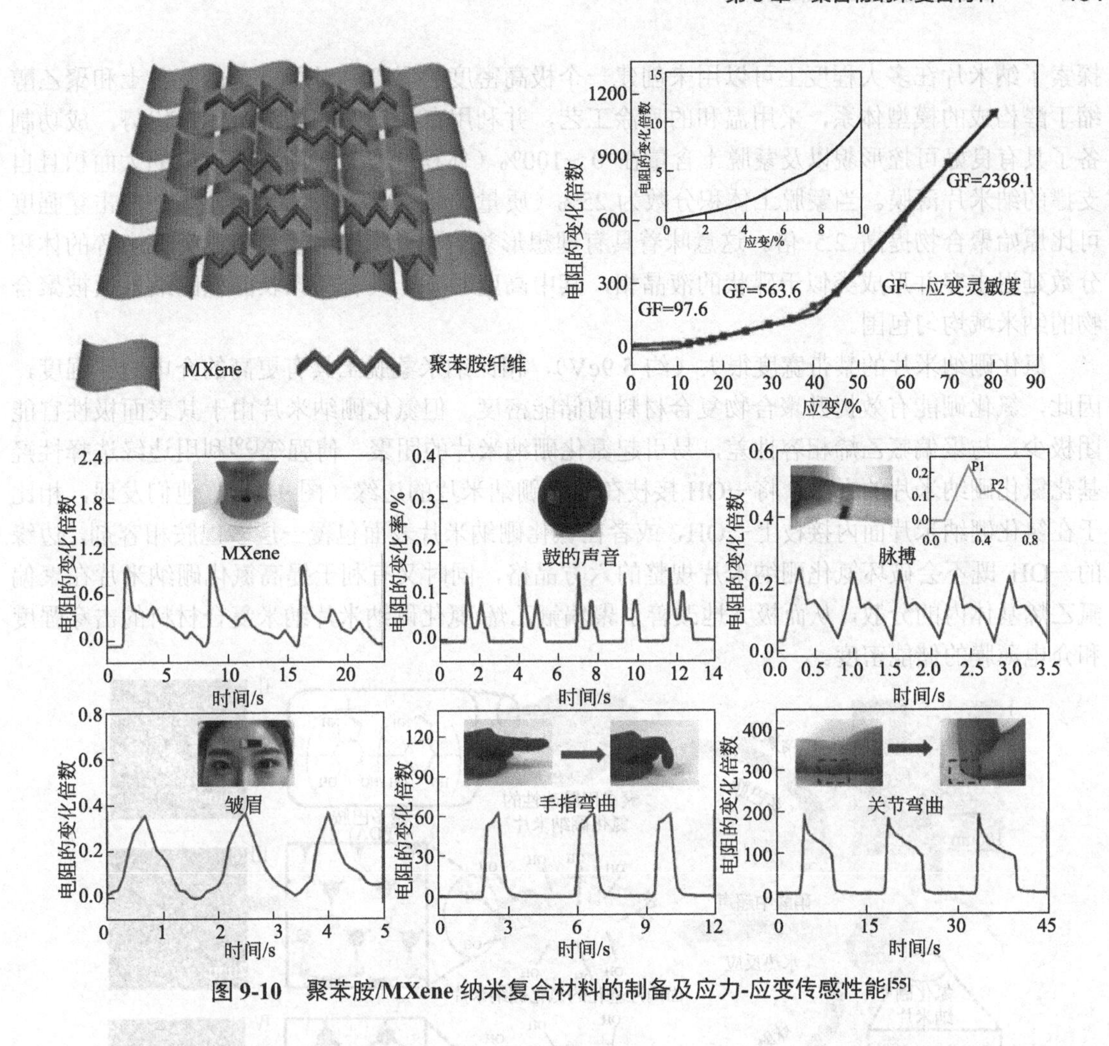

图 9-10　聚苯胺/MXene 纳米复合材料的制备及应力-应变传感性能[55]

材料在薄膜电容器方面的应用。对于线性电介质而言，其储能密度可通过公式（9-1）计算：

$$U_e = \frac{1}{2}DE = \frac{1}{2}k\varepsilon_0 E_b^2 \tag{9-1}$$

式中　U_e——电介质材料储能电荷的密度；

D——电位移；

E——施加的电场；

k——介电常数；

ε_0——真空介电常数（8.85×10^{-12}F/m）；

E_b——击穿强度。

目前，制备高性能的电容器绝缘电介质，关键是获得高介电常数和高击穿强度的材料。

提高聚合物击穿强度的方法通常是将具有高击穿强度的纳米填料与聚合物进行共混改性。Tomer 等[57]发现，掺杂了高度取向、有机改性的蒙脱土的聚乙烯纳米复合材料介电击穿强度为 370kV/mm，比原始聚合物（300kV/mm）提高了约 20%。纳米片的平面取向是实现低介电损耗和高击穿强度的关键因素，尤其在高浓度的情况下取向的影响则更为显著。Fillery 等[58]

探索了纳米片在多大程度上可以用来创建一个极高密度的屏障。对于一个由蒙脱土和聚乙醇缩丁醛构成的模型体系，采用温和的喷涂工艺，并利用在溶剂中的高混溶性的优势，成功制备了具有良好可控形貌以及蒙脱土含量在 0～100%（体积分数）之间都能取向的大面积且自支撑的纳米片薄膜。当蒙脱土体积分数为 25%（质量分数 70%）时，纳米层压板的击穿强度可比原始聚合物提高 2.5 倍。这意味着具有理想形貌的聚合物纳米复合材料会在中等的体积分数延迟击穿并形成类似于碟状的液晶相，其中高度对齐、具有高比表面积的纳米板被聚合物的纳米域均匀包围。

氮化硼纳米片的禁带宽度很大（约 5.9eV），相比纳米蒙脱土具有更高的介电击穿强度，因此，氮化硼能有效提升聚合物复合材料的储能密度。但氮化硼纳米片由于其表面极性官能团极少，与聚偏氟乙烯相容性差，易引起氮化硼纳米片的团聚。傅强等[59]利用边缘选择性羟基化氮化硼纳米片的方法，将—OH 接枝在氮化硼纳米片的边缘（图 9-11）。他们发现，相比于在氮化硼纳米片面内接枝上—OH，或者在氮化硼纳米片表面包覆一层多巴胺相容剂，边缘的—OH 既不会破坏氮化硼纳米片规整的六方晶格，同时又有利于提高氮化硼纳米片在聚偏氟乙烯基体内的分散，从而极大地改善了聚偏氟乙烯/氮化硼纳米片纳米复合材料的击穿强度和介电薄膜的储能密度。

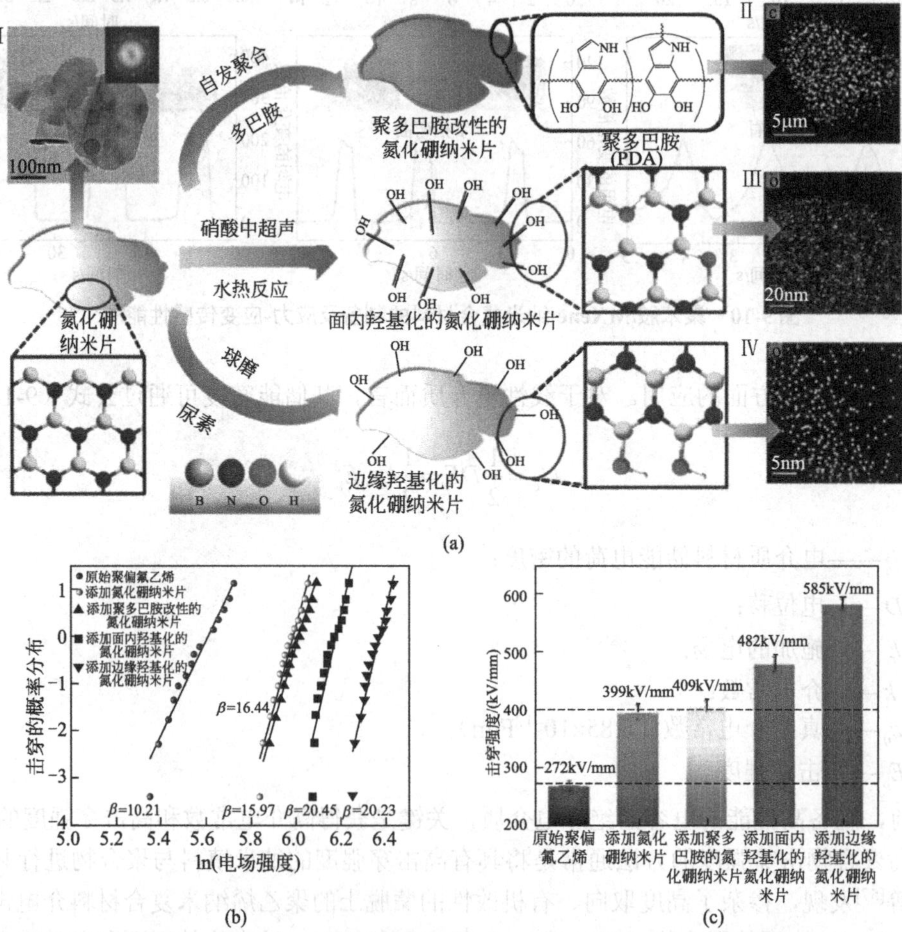

图 9-11　氮化硼纳米片表面改性的三种方式（a）及其填充的聚偏氟乙烯纳米复合材料的击穿性能[（b）和（c）][59]

β是一个与实验数据分散性相关的一个参数，无量纲，其值越大表明实验数据的可靠性越好

将聚合物与具有高介电常数的纳米填料共混，可以显著增强聚合物纳米复合材料的介电常数。江平开等[60]将具有高极化能力的纳米钛酸钡加入聚甲基丙烯酸甲酯中，为了保证纳米钛酸钡的均匀分散和与基体之间的有效作用，他们在纳米钛酸钡的表面接枝了超支化聚酰亚胺和聚甲基丙烯酸甲酯双壳层，有效增强了纳米钛酸钡与聚甲基丙烯酸甲酯界面处的极化而抑制了因漏电流所引起的损耗。因此，相比于直接溶液共混的聚甲基丙烯酸甲酯/纳米钛酸钡纳米复合材料，纳米钛酸钡表面改性的纳米复合材料表现出了更高的介电常数、更低的介电损耗。

此外，将具有高导电能力的纳米填料共混到聚合物基体中，由于电子在电场作用下的极化，纳米复合材料的介电常数也能得到显著提高。例如，南策文等[61]将聚吡咯接枝改性的碳纳米管加入聚苯乙烯中，碳纳米管因聚吡咯与聚苯乙烯之间良好的π-π相互作用而得到均匀分散，并且碳纳米管之间的漏电流在聚吡咯的阻隔作用下得到有效抑制，因此聚苯乙烯纳米复合材料表现出了更高的介电常数（约 44）和更低的介电损耗（<0.07）。但需要注意的是，通过引入导电纳米填料制备介电复合材料时，需要严格控制纳米填料的分散或分布，防止复合材料中形成填料的网络结构。这是由于在电场作用下，导电网络结构的存在将导致复合材料介电损耗的急剧增加，发生击穿的概率也大为增加，从而不利于复合材料在储能器件中的应用。

9.3.7 导热性能

聚合物通常是热的不良导体，其分子链结构的不规整性、分子链构象的复杂性、聚集态结构的无序性使热的载流子（声子）在聚合物内的平均自由程很小，因此绝大多数聚合物的本征热导率都小于 0.5W/(m·K)。这使得聚合物作为散热器件材料时，存在先天不足的缺陷。目前，将具有高导热性能的纳米填料与聚合物共混，是增强聚合物复合材料导热性能最常用的方法。聚合物纳米复合材料的导热性能取决于诸多因素，包括聚合物基体、纳米填料与聚合物的微观界面、纳米填料的取向、纳米填料的尺寸和种类、纳米填料的分散和分布，等等。如图 9-12，我们可以把提高聚合物纳米复合材料导热性能的途径归结于以下 6 点：①优化聚合物本体的分子链化学结构或聚集态结构，提高聚合物本征的热导率；②对纳米填料的表面进行处理，增强聚合物与纳米填料界面的相互作用；③通过特殊的制备方法促进纳米填料在聚合物基体内相互搭接，形成三维连续的纳米填料导热通路；④通过外场等方法诱导纳米填料沿某一方向取向，增强聚合物纳米复合材料特定方向的导热性能；⑤采用不同尺寸和维度的纳米填料互配，完善纳米填料的导热路径；⑥改善纳米填料在聚合物基体内的分散。

具体地，碳系填料具有众多突出的优势，如密度小、热导率更高、耐化学腐蚀、热膨胀系数低、形态结构丰富，等等。导热的碳系填料以石墨、膨胀石墨、石墨烯、碳纳米管、石墨烯纳米片为主，在实际应用中已经替代了绝大多数的金属填料，在导热复合材料中扮演着重要的角色。由于石墨烯和石墨烯纳米片厚度的减小降低了厚度方向上的声子散射，因此相比石墨具有更高的热导率，单片层的石墨烯热导率甚至可以高达 5000W/(m·K)。此外，因为石墨烯和石墨烯纳米片具有更大的比表面积，在更低的填料含量下就能在聚合物基体内形成连续的导热网络，所以这两种填料对复合材料的导热性能提升更加明显。例如，Kim 等报道只需要添加 2.8%（体积分数）的石墨烯纳米片就能使环氧树脂复合材料的热导率提升到

1.5W/(m·K)；而要达到相同的导热能力，添加石墨或膨胀石墨则需要更高的填料含量[68]。但是，由于石墨烯、石墨烯纳米片这类二维纳米填料的比表面积非常大，对聚合物溶液或熔体的增黏也非常明显，所以在高填充的情况下聚合物纳米复合材料的加工非常困难。

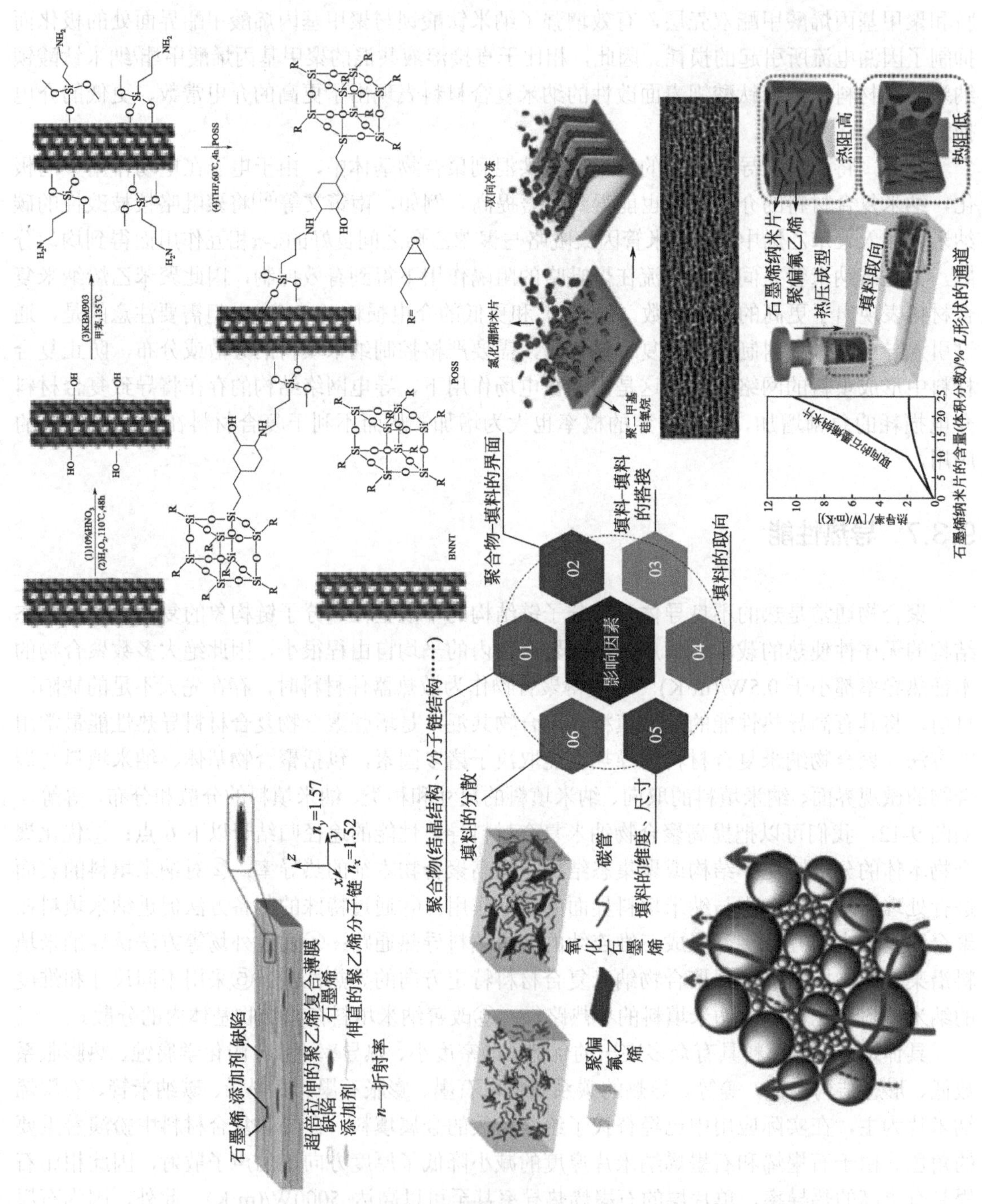

图 9-12　聚合物纳米复合材料热导率提升的 6 种主要方式[62~67]

碳纳米管是一种一维管状的石墨纳米级晶体，相当于是将单层或者多层石墨烯围绕轴心卷绕形成的特殊碳系填料。根据文献报道，单壁碳纳米管的热导率高达 2000W/(m·K)，多壁碳纳米管的热导率更可高达3000W/(m·K)，但是碳纳米管径向的热导率很低，只有1.52W/(m·K)，所以一般认为碳纳米管是一种单向导热的碳系填料。相比于二维的碳系填料，在填料无规分散和相同填料分数下碳纳米管填充的复合材料热导率相对较低。Song等[69]利用PU乳液与3%（质量分数）的碳纳米管共混，使碳纳米管在聚氨酯颗粒的界面形成连续的碳纳米管导热网络，发现复合材料的热导率可提升至0.47W/(m·K)。

氮化硼纳米片的声子传播方式与石墨烯类似，也是一种优良的导热纳米填料，其面内热导率可达300W/(m·K)。此外，由于氮化硼是电的不良导体，因此可用于绝缘导热复合材料的制备，满足特定场合应用的需求。例如，孙蓉等[70]将9.29%（体积分数）的氮化硼纳米片共混到环氧树脂中，通过冰模板生长的方法使氮化硼纳米片在环氧树脂内形成三维连续的导热网络，可以获得热导率高达2.85W/(m·K)的环氧树脂纳米复合材料。吴凯等[71]通过芳纶纳米纤维与氮化硼纳米片复合制备了一种具有高热导率、高温极其稳定的绝缘热管理薄膜。由于刚性棒状的芳纶纳米纤维内没有分子链的缠结和扭曲，芳纶的分子链能以更规整、伸直的状态排列成完好的结晶结构，因此使芳纶纳米纤维沿分子链方向的热导率提高20倍以上。此外，紧密堆砌的芳纶纳米纤维与氮化硼纳米片之间由于良好的界面相互作用以及声子振动匹配，也更有利于热流在1D/2D结构内良好传递。因此，在氮化硼纳米片含量仅为30%（质量分数）时，这种复合薄膜显示出了前所未有的高热导率[46.7W/(m·K)]。此外，这种高温极其稳定的热管理薄膜还具有低密度（10^3kg/m^3）、高热导率[28.9W/(m·K)]、高强度（＞100MPa，450℃）等优点，使其能够在200℃以上对一些高温电极进行良好的热管理。如图9-13，由于纳米复合薄膜的高热导率，大量的热可以通过导热薄膜传导并散发到外界的环境中去，从而使得高温电极在工作时可以保持更低的温度。这些性能有利于拓宽有机聚合物材料在高温电子封装或高功率散热器件的应用。

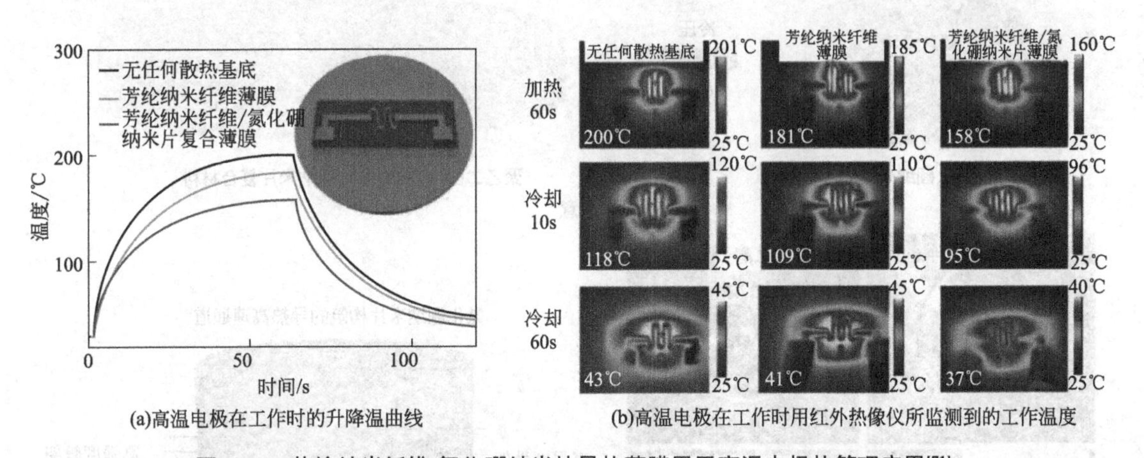

(a)高温电极在工作时的升降温曲线

(b)高温电极在工作时用红外热像仪所监测到的工作温度

图9-13 芳纶纳米纤维/氮化硼纳米片导热薄膜用于高温电极热管理应用[71]

9.3.8 相变储热性能

聚合物相变材料具有在一定温度范围内改变其物理状态的能力。在加热到相变温度时，相变材料可以吸收并储存大量的潜热；而当相变材料冷却时，储存的热量则被散发到外界的环境中，发生逆相变。目前，聚合物基相变材料主要有固-液相变、固-固相变两种类型，其相变储热性能主要取决于相变时的潜热大小、材料的热导率以及相变材料的形状稳定能力等。虽然聚合物相变材料本身的热焓值较高，如聚乙二醇的相变潜热高达 180J/g[72]，但由于聚合物本身的热导率低，以及发生固-液相变的聚合物本身在相变时的形状稳定性差，因此，通过共混改性调控聚合物相变材料的微观结构从而实现对宏观性能的调控并满足应用需求，具有重要的意义。

例如，杨伟等[73]将氧化石墨烯-氮化硼的杂化填料加入聚乙二醇中对其进行共混改性，当氧化石墨烯的含量为 4%（质量分数）、氮化硼的含量为 30%（质量分数）时，聚乙二醇纳米复合材料在 60℃相变时可以保持很好的形状而没有任何聚乙二醇的泄漏。同时，这种纳米复合材料的热导率达到 3.0W/(m·K)、相变潜热为 107.4J/g，在受热时可快速地将热量存储在纳米复合材料中/或在冷却时更快地将存储的热量散发到外界的环境中达到热管理的目的。为了进一步提高相变材料的导热能力，如图 9-14，雷楚昕等[74]采用纤维素/氮化硼纳米片作为骨架，在较低的填料含量下制备了一种具有各向异性的高导热、良好形状稳定性的相变储能材料，其水平方向热导率达到 4.76W/(m·K)。在远高于其熔点温度的情况下，给予其 500g 左右的压力，相变复合材料仍然能够维持其原始形状。与此同时，随着填料含量的增加，其储能密

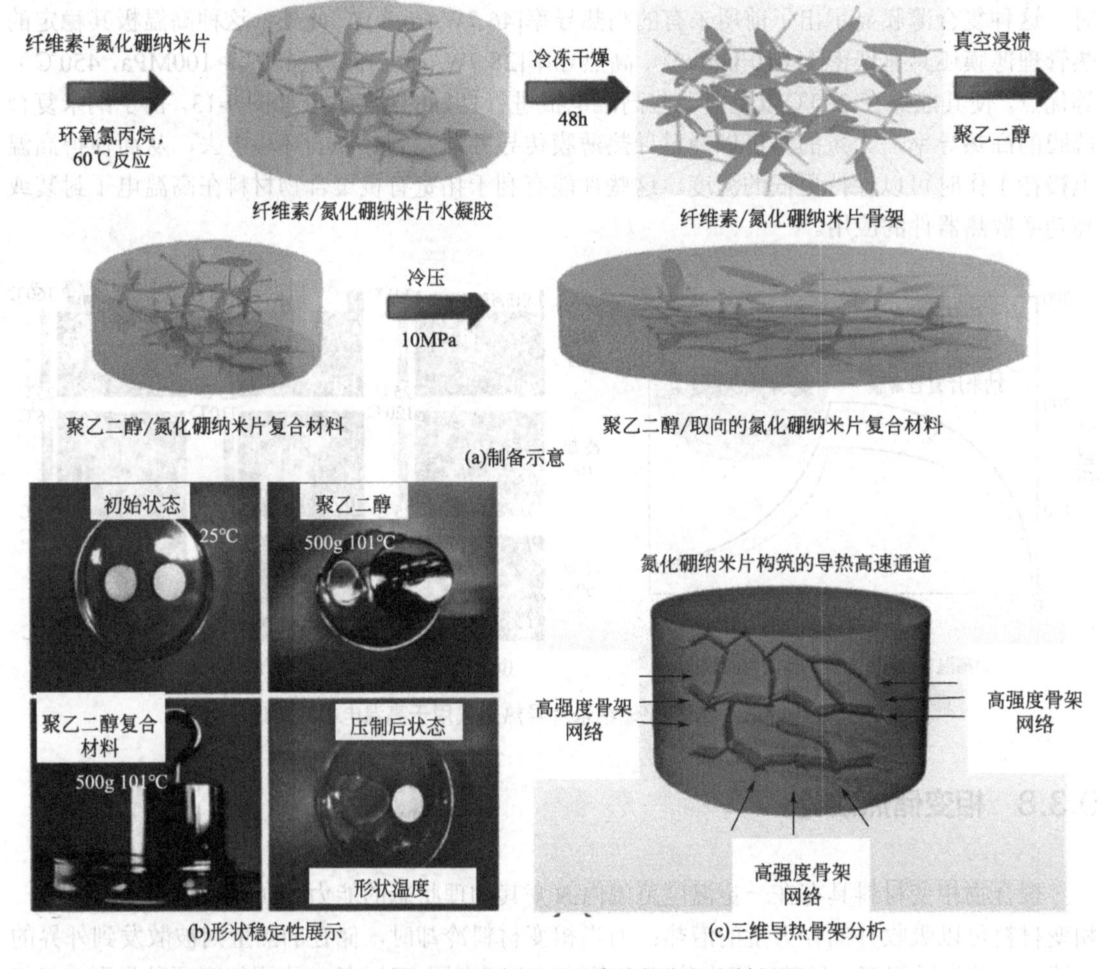

图 9-14　聚乙二醇/氮化硼纳米片相变复合材料[74]

度仍然能够维持较高水平，为136.8J/g。可以预期，随着相变复合材料结构调控愈加精细、制备方法更为简单实用，其应用领域将进一步扩大，在节能环保、废热利用等方面起到重要的作用。

9.3.9 形状记忆性能

形状记忆聚合物是一种能够固定暂时形状并在外界条件的刺激下回复到其原始形状的智能材料，具有轻质和变形量大等特点，在航空航天、生物医学、电子电器、交通运输等领域有着巨大的应用前景。形状记忆聚合物通常由两相组成，即由记忆初始形状的固定相和负责暂时形状固定或解除的可逆相构成。近年来，由于共混技术具有制备工艺简单、成本低、效率高、适合大规模生产等优点，被认为是形状记忆聚合物实现工业化的有效途径，已逐渐引起学术界和工业界的关注。传统的形状记忆聚合物主要是由两相聚合物共混而成。共混物的形状记忆行为包括升温施加外力变形、冷却固定暂时形状、再次加热引发形状回复三个过程。即首先加热至塑料相的熔点或玻璃化转变温度以上，材料在外力作用下发生变形；然后冷却至塑料相的结晶温度或玻璃化转变温度以下，卸载外力，弹性体相的回缩被冻结的塑料相束缚，得以固定暂时形状；当温度再次升高时，冻结的塑料相被激活，被固定的弹性体伸长相得到“释放”，在弹性体回弹力的作用下带动材料回复。由此可见，共混物的形状记忆行为本质上是两相的载荷分担，取决于两相的含量、形态和界面相互作用等。双连续结构的共混物通常具有良好的形状固定和回复性能。

形状记忆聚合物发展到现在，实现多模式刺激响应（光、电、磁等）是目前形状记忆聚合物的研究热点之一。例如，傅强等[75]将碳纳米管选择性地分布在聚氨酯/聚乳酸共混物的一相中，制备了具有双逾渗结构的电致驱动形状记忆共混物复合材料。这种纳米复合材料在较低碳纳米管含量下即可实现快速电致驱动形状记忆行为，能够在20V的电压下80s内回复到初始形状(图9-15)，其原理主要与电场作用下复合材料产生大量焦耳热，达到形状解锁的温度，激发分子链运动有关。具有多模式刺激响应能力的形状记忆复合材料可实现远程操控的目的，因而在人工智能、应变监测、环境响应等方面具有很多应用。

(a)透射电镜图

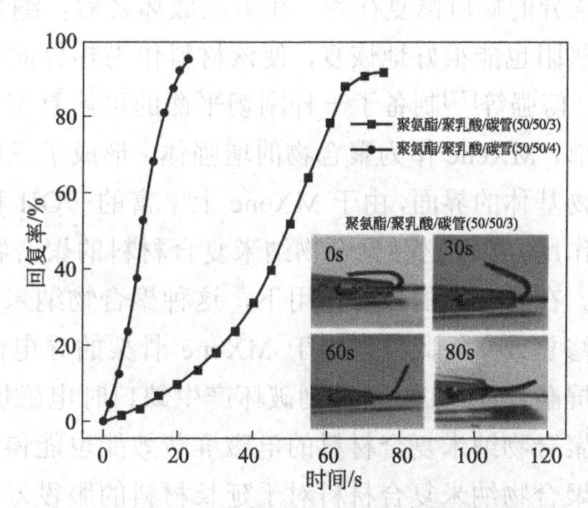

(b)在20V电压下的形状回复率随时间的变化曲线

图9-15

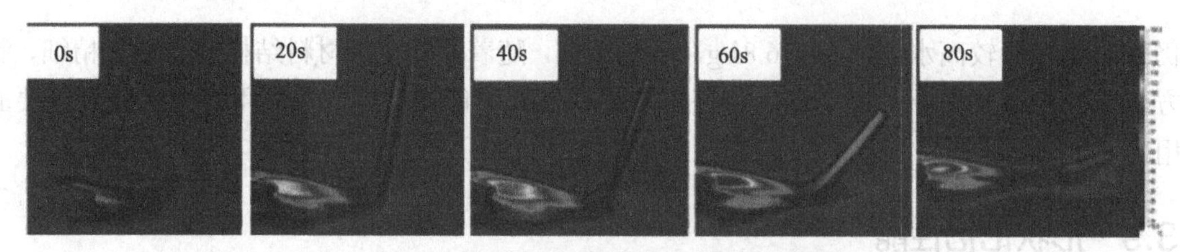

(c)在20V电压下产生形状回复的红外热成像照片

图 9-15 聚氨酯/聚乳酸/碳管纳米复合材料[75]

9.3.10 力学或功能的自修复性能

生物系统如动物的皮肤，可以自主修复外部伤口以维持生命体的正常功能，但是对于聚合物纳米复合材料，当其遭受物理破坏产生缺口时，力学性能或功能性很难得到保持。而基于超分子化学中的分子间作用力，特别是基于可逆的非共价键相互作用（例如氢键、金属配位键、范德华力）或共价键相互作用（例如动态二硫键、二硒键、肟-氨基甲酸酯键等）的功能性聚合物纳米复合材料，它们在理论上可以无数次地修复材料的缺口损伤、延长纳米复合材料的使用寿命和可靠性，近年来引起了学术和产业界的极大关注。聚合物纳米复合材料的修复性能主要依赖聚合物分子内或分子间的可逆相互作用，在特定的修复温度时，带有动态键的聚合物链段具有足够的运动能力，使断裂的动态键之间能够缔合或重组；而纳米填料的引入，一方面赋予了聚合物纳米复合材料更优异的力学性能或额外的功能，但另一方面却限制了聚合物链段的运动和动态键之间的交换，并使纳米填料与聚合物基体之间的界面难以恢复，极大地降低了聚合物纳米复合材料的修复能力。

封伟等[76]针对上述问题，提出对纳米填料进行表面改性从而改善复合材料修护能力的方法。例如，他们用双氧水使碳纳米管表面酸化，然后再与具有动态脲基氢键的聚酰亚胺共混改性。由于酸化的碳纳米管可以与脲基之间形成可逆的氢键相互作用，因此这种聚酰亚胺纳米复合材料表现出很好的修复行为。如图 9-16，聚酰亚胺/碳纳米管纳米复合材料不仅表现出了优异的缺口修复行为，在多次破坏之后，纳米复合材料的导热系数以及与散热器件的界面热阻也能很好地恢复，使该材料作为热界面材料使用时，具有极其优异的可靠性和稳定性。傅强等[77]制备了一种刚韧平衡的可修复聚合物纳米复合材料，在这种纳米复合材料的内部，MXene 作为聚合物的增强体，形成了三维互联的增强骨架，而在这种增强骨架与聚合物基体的界面，由于 MXene 上丰富的—OH 和含氟基团与聚合物基体产生极强的多重氢键作用，因此这种聚合物纳米复合材料的聚合物本体和纳米填料骨架均具有优异的修复行为。在红外光的加热作用下，这种聚合物纳米复合材料具有快速的力学修复能力和 100% 的修复效率。此外，由于 MXene 骨架的导电性赋予了这种聚合物纳米复合材料优异的电磁屏蔽性能，在材料遭到破坏产生缺口时电磁屏蔽效能会显著下降。但是在红外光加热时，该聚合物纳米复合材料的电磁屏蔽效能也能得到很好的恢复。这种具有力学和功能修复性的聚合物纳米复合材料对于延长材料的服役寿命、提高材料在极端复杂环境下的使用稳定性具有积极的作用。

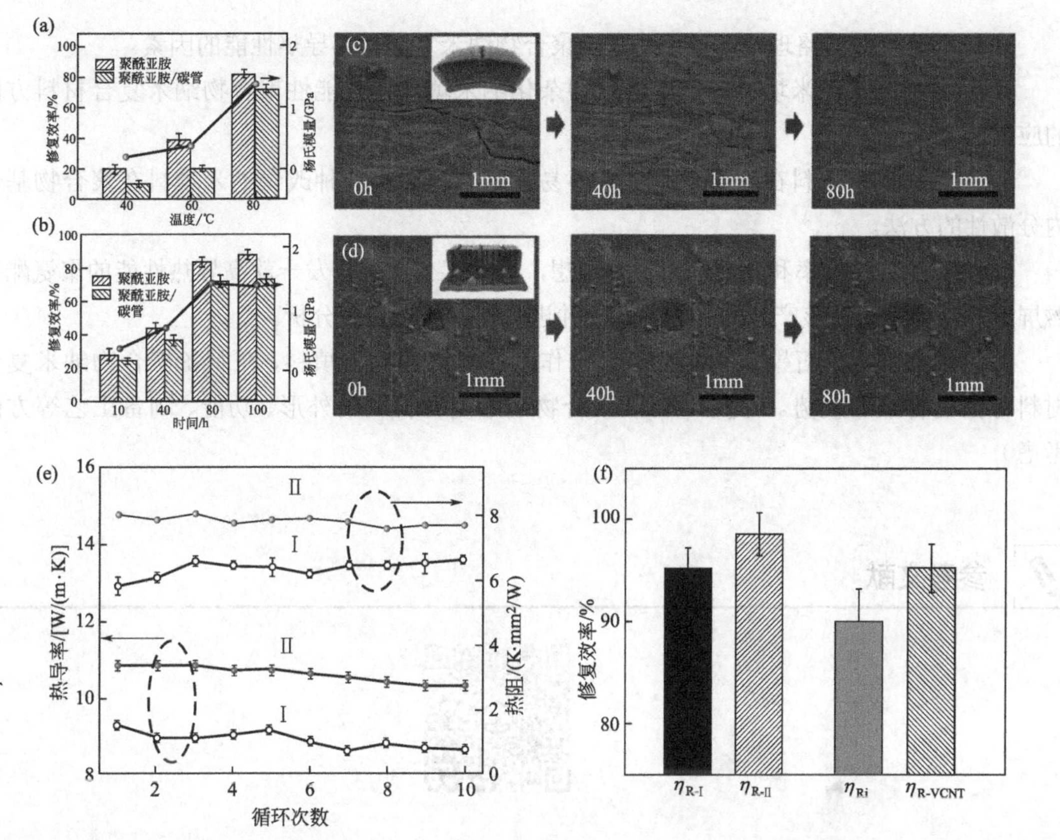

图 9-16 聚酰亚胺/碳纳米管纳米复合材料杨氏模量的修复效率[(a)和(b)]、因弯曲或冲击造成的缺口的修复情况[(c)和(d)]，以及热导率、界面热阻在多次破坏后的修复情况及其修复效率[(e)和(f)][76]

Ⅰ—复合材料以垂直于填料平行排列方向切断后进行自修复；Ⅱ—复合材料样品从铜基底上剥离后进行自修复

9.4 结语

聚合物纳米复合材料的出现，极大地改变了人们的生活。从最初的以改善力学性能为主的结构纳米复合材料制备，到如今各种功能化纳米复合材料的开发，纳米复合材料在结构设计和性能调控方面的优势正被越来越多地发掘出来。随着人们对纳米复合材料结构与性能关系理解的深入，各种功能纳米粒子的开发以及成型加工设备或新工艺的出现，纳米复合材料的制备和应用必将取得更大进步。21 世纪作为纳米材料的世纪，将不再是空话。

思考题

1. 若想利用碳纳米管增强聚苯乙烯，试论述在制备纳米复合材料时所需要考虑的关键影响因素和可能采用到的具体制备方法。

2. 什么是导电逾渗理论？试论述影响聚合物纳米复合材料导电性能的因素。

3. 什么是导热通路理论？试论述影响聚合物纳米复合材料导热性能的因素。

4. 什么是杂化纳米填料？试举例几种杂化纳米填料在功能性聚合物纳米复合材料方面的应用。

5. 为什么纳米填料在聚合物基体内容易团聚？试举例几种改善纳米填料在聚合物基体内分散性的方法。

6. 聚氨酯的热导率和导电性能都不理想，目前某公司想开发一款高导热性能的聚氨酯电磁屏蔽垫片，试论述该产品的实施方案，并进行相关的可行性分析。

7. 试论述碳管、石墨烯、MXene分别作为功能性的纳米填料，在制备聚合物纳米复合材料方面的特点和优势。（提示：可从聚合物纳米复合材料的外形、功能、制备工艺等方面考虑）

参考文献